STARK

ABITUR

Prüfungsaufgaben mit Lösungen

2015

Geographie

Gymnasium
Bayern
2011–2014

STARK

ISBN 978-3-8490-1269-4

5. neu bearbeitete und ergänzte Auflage
www.stark-verlag.de

Inhalt

Autoren:

WILFRIED BÜTTNER (Übungsaufgaben 2, 5 und 6; Lösungen Abiturprüfung 2011/III, 2012/III, 2012/IV, 2013/III und IV, 2014/IV)
WERNER ECKERT-SCHWEINS (Hinweise und Tipps zum schriftlichen Abitur/zur Colloquiumsprüfung; Übungsaufgabe 7; Lösungen Abiturprüfung 2011/I, 2011/IV, 2012/I, 2013/II, 2014/I und III)
BERND RACZKOWSKY (Übungsaufgaben 1, 3 und 4; Lösungen Abiturprüfung 2011/II, 2012/II, 2013/I, 2014/II)

Vorwort

Liebe Schülerinnen, liebe Schüler,

bald werden Sie Ihre **Abiturprüfung in Geographie** ablegen. Der vorliegende Band hilft Ihnen, sich auf die Prüfungsanforderungen im Abitur effektiv vorzubereiten.

Das einführende Kapitel „**Hinweise und Tipps zur Abiturprüfung**“ fasst zunächst wichtige Informationen zum **schriftlichen Abitur** und zur **Colloquiumsprüfung** zusammen. Sollten nach Erscheinen dieses Bandes noch wichtige Änderungen in der Abiturprüfung vom Kultusministerium bekannt gegeben werden, finden Sie aktuelle Informationen dazu im Internet unter folgendem Link:
www.stark-verlag.de/pruefung-aktuell

Der zweite Teil des Buchs ist der Übungsteil. Er umfasst
- **Übungsaufgaben** zur Vorbereitung auf die Colloqiumsprüfung und auf die schriftliche Abiturprüfung,
- die vollständigen **Abiturjahrgänge 2011–2014**,
- **Farbabbildungen** der Abiturjahrgänge am Ende des Buchs.

Zu allen Aufgaben gibt es **konkrete Bearbeitungshinweise** (gekennzeichnet durch kleine graue Rauten), die Ihnen ein gezieltes Vorgehen bei der Beantwortung der einzelnen Aufgaben vermitteln und so zu einer optimalen Lösung hinleiten.
Die ausführlichen **Musterlösungen** helfen Ihnen bei der **selbstständigen Wiederholung** Ihrer im Unterricht erworbenen geographischen Kenntnisse und Fertigkeiten.

Auf dieser Grundlage können Sie die Bearbeitung der Aufgaben **unter Prüfungsbedingungen** trainieren und optimieren.

Ein **Stichwortverzeichnis** erleichtert Ihnen die Nutzung dieses Buches und ermöglicht einen schnellen Zugriff auf zentrale Sachverhalte.

Die Autoren wünschen Ihnen eine effektive Vorbereitungsphase und viel Erfolg in der Abiturprüfung!

Wilfried Büttner   Werner Eckert-Schweins   Bernd Raczkowsky

Stichwortverzeichnis

Allgemeine Geographie

Regionale Geographie

Hinweise und Tipps zum schriftlichen Abitur

1 Rahmenbedingungen für das schriftliche Abitur

Die bayerische Abiturprüfung erstreckt sich auf fünf verschiedene Fächer. Das schriftliche Abitur umfasst für alle Schüler verpflichtend die Fächer Deutsch und Mathematik (Abiturprüfungsfächer 1 und 2). Bei den weiteren Abiturprüfungsfächern entscheiden Sie selbst, welches Fach in schriftlicher Form **(Abiturprüfungsfach 3)** und welche beiden Fächer **(Abiturprüfungsfächer 4 und 5)** in mündlicher Form **(Colloquium)** geprüft werden. Geographie kann also entweder als drittes – schriftliches – Abiturfach oder aber als viertes bzw. fünftes mündliches Abiturfach – Colloquiumsfach (siehe Seite XIV) – gewählt werden.

In der **schriftlichen Abiturprüfung** werden Ihnen **vier Aufgaben** vorgelegt, von denen Sie **zwei zur Bearbeitung auswählen**. Als Bearbeitungszeit für diese zwei Aufgaben stehen Ihnen **210 Minuten** zur Verfügung.

Als **Hilfsmittel** dürfen ein netzunabhängiger elektronischer **Taschenrechner** sowie **zugelassene Geographie-Atlanten** benutzt werden. Der Atlas darf keine Kommentare enthalten; Hervorhebungen und Verweise auf wichtige Karten durch Lesezeichen oder Haftnotizzettel sind jedoch gestattet.

Folgende Atlanten sind in der Abiturprüfung zugelassen[1]:

- Haack Weltatlas, Bayern, ISBN 978-3-623-49645-0, 1. Aufl. 08/1. Druck 08 und 2. Druck 09, 21,50 €, ZN 125/08-G (18. 12. 09)
- Haack Weltatlas, ISBN 978-3-623-49621-4, 1. Aufl. 07/Druck 07, 21,50 €, ZN 135/07-G (03. 07. 07)
- Diercke Weltatlas, ISBN 978-3-14-100703-9, 1. Aufl. 10/Drucke $A^1$10, $A^2$11, $A^3$12, $A^4$13 und $A^5$14, 29,95 €, ZN 122/10-G/R (03. 04. 14)
- Diercke Weltatlas, ISBN 978-3-14-100700-8, 1. Aufl. 08/Drucke $A^1$08, $A^2$08, $A^3$08 und $A^4$09, 31,95 €, ZN 16/08-G/R (17. 11. 09)

1 vgl. Liste „Lernmittel, die nur unter den Voraussetzungen des Art. 21 Abs. 3 Satz 2 des Bayerischen Schulfinanzierungsgesetzes vom 31. Mai 2000 (GVBl S. 455, KWMBl I S. 251) lernmittelfrei sind", Stand 16. 06. 2014; abrufbar unter http://www.km.bayern.de/lehrer/unterricht-und-schulleben/lernmittel.html

2 Prüfungsinhalte

Die Prüfungsaufgaben orientieren sich an den **Einheitlichen Prüfungsanforderungen (EPA)** der Kultusministerkonferenz, die seit 2008 für das Fach Geographie bundesweit verbindliche Vorgaben zur Abiturprüfung machen. Den inhaltlichen Rahmen für die schriftliche Abiturprüfung Geographie bildet der **Lehrplan** für die Jahrgangsstufen 11 und 12. Das heißt, dass alle vier Prüfungsaufgaben nur auf der Grundlage folgender vom Lehrplan vorgegebener Themen und Inhalte gestellt werden:

Geo 11.1:	Der blaue Planet und seine Geozonen
Geo 11.2:	Ökosysteme und anthropogene Eingriffe: Die Tropen – Die kalten Zonen
Geo 11.3:	Ressourcen – Nutzung, Gefährdung und Schutz: Wasser als Lebensgrundlage, Rohstofflagerstätten und deren Nutzung
Geo 11.4:	Umweltrisiken und menschliches Verhalten
Geo 12.1:	Eine Welt – Strukturen, Entwicklungswege, Verflechtungen, Globalisierung: Merkmale und Ursachen unterschiedlicher Entwicklung, Bevölkerungsentwicklung und Verstädterung, Globalisierung
Geo 12.2:	Raumstrukturen und aktuelle Entwicklungsprozesse in Deutschland

Wenn Sie ausführlichere Informationen über die Inhalte des Lehrplans benötigen, bitten Sie Ihren Geographielehrer, Ihnen den Lehrplan zur Verfügung zu stellen. Sie können den Lehrplan auch auf der Internetseite des Staatsinstituts für Schulqualität und Bildungsforschung (ISB) – *www.isb.bayern.de* – einsehen und herunterladen.

Für eine systematische Wiederholung des prüfungsrelevanten Stoffs der Jahrgangsstufen 11 und 12 seien Ihnen die folgenden Bücher empfohlen:
- BÜTTNER, W./DIMPFL, H./ECKERT-SCHWEINS, W./RACZKOWSKY, B.: *Abitur-Training Geographie 1* und *Abitur-Training Geographie 2*. Freising 2012/2013
- SPIELBAUER, E.: *Kompakt-Wissen Geographie Q11/Q12*. Freising 2013

3 Bearbeitung der Aufgaben

Jede Abituraufgabe stellt eine thematische Einheit dar. Diese gliedert sich wiederum in **Teilaufgaben**, die als Arbeitsanweisungen formuliert und mit **Materialien** (Diagrammen, Karten, Statistiken, Graphiken) versehen sind.
Als eine Sonderform der Aufgabenstellung gilt die **materialgestützte Aufgabe**, die Bestandteil einer Aufgabe des Abiturs ist. Bei diesem Aufgabentypus sollen Sie aus einer Vielzahl von Materialien elementare Aussagen herausarbeiten, die sich sinnvoll und argumentativ auf eine Auswertung der Materialien stützen.

Beispiel: *Anlage III.4 zeigt Materialien zum Toshka-Projekt in Ägypten. Erörtern Sie damit verbundene Chancen und Ziele sowie auftretende Umsetzungsprobleme und berücksichtigen Sie dabei ökologische, ökonomische und soziale Aspekte!* (2014/III/3)

Bei der Bewertung der materialgestützten Aufgaben werden dementsprechend zu angemessenen Anteilen auch argumentative Leistungen wie schlüssige Argumentation oder gut strukturierte Ausführungen berücksichtigt.

Da im Abitur nur zwei Aufgaben bearbeitet werden müssen, stellt sich die Frage nach einer **sinnvollen thematischen Vorbereitung**. Soll man alle vier Halbjahresthemen vorbereiten oder „Mut zur Lücke" haben und sich nur z. B. auf zwei Themen spezialisieren?
Eine derartigen Spezialisierung widerspricht einerseits die Aussage des ISB: „Jeweils zwei der zur Bearbeitung gestellten Aufgaben haben einen **inhaltlichen Schwerpunkt** in jeweils einer bestimmten Jahrgangsstufe (Q11 bzw. Q12); jede Aufgabe enthält dabei aber auch Inhalte aus der anderen Jahrgangsstufe und ist damit **jahrgangsübergreifend** strukturiert."[2]
Andererseits lassen sich zahlreiche geographische **Modelle und Prozesse** auf regionale Beispiele bzw. geographische Sachverhalte **transferieren**, sodass es nicht sinnvoll erscheint, sich nur auf bestimmte Lehrplaninhalte zu spezialisieren. Es ist daher ratsam, sich zumindest in Grundzügen auf alle vier Halbjahresthemen vorzubereiten. Grundlegende Strukturen und Sachverhalte aus den Jahrgangsstufen 11 und 12 sollten Sie verinnerlicht haben. Wichtig ist, dass Sie in der Lage sind, Methoden und überregionales Grundwissen der Allgemeinen Geographie, beispielsweise zur physischen Geographie oder Stadtgeographie, selbstständig auch auf andere Räume übertragen zu können.

4 Bewertungskriterien

Für jede Abituraufgabe werden 60 Bewertungseinheiten ausgewiesen. Für die zwei zu bearbeitenden Aufgaben können Sie also insgesamt maximal **120 Bewertungseinheiten** erhalten. Die jeweils erreichbaren Bewertungseinheiten sind auf dem Aufgabenblatt bei den einzelnen Teilaufgaben angegeben und für den Korrektor verbindlich. Nur dann, wenn eine Teilaufgabe aus mehreren Unterfragen besteht, kann der Korrektor die Gesamtzahl der auf diese Teilaufgabe entfallenden Bewertungseinheiten nach eigenem Ermessen verteilen.
Insgesamt gibt es jedoch keine absolut verbindlich vorgeschriebenen Vorgaben für die Korrektur. Innerhalb gewisser Grenzen kann der Korrektor vom Lösungsschlüssel abweichen und entsprechend dem vorangegangenen Unterricht anders gewichten. Neben der inhaltlichen Bewertung können auch Ungenauigkeiten, falsche Bezüge und Verstöße gegen die sprachliche Richtigkeit oder gegen die äußere Form die Bewertung beeinflussen.
Die in den beiden Aufgaben erreichten Bewertungseinheiten werden addiert und nach der folgenden Tabelle in Notenpunkte umgesetzt:

2 Sonderkontaktbrief Geographie 2010;
http://www.isb.bayern.de/download/9432/sonder_kontaktbrief_geographie_2010.pdf

Notenpunkte	Notenstufen	Bewertungseinheiten	Intervalle in %
15	+1	120–115	
14	1	114–109	15
13	1–	108–103	
12	+2	102–97	
11	2	96–91	15
10	2–	90–85	
9	+3	84–79	
8	3	78–73	15
7	3–	72–67	
6	+4	66–61	
5	4	60–55	15
4	4–	54–49	
3	+5	48–41	
2	5	40–33	20
1	5–	32–25	
0	6	24–0	20

5 Anforderungsbereiche und Operatoren

Um eine Aufgabenstellung eindeutig zu verstehen, müssen Sie die Arbeitsanweisungen exakt definieren können. Diese Arbeitsanweisungen spiegeln unterschiedliche **Anforderungsbereiche** wider, die in der Antwort erwartet werden.
Die „Einheitlichen Prüfungsanforderungen" (EPA) der Kultusministerkonferenz des Jahres 2005 unterscheiden **drei Anforderungsbereiche (AFB)**:

1. die Ebene einer reinen **Reproduktion / Reorganisation** von Kenntnissen,
2. die Ebene der **Übertragung / des Transfers** dieser Kenntnisse auf neue Inhalte,
3. die Ebene des **problemlösenden Denkens**.

Diese Anforderungsbereiche lassen sich nicht scharf voneinander abgrenzen und können nicht immer eindeutig einem bestimmten Aufgabenbereich zugeordnet werden. Grundsätzlich gilt, dass die Aufgabenstellung in der Abiturprüfung **Anforderungen aus allen drei Bereichen** enthält und dass sich der unterschiedliche Schwierigkeitsgrad in der Zuordnung der Verrechnungspunkte zu den Einzelaufgaben widerspiegelt. Wenn Sie sich genauer über die Anforderungsbereiche informieren möchten, können Sie dies auf der Internetseite der Kultusministerkonferenz (*www.kmk.org*) tun.

Allen drei Anforderungsbereichen sind bestimmte **Operatoren** zugeordnet. Anhand dieser standardisierten Arbeitsanweisungen können Sie erkennen, was genau von Ihnen in den einzelnen Teilaufgaben der Prüfung erwartet wird.

Tipp: Gelegentlich kommen in einer Teilaufgabe zwei Operatoren vor. Vergessen Sie nicht, beide Arbeitsaufträge auszuführen. Um ganz sicherzugehen, können Sie auch die Operatoren nach ihrem Anforderungsbereich farbig markieren.

Beispiel: *In Südamerika weichen die Vegetationszonen von der idealtypisch breitenkreisparallelen Anordnung ab. Zeigen Sie anhand geeigneter Atlaskarten drei solche Abweichungen auf und begründen Sie deren Zustandekommen!* (2014 / I / 1.2)

Operatoren, die dem **AFB I (Reproduktion)** entsprechen, sind vor allem:

(be-)nennen	Entweder Informationen aus vorgegebenem Material entnehmen oder Kenntnisse ohne Materialvorgabe anführen.
herausarbeiten	Informationen und Sachverhalte unter bestimmten Gesichtspunkten aus vorgegebenem Material entnehmen, wiedergeben und/oder gegebenenfalls berechnen.
beschreiben	Wesentliche Informationen aus vorgegebenem Material oder aus Kenntnissen zusammenhängend und schlüssig wiedergeben.
charakterisieren	Sachverhalte und Vorgänge mit ihren typischen Merkmalen beschreiben und in ihren Grundzügen bestimmen.
wiedergeben	Inhalte und Zusammenhänge in eigenen Worten sachlich und fachsprachlich richtig formulieren.
darstellen	Informationen und Sachzusammenhänge geordnet (graphisch, verbal) verdeutlichen.

Operatoren, die dem **AFB II (Transfer)** entsprechen, sind vor allem:

erstellen	Sachverhalte inhaltlich und methodisch angemessen graphisch veranschaulichen und mit fachsprachlichen Begriffen beschriften (z. B. Fließschema, Diagramm, Wirkungsgefüge).
analysieren	Materialien oder Sachverhalte systematisch und gezielt untersuchen und auswerten.
ein-, zuordnen	Sachverhalte und Vorgänge begründet in einen vorgegebenen Zusammenhang stellen.
begründen	Komplexe Grundgedanken argumentativ schlüssig entwickeln und im Zusammenhang darstellen.
erklären	Informationen durch eigenes Wissen und eigene Einsichten begründet in einen Zusammenhang stellen (z. B. Theorie, Modell, Gesetz, Regel, Funktionszusammenhang)
erläutern	Sachverhalte im Zusammenhang beschreiben und anschaulich mit Beispielen oder Belegen erklären.
vergleichen	Gemeinsamkeiten und Unterschiede gewichtend einander gegenüberstellen und als Ergebnis formulieren.
kennzeichnen	Einen Raum oder Sachverhalt auf der Basis bestimmter Kriterien begründet charakterisieren.
anwenden	Theorien, Modelle oder Regeln zu einem konkreten Fall-/Raumbeispiel oder Sachverhalt in Beziehung setzen.

Operatoren, die dem **AFB III (Problemlösung)** entsprechen, sind vor allem:

überprüfen	Vorgegebene Aussagen bzw. Behauptungen an konkreten Sachverhalten und innerer Stimmigkeit messen.
beurteilen	Aussagen, Behauptungen, Vorschläge oder Maßnahmen im Zusammenhang auf ihre Stichhaltigkeit bzw. Angemessenheit prüfen und dabei die angewandten Kriterien nennen.

bewerten	Aussagen, Behauptungen, Vorschläge oder Maßnahmen beurteilen, eine persönliche Stellungnahme abgeben und dabei die eigenen Wertmaßstäbe offenlegen.
erörtern	Zu einer vorgegebenen Problemstellung durch Abwägen von Für- und Wider-Argumenten ein begründetes Urteil fällen.
gestalten	Sich produkt-, rollen- bzw. adressatenorientiert durch Entwerfen z. B. von Reden, Streitgesprächen, Strategien, Beratungsskizzen, Szenarien oder Modellen mit einem Problem auseinandersetzen.
Stellung nehmen	Unter Abwägung unterschiedlicher Argumente zu einer begründeten Einschätzung eines Sachverhalts oder einer Behauptung gelangen.
entwickeln	Vorschläge, Einschätzungen oder Maßnahmen darlegen, die zu einer inhaltlich weiterführenden und zukunftsorientierten Betrachtung führen.
diskutieren	Zu einer Problemstellung eigene Gedanken entwickeln, mithilfe derer dann ein begründetes Urteil gefällt wird.

6 Strategien für die schriftliche Abiturprüfung

Es gibt keine direkte Zeitvorgabe für die **Auswahl** der zwei Aufgaben. Sie können sich von den insgesamt zur Verfügung stehenden 210 Minuten auch mehr als die dafür eigentlich vorgeschlagenen **30 Minuten Einlesezeit** nehmen. Auf keinen Fall sollten Sie vorschnell mit der Bearbeitung einer Aufgabe beginnen: Während des Schreibens abzubrechen und mit einer anderen Aufgabe zu beginnen kostet Zeit und Nerven. Legen Sie sich deshalb nicht zu schnell fest und lesen Sie wirklich alle Aufgaben einschließlich der Materialien intensiv durch, bevor Sie sich entscheiden.
Um zu einer Entscheidung zu kommen, können Sie folgendermaßen vorgehen:

- Sehen Sie sich zuerst die Überschriften der Aufgaben und Teilaufgaben an. Anhand der **Überschriften** wird bereits klar, um welchen **Untersuchungsraum** es sich handelt und welche **Themenschwerpunkte** angesprochen werden.
- Sehr wichtig ist die genaue **Analyse der Fragestellung** der einzelnen Aufgaben. Überlegen Sie deshalb, welches Vorwissen Sie zum Thema schon mitbringen und, ob ähnliche Fragestellungen zu einem vergleichbaren Raum bzw. geographischen Inhalt schon einmal in einer Klausur oder im Unterricht behandelt worden sind. Auch wenn Sie spontan zu einer Aufgabe tendieren: Entscheiden Sie sich nicht vorschnell, **überprüfen** Sie in jedem Fall auch, ob Sie die zugehörigen **Anlagen** im Materialteil im Sinne der Fragestellung interpretieren können!
- Aus Ihrer Erfahrung wissen Sie, für welche Aufgaben Sie persönlich eher mehr Zeit brauchen (z. B. zum Zeichnen eines Profils oder zum Erstellen eines Wirkungsgefüges). Überschlagen Sie, wie schnell und leicht Sie wie viele Verrechnungspunkte „einfahren“ können, denn bei einer Arbeitszeit von 210 Minuten und 60 Verrechnungspunkten haben Sie im Durchschnitt **vier Minuten Zeit pro Verrechnungspunkt**.
- Sehen Sie nach, ob es im Atlas geeignete Karten zu dem jeweiligen Thema gibt.

Auch wenn Sie nur begrenzt Zeit haben: Beginnen Sie nicht zu schnell mit der Reinschrift der Klausur. Wichtig ist, dass Sie vorher **alle Aufgaben und Materialien gründlich lesen**. Nur so können Sie Gesamtzusammenhänge erfassen und Querbezüge zwischen den Aufgaben und dem Material herstellen.
Schauen Sie sich deshalb jeden **Operator** genau an, rufen Sie sich ins Gedächtnis, welchem **Anforderungsbereich** er entspricht, und halten Sie sich unbedingt daran! So vermeiden Sie eine Themaverfehlung.
Lesen Sie sich die oftmals den Arbeitsaufträgen vorangestellten Sätze genau durch, da diese schon wichtige Informationen zur Beantwortung der Frage enthalten können.

Beispiel: *Im Jahr 2010 wurde der erste deutsche Windpark in der Nordsee in Betrieb genommen, die etwa 45 km nördlich von Borkum gelegene großtechnische Anlage „alpha ventus" (54° 0' N /6° 34' O). Zeigen Sie ausgehend von geeigneten Atlaskarten mögliche Vor- und Nachteile solcher Off-Shore-Anlagen gegenüber Windenergieanlagen auf dem Festland auf!* (2013/II/1.2)

Beachten Sie auch die **Formulierung** zur Verwendung der **Anlage**. Redewendungen wie *„in der Anlage erkennbare, dargestellte oder ersichtliche …"* erfordern eine auf die Anlage bezogene Analyse und Argumentation, wohingegen Formulierungen wie *„… unter Einbeziehung, unter Berücksichtigung, mithilfe, unter Verwendung, anhand der Anlage"* weitere, über das Material hinausgehende Ausführungen erwarten.

Beispiel 1: *Bewerten Sie* ***ausgehend von Anlage II.3*** *diese Entscheidung aus der Sicht Myanmars!* (2013/II/3.2)

Beispiel 2: *Legen Sie* ***unter Zuhilfenahme geeigneter Atlaskarten*** *Chancen und Probleme dar, die sich aus der in Anlage IV.2 ersichtlichen Umstrukturierung des Berliner Flugverkehrs ergeben!* (2012/IV/2.2)

Legen Sie sich für ihre Bearbeitung einen **Zeitplan** fest. Bedenken Sie dabei, dass Sie **zwei Aufgaben** zu bearbeiten haben.
Beginnen Sie mit der Abiturteilaufgabe, die Ihnen am leichtesten fällt. Die Fragennummerierung dieser Aufgabe sollten Sie jedoch einhalten. Denn häufig sind die Teilaufgaben logisch aufeinander aufgebaut, sodass eine veränderte Reihenfolge bei der Bearbeitung unnötige Probleme mit sich bringt.
Bevor Sie mit der Ausformulierung Ihrer Lösungen beginnen, sollten Sie sich trotz der bereits vorhandenen **Vorstrukturierung durch die Teilfragen** einen **sinnvollen Aufbau** Ihrer Antworten überlegen. Auf diese Weise vermeiden Sie Wiederholungen und Widersprüche, die nicht nur Zeit, sondern auch Punkte kosten können.
Verwenden Sie die geowissenschaftliche Fachsprache, das verschafft Klarheit und erspart wortreiche und doch nicht hinreichend treffende Umschreibungen. Manchmal kann es für einen Sachverhalt mehrere mögliche Erklärungen geben. Zeigen Sie diese Alternativen auf und begründen Sie, warum für die betreffende Aufgabe welche Form relevant ist. Sie zeigen damit Überblick und fachliche Kompetenz.
Schreiben Sie lesbar und grammatikalisch korrekt – bei missverständlichen Aussagen ist kein Korrektor gezwungen, zu Ihren Gunsten zu entscheiden! Vermeiden Sie es, selbst wenn Sie Überschneidungen von zwei Fragen vermuten, als Antwort auf eine Frage auf die Antwort zu einer anderen Frage zu verweisen.

Am Schluss sollten Sie noch mindestens 10 bis 20 Minuten einplanen, um Ihren Text **Korrektur zu lesen** und formale Fehler (Grammatik, Zeichensetzung, Rechtschreibung) zu berichtigen. Sie können jetzt auch noch Zwischenüberschriften ergänzen oder hervorheben. Eine lesbare Schrift und eine übersichtliche Gestaltung unterstützen eine gute Argumentation und sind deshalb ebenso wichtig.

Tipps und Tricks für die Abiturprüfung

- Wer sich im Atlas auskennt, verfügt im Abitur über eine reiche Fundgrube von Informationen zu nahezu allen geographischen Themen. Deshalb ist ein regelmäßiges **Atlas-Training** ein lohnender Zeitaufwand. Üben Sie auch rechtzeitig den souveränen Umgang mit dem Register (Kartenverzeichnis und Übersicht der thematischen Karten nach Sachgruppen).
- Beim **Sichten des Materials** empfiehlt es sich, mit Textmarkern zu arbeiten. **Markieren** Sie damit die **Operatoren** in den Fragen sowie wichtige **Aussagen** und **Zahlen** in den Texten, Diagrammen und Tabellen der Anlagen. Ist in einer Aufgabe eine Erörterung oder Diskussion verlangt, sollten Sie schon beim Anstreichen zwei Farben für mögliche Pro- und Kontraargumente verwenden.
- Als sinnvoll hat sich erwiesen, nach jeder Teilaufgabe bei der ersten Niederschrift genügend freien **Platz für eventuelle nachträgliche Zusätze** zu lassen. Sollte dieser Platz dann für die späteren Ergänzungen nicht ausreichen, müssen Sie unbedingt darauf achten, dass Ihre zusätzlichen Ausführungen eindeutig zugeordnet werden können.
- Kennzeichnen Sie auf dem Aufgabenblatt bereits bearbeitete Teilaufgaben. Es ist schon vorgekommen, dass einzelne Teilaufgaben vergessen wurden!
- Ohne „Abschalten" zwischendurch geht es nicht. Planen Sie unbedingt auch **Pausen** ein! Neben einer längeren Pause von einigen Minuten, ungefähr nach der Hälfte der Bearbeitungszeit, ist es empfehlenswert, auch zwischendurch hin und wieder kurz den Stift aus der Hand zu legen. Nach einer solchen kleinen „Auszeit" gehen Sie oft mit einem ganz anderen Blick und neuen Ideen an die Aufgaben heran.

7 Umgang mit Materialien

Die schriftlichen Abituraufgaben im Fach Geographie beziehen sich in der Regel auf beiliegende Bilder, Tabellen, Graphiken, Diagramme, Karten u. ä. Mit deren Beschreibung und Interpretation kann man einen beträchtlichen Teil der möglichen Punktzahl erreichen.
Bedenken Sie, dass bei der Auswertung von Materialien der erste Schritt immer die Beschreibung des Materials ist. Wenn Sie sofort mit der Interpretation beginnen, fehlen Ihnen die Bewertungspunkte, die für die Beschreibung vorgesehen sind. Zudem können Sie durch die Beschreibung sicherstellen, alle Informationen herausgelesen zu haben. Auch schafft die Beschreibung schon eine klare Strukturierung für Ihre Interpretation.

Es empfiehlt sich daher, schon bei der Vorbereitung auf das Abitur einen Schwerpunkt auf die Beschreibung und Interpretation von Materialien zu legen.

Bei der Auswertung von Materialien ist es ratsam, eine Art „Gerüst" zur Verfügung zu haben, an dem Sie sich orientieren können. Generell ist ein Vorgehen in **drei Schritten** empfehlenswert:

1. Beschreibung der Form bzw. des Inhalts
2. Erklärung bzw. Interpretation des Inhalts
3. Bewertung, Schlussfolgerung und Kritik (wenn dies die Fragestellung verlangt).

Karten

Die Arbeit mit Karten stellt einen klassischen und grundlegenden Inhalt des Geographieunterrichts dar. Da Sie in der Abiturprüfung eine Sammlung von Karten – den Atlas – verwenden dürfen, sind Karten auch hier Ihr wichtigstes Hilfsmittel. Durch **gute Atlaskenntnisse** können Sie viel Zeit sparen!

Mit der Möglichkeit, eine farbige Abbildung in die Abituraufgaben einzubinden, vergrößern sich auch die Einsatzmöglichkeiten kartographischer Fragestellungen über den traditionellen Rahmen der Atlasarbeit hinaus. In der Abiturprüfung können damit die grundlegenden Kompetenzen im Umgang mit Karten auch bei größeren Maßstäben nicht nur über thematische, sondern auch über farbige topographische Karten abgeprüft werden.

Im Umgang mit Karten bietet der Dreischritt Form – Inhalt – Aussageabsicht/Interpretation/Kritik ein gutes Grundgerüst:

1. **Form:**
   Bevor Sie sich mit dem Inhalt der Karte auseinandersetzen, sehen Sie sich zunächst Überschrift, Maßstab, Legende und u. U. die zeitliche Zuordnung an. So verschaffen Sie sich einen **ersten Überblick** über den dargestellten Raum.
   Sind Sie sich über die räumliche Einordnung nicht ganz im Klaren, so sollten Sie andere, kleinmaßstäblichere Karten aus dem Atlas zurate ziehen.
2. **Inhalt:**
   Anschließend kommen Sie zur **inhaltlichen Analyse**, indem Sie die einzelnen Signaturen auf ihre räumliche Verteilung prüfen und dabei die Schwerpunkte und Tendenzen festhalten. Mitunter werden Sie erst aus der Zusammenschau mehrerer Signaturen die erforderlichen Erkenntnisse erhalten. Auch mithilfe ergänzender Karten sind wertvolle Schlussfolgerungen möglich.
3. **Aussagekraft/Interpretation/Kritik:**
   Je nach Fragestellung müssen Sie eine Karte entweder nur **beschreiben**, wobei selbstverständlich die genaue räumliche Verteilung der nachgefragten Merkmale im Vordergrund steht, oder Sie müssen über die reine Beschreibung hinaus das Verteilungsmuster **erläutern**. Im ersten Fall reichen normalerweise die in der Karte enthaltenen Informationen aus, im zweiten Fall müssen aus Vorkenntnissen oder anderen Materialien die richtigen Schlüsse gezogen werden.

Bilder

Die Einheitlichen Prüfungsanforderungen der Kultusministerkonferenz (EPA) im Fach Geographie schreiben die Arbeit mit Bildern vor. **Farbige Bilder** (Luft-/Satellitenbilder u. ä.) sind deshalb Bestandteil des Abiturs. Damit verbunden werden Fragestellungen eröffnet, die nur anhand der Abbildung lösbar sind.

Beispiel: *Gliedern Sie das Bild in Anlage III.1 mithilfe einer beschrifteten Skizze in die erkennbaren Raumeinheiten und beschreiben Sie diese!* (2012/III/1.1)

Sie sollen zeigen, dass Sie in der Lage sind, sich in die dargestellte Landschaft „hineinzudenken" und deren Eigenheiten unter Einbezug der entsprechenden Fachtermini zu beschreiben, zu erklären und zu interpretieren. Hierfür bietet sich eine mehrstufige **Bildauswertung** an:

1. **Bildlokalisierung**
   - thematischer und topographischer Bezug zur Überschrift
   - nach Möglichkeit topographische Verortung des Bildes auf einer Atlaskarte (Atlaskarte als Zusatzinformation)
2. **Bildbeschreibung**
   - Beschreibung von Einzelheiten des Bildes (Vordergrund, Hintergrund)
   - Ordnung bzw. Strukturierung der Bildbestandteile nach Farben, Flächen, linearen Elementen etc.
3. **Bilderklärung**
   - Deutung und Erklärung des Bildinhalts unter Einbindung von gelerntem Wissen
   - Verknüpfung der einzelnen Bildelemente
   - Aufdeckung kausaler Zusammenhänge oder zeitlicher/genetischer Abfolgen
4. **Bildbewertung und weitergehende Überlegungen**
   - Bewertung
   - Schlussfolgerung
   - Hypothesenbildung
   - Medienkritik

Texte

Im Materialteil werden Ihnen als Anlagen auch unterschiedliche Textsorten zur Interpretation vorgelegt. Neben argumentativen Sachtexten (z. B. Kommentaren, Stellungnahmen, Kritiken, Glossen) sind informative Sachtexte (z. B. Nachrichten, Interviews, Auszüge aus Lexika), aber auch poetische Texte (z. B. Reiseerzählungen) denkbar. Damit finden die Vorgaben des G8-Lehrplans im Allgemeinen und des Geographielehrplans im Speziellen auch für den Bereich der **Texterschließungskompetenzen** Eingang in das Geographieabitur.
Je nach Fragestellung müssen Sie sich in unterschiedlicher Weise mit dem Text auseinandersetzen. Die einfachste Form ist eine Zusammenfassung der wichtigsten Aussagen. Aufwendiger ist es, wenn man aus dem Text nur ganz bestimmte Gesichtspunkte erarbeiten und interpretieren soll.

Beispiel: *Die Schweizer Orte Davos, Grindelwald, St. Moritz und Zermatt haben sich der Tourismusvereinigung* Best of the Alps *angeschlossen. Erörtern Sie ausgehend von Anlage II.3 mögliche positive und negative Begleiterscheinungen dieser Vermarktung für die genannten Tourismusorte!* (2014/III/3.2)

Der höchste Anforderungsbereich „Problemlösung" ist in Aufgaben gegeben, in denen Sie Stellung zu bestimmten Textteilen nehmen oder z. B. den Text wertend im Vergleich mit anderen Materialien auf Gemeinsamkeiten und Unterschiede bzw. logische Übereinstimmungen oder Unstimmigkeiten hin untersuchen sollen.
Wesentlich ist in jedem Fall, dass Sie den Textsinn präzise erfassen und in knappen eigenen Worten wiedergeben können.

Manchmal können schon die **Überschrift** des Textes, der **Autor**, die **Quelle** oder das **Erscheinungsjahr** erste Hinweise zur Beantwortung geben: Handelt es sich um eine objektive Darstellung oder um die subjektive Meinungsäußerung des Verfassers?
Es empfiehlt sich, mit Bezug zur Fragestellung die wesentlichen **Schlüsselbegriffe** des Textes zu **markieren** und den **Inhalt** zu analysieren und zusammenzufassen. Auf keinen Fall sollten Sie in Ihrer Antwort Textstellen wortwörtlich übernehmen. Notwendig ist dagegen, die Textstellen (Zeilenangaben!) zu nennen, denen Sie bestimmte Argumente oder Daten entnommen haben.

Tabellen, Graphiken, Diagramme

Statistische Angaben werden Ihnen im Abitur in der Regel in Form von Tabellen, Graphiken und Diagrammen vorgelegt.

Beispiel: *Erläutern Sie die in Anlage I.3 abgebildeten Temperaturprofile eines Permafrostbodens!* (2013/I/2.2)

Bei den drei Schritten Analyse der Form, Analyse des Inhalts und Interpretation können – je nach Thema – folgende Leitfragen hilfreich sein:

1. Form:
- Was ist Thema/Erhebungsgegenstand und Zweck (Überschrift, Begleittext) der Tabelle/Graphik/des Diagramms?
- Welcher Erhebungsraum und Erhebungszeitraum liegt der Darstellung zugrunde (Momentaufnahme, Entwicklung, Prognose)?
- Wie und durch wen wurden die Werte ermittelt?
- Auf welchen Quellen beruht die Tabelle/Graphik/das Diagramm?
- Welche Darstellungsform wurde gewählt (z. B. Kurven-/ Linien-, Säulen-/Balken-, Kreis-, Flächen-, Block- oder Figuren-Diagramm)?
- Was sind die Bezugsgrößen: Zahlenarten (absolute Zahlen, Prozent-/Indexzahlen), Zahlenwerte (gerundet, geschätzt, vorläufig), Maßeinheiten und Intervalle?
- Welche Kategorien werden zueinander in Beziehung gesetzt (z. B. bei Tabellen Gliederung in Kopfzeile, Spalten und Vorspalten)?
- Sind auffällige graphische Gestaltungsmittel vorhanden (Symbole, Farben, (Hintergrund-)Bilder)?
- Lassen sich Elemente oder Abschnitte (z. B. bei einer Kurve) zusammenfassen bzw. Teile ausgliedern?

2. Inhalt:

- Welche Hauptaussagen lassen sich formulieren (Trends, Tendenzen)?
- Welche Teilaussagen in Bezug auf Einzelaspekte lassen sich machen (Minima, Maxima, Zunahme, Abnahme, Stagnation, Zahlensprünge, Anomalien, Gleichmäßigkeiten und regelhafte Verläufe, unterschiedliche Phasen, Wechselbeziehungen zwischen verschiedenen Variablen/Merkmalen, ...)?

3. Aussageabsicht, Interpretation und Kritik:

- Welche Antwort gibt die Tabelle/Graphik/das Diagramm auf die Fragestellung? Zu welchen Teilbereichen lassen sich klare Aussagen, zu welchen keine Aussagen treffen?
- Welche Empfehlungen oder Handlungen werden durch die Tabelle/Graphik/das Diagramm nahegelegt?
- Was sind mögliche Ursachen für die der Tabelle/Graphik/dem Diagramm entnommenen Sachverhalte bzw. Entwicklungen?
- Beurteilung der Aussagekraft:
  - Sind die Daten repräsentativ und korrekt?
  - Ist die Darstellungsform angemessen?
  - Gibt es Unklarheiten in Bezug auf die Daten, Bezugsgrößen, Quellen ...?
  - Fehlen Informationen?
  - Besteht Verdacht auf Interessengebundenheit /Manipulation (Datenauswahl, Auftraggeber, graphische Darstellung ...)?

Nach dieser „Vorarbeit" müssen Sie die entscheidenden Aussagen klar gegliedert und prägnant wiedergeben. Ihre Ausführungen sollten auch ohne Blick auf das Material verständlich sein.

Bei der Frage nach den **Erklärungen** für die gefundenen Aussagen vergleichen Sie die von Ihnen vermutete Erklärung möglichst mit bereits vorhandenem Vorwissen. Ziehen Sie auch die Aussagen anderer Materialien (Atlas, Statistiken) heran und stellen Sie deren Aussagen in einen Zusammenhang mit den gefundenen Ergebnissen.

Tipp: Wenn Sie sich an diese drei Schritte und die Leitfragen halten, können Sie schon recht sicher sein, nichts Wesentliches übersehen zu haben. Auf welche Materialinformationen und Aspekte Sie bei der Ausformulierung Ihrer Lösung tatsächlich zurückgreifen, hängt jeweils von der konkreten Aufgabenstellung ab. Keinesfalls sollten Sie alles, was Ihnen zum Material einfällt, niederschreiben, sondern vielmehr eine zielgerichtete und auf das Material bezogene Auswahl treffen!

Profile

Sie sollten sich darauf vorbereiten, u. U. ein Profil zeichnen zu müssen. Diese Aufgabe kann sich auf den topographischen oder thematischen Bereich (z. B. Jahresniederschlagsmengen entlang einer vorgegebenen Strecke), aber auch auf die Nutzung einer Region (z. B. Landnutzungsprofil durch Indien) beziehen. Als Hilfsmittel stehen Ihnen Atlaskarten und/oder Tabellen zur Verfügung.

Beispiel: *Fertigen Sie anhand von Anlage I.1 ein maßstabsgetreues Profil der Januarniederschläge entlang der Linie von A nach B an, und erläutern Sie die Niederschlagsverteilung auf dieser Strecke!* (2013 / I /1.1)

Bei solchen Aufgabenstellungen sollten Sie sich zunächst einen sinnvollen Höhen- und Längenmaßstab überlegen. Entscheidend ist dabei, dass aus dem Profil die wesentlichen Höhen-/Werteunterschiede bzw. Landschaftseinheiten (Nutzungsprofil) deutlich erkennbar sind. Die Profillinie darf also nicht annähernd horizontal verlaufen.

Achten Sie auf eine maßstabsgetreue Zeichnung. Rechnen Sie dabei immer zunächst eine vorgegebene Strecke nach dem Maßstab der Atlaskarte in die reale Entfernung um. Dann erst sollten Sie die errechnete tatsächliche Streckenlänge nach dem Längenmaßstab Ihres Profils in die von Ihnen zu zeichnende Länge der Profillinie umrechnen.

Tipp: Um Zeit zu gewinnen, suchen Sie sich eine Atlaskarte, von der sich das Profil 1:1 auf ein DIN A4-Blatt übertragen lässt. Legen Sie nun den Rand eines Schmierblatts entlang der geforderten Profillinie und markieren Sie die jeweiligen Höhen- bzw. Werteunterschiede im Atlas durch Striche auf dieses Blatt. Ziehen Sie nun eine Grundlinie in Ihr Lösungsblatt, legen Sie das Schmierblatt an diese Linie an und übertragen Sie die Striche vom Schmierblatt entlang der Linie auf das Lösungsblatt. Somit haben Sie in kurzer Zeit die Grundlage für eine maßstabsgetreue Profildarstellung geschaffen.

Wenn entlang einer Profillinie in einer Atlaskarte zu wenige Höhenangaben enthalten sind, können Sie sich mit den Farbübergängen behelfen, die aus der Legende ersichtlich sind und jeweils einem bestimmten Höhenwert entsprechen. Auch bei thematischen Profilen kann man die Farbübergänge in einer Karte nutzen. Wenn z. B. hellgelbe Flächen eine Temperatur von 5 °C –10 °C darstellen und mittelgelbe Flächen 10 °C–15 °C entsprechen, dann liegt der Wert der Grenzlinie bei 10 °C.

Beschriften Sie die Achsen und versehen Sie die Profillinien mit den korrekten Bezeichnungen, z. B. „Jahresniederschlag", „Januartemperatur" oder „agrarische Nutzung". Bei topographischen Profillinien sollten Sie wichtige Geländepunkte, Landschaftseinheiten o. ä. kennzeichnen.

Meist wird von Ihnen noch gefordert, neben der Zeichnung aus dem Profil erkennbare Merkmale zu erläutern, oder es schließen sich Aufgaben an, die auf der Profillinie aufbauen. Die Profilzeichnung selbst wird nach inhaltlicher Korrektheit sowie zeichnerischer Vollständigkeit, Sauberkeit und Exaktheit bewertet.

Eine Zeichnung verlangt normalerweise mehr Zeit als eine schriftliche Beantwortung einer Frage, ergibt aber meistens nicht so viele Bewertungspunkte. Bedenken Sie das, wenn Sie Ihren Zeitplan zur Bearbeitung der Aufgaben aufstellen. Halten Sie sich unbedingt auch dann an diesen Zeitplan, wenn die anzufertigende Zeichnung zu einer übermäßig langen Beschäftigung damit verleitet.

Tipp: Zeichnen Sie nie mit Kugelschreiber oder Füller, sondern immer mit Bleistift! So können Sie auch leichter korrigieren.

Hinweise und Tipps zur Colloquiumsprüfung

1 Wahl, Themen und Struktur der Colloquiumsprüfung

Sie können Geographie entweder als drittes – schriftliches – Abiturfach, oder aber als viertes bzw. fünftes – mündliches – Abiturfach (Colloquiumsfach) – wählen.

Inhaltliche Grundlage der Abiturprüfung sind immer, unabhängig von der **Schwerpunktsetzung Ihres Lehrers**, die grundlegenden Lerninhalte der vier Ausbildungsabschnitte der Qualifikationsphasen 11 und 12. Auch Grundkenntnisse aus früheren Jahrgangsstufen können einbezogen werden. Jedoch können Sie im Colloquium den durchgenommenen Stoff einschränken und sich **spezialisieren**. Denn die geforderten Prüfungsinhalte beschränken sich in der Weise, dass Sie
- die **Lerninhalte des ersten oder zweiten Ausbildungsabschnitts ausschließen** und
- die Lerninhalte eines der drei verbleibenden Ausbildungsabschnitte zum **Prüfungsschwerpunkt** erklären dürfen.

Das Colloquium gliedert sich in **zwei Prüfungsteile** von je etwa **15 Minuten** Dauer:
- ein **Referat** zum gestellten Thema (ca. 10 Minuten) aus dem gewählten Prüfungsschwerpunkt sowie ein Gespräch über das Referat (ca. 5 Minuten);
- ein **Gespräch** zu Problemstellungen aus zwei weiteren Ausbildungsabschnitten (ca. 15 Minuten).

Ihr Geographielehrer bzw. ein Prüfungsausschuss benennt rechtzeitig mehr als zwei Themenbereiche pro Halbjahr aus allen vier Ausbildungsabschnitten. Spätestens vier Wochen vor dem festgesetzten Prüfungstermin können Sie einen der angebotenen Themenbereiche als Schwerpunkt festlegen. Aus diesem gewählten Themenbereich wird dann das Thema für Ihr Referat gewählt, das Ihnen 30 Minuten vor Prüfungsbeginn schriftlich bekannt gegeben wird. Danach beginnt die 30-minütige beaufsichtigte **Vorbereitungszeit**. In dieser Zeit bearbeiten Sie Ihr Referatsthema. Hierzu sollten Sie sich schriftliche Notizen auf ein Konzeptblatt, aber auch Aufzeichnungen auf eine „Demonstrationsfolie" machen, wobei Sie die erlaubten Hilfsmittel (Taschenrechner, Atlas) benutzen können.

2 Vorbereitung des Referats

Falls Sie während Ihrer Schulzeit nur wenige Referate gehalten haben, ist eine spezielle Vorbereitung auf die Colloquiumsprüfung unbedingt zu empfehlen. Da sowohl eine Unter- als auch eine Überschreitung Ihrer Redezeit Punkteabzüge nach sich ziehen, sollten Sie vorher einige Übungsreferate halten, um ein Gefühl für die Dauer zu bekommen.

Die Vorbereitung ist umso effektiver, je genauer Sie beim Training den Ablauf des Colloquiums simulieren. **Praktische Übung** ist der beste Weg, sich rhetorisch zu schulen und die mündliche Prüfung ohne sprachliche Probleme bei Formulierungen und Argumentationen zu bestehen. Wenn Sie einzelne Teilaufgaben der Klausuren einschließlich Materialien als weitere Aufgabenstellungen nutzen, können Sie den ersten Prüfungsteil gut üben. Halten Sie dabei die Vorbereitungszeit exakt ein, ziehen Sie zwei Kursmitglieder als fiktive Prüfungskommission hinzu und lassen Sie sich von diesen anschließend rückmelden, ob sie Ihren Vortrag verstanden haben bzw. an welchen Stellen nicht.

Um z. B. Ihre Anfangsnervosität zu überwinden, können Sie gedanklich einige **Standardsätze vorformulieren**, mit denen Sie jedes Referat einleiten können. Achten Sie dabei darauf, Ihre Stichpunkte zu strukturieren.

Beispiele: *„Ich habe die Aufgabe, ein Referat über … zu halten. Dabei möchte ich folgendermaßen vorgehen: Entsprechend der Aufgabenstellung möchte ich zunächst einleitend etwas zu … sagen, dann die Punkte … und … abhandeln und schließlich als Zusammenfassung eine Beurteilung über … abgeben.“*

Damit haben Sie eine Grobgliederung vorgestellt, die dem Prüfer signalisiert, dass Sie die Aufgabenstellung verstanden und Ihr Referat strukturiert haben. Diese Strukturierung können Sie z. B. mittels einer Folie oder einer Tafelanschrift verdeutlichen.

Tipps für die Vorbereitungszeit

- **Zügige Bearbeitung:** Beginnen Sie sofort konzentriert mit der Bearbeitung.
- **Themenstellung:** Was ist die Zielrichtung der geforderten Bearbeitung?
- **Operatoren:** Welche konkreten Anforderungen werden gestellt? Bei Mehrteiligkeit: Welche Gliederungshilfe bieten die Teilaufgaben?
- **Einstieg:** Nehmen Sie die räumliche Einordnung vor und verdeutlichen Sie den Themenschwerpunkt.
- **Atlas:** Welche Karten sind für die räumliche Einordnung oder für einzelne Aspekte zusätzlich hilfreich?
- **Materialteil:** Schreiben Sie Fachbegriffe an den Rand, ergänzen Sie ggf. Quellenanmerkungen und legen Sie Stichworte für den Vortrag fest. Im Material selbst sollten Sie zentrale Stellen oder Zahlenwerte/Verläufe farbig markieren. Wichtige Materialien müssen Sie möglicherweise bei mehr als nur einer Aufgabenstellung hinzuziehen. Denken Sie nie: „Einmal benutzt = abgehakt“.

- **Strukturierung:** Nummerieren Sie Ihre Markierungen, damit Sie anhand dieser Reihenfolge Ihren Vortrag gestalten können.
- **Thema/Fazit:** Themenformulierungen beinhalten häufig regelrechte Fragestellungen; bei anderen deutet die letzte Aufgabenstellung auf eine Lösung/Bewertung/ Beantwortung hin. Gestalten Sie deshalb den Schluss Ihrer Ausführung mit einem klaren Fazit, in dem Sie eine eindeutig formulierte Antwort geben.

Tipps für das Referat

- **Zeitmanagement:** Legen Sie eine Armbanduhr neben Ihr Konzept, schreiben Sie, bevor Sie zu sprechen beginnen, den konkreten Zeitraum für Ihren Vortrag auf Ihr Konzept – so haben Sie klare zeitliche Anhaltspunkte.
- **Grobstruktur:** Nennung der Aufgabenstellung – Einleitung – Bearbeitung der Teilaufgaben – Schlussteil.
- **Leitfaden:** Nutzen Sie Ihre Anmerkungen aus der Vorbereitungszeit.
- **Materialbezug:** Verdeutlichen Sie während des Vortrags, woher Sie Ihre Aussagen beziehen (z. B.: „Die Probleme des Tourismus auf der thailändischen Insel Phuket werden besonders deutlich, wenn man anhand von Anlage XY die Entwicklungen der Touristenankünfte betrachtet: Hier erkennt man …“ usw.). Damit lenken Sie Blick und Gedanken aller Anwesenden so auf den Sachverhalt, wie Sie es wünschen.
- **Sprechweise:** Sprechen Sie möglichst frei und hinreichend laut. Sprechen Sie unbedingt klar und deutlich.
- **Satzbau:** Vermeiden Sie „Endlossätze“, an deren Beginn Sie sich beim Sprechen selbst nicht mehr erinnern.
- **Fachsprache:** Beweisen Sie, dass Sie Ihre „Vokabeln“ gelernt haben, indem Sie diese verwenden. Die Adressaten Ihres Vortrags sind Geographie-Lehrer(innen), also allesamt Fachleute – bedenken Sie dies!
- **Blickkontakt:** Ein gelegentlicher Blick zu Ihrem Prüfer oder zu den anderen Kommissionsmitgliedern zeugt von souveränem Umgang mit Situation und Kommunikationsregeln.
- **Logische Verknüpfung:** Verbinden Sie Ihre Gedanken durch Konjunktionen und Subjunktionen, d. h., stellen Sie sprachlich unter Beweis, dass Sie in der Lage sind, kausale Beziehungen, Wechselbeziehungen, Abhängigkeiten, Folgen, Folgerungen, Widersprüche, zeitliches Nacheinander usw. im Rahmen Ihres Vortrages zu verdeutlichen („Und … und … und …“ sind hierfür ungeeignete Satzanfänge).
- **Tafelskizze/Folie:** Manchmal ist sie geeignet, das Gesagte zu unterstützen. Dies sollte nur wenige Sekunden dauern (z. B. zwei Kurvenverläufe als Ergebnis einer vorgegebenen Tabelle). Dadurch stellen Sie Ihre methodischen Darstellungskompetenzen unter Beweis.

Aufgaben

Abitur Geographie Bayern – Colloquiumsprüfung
Themenbereich 11.4: Umweltrisiken und menschliches Verhalten
Übungsaufgabe 1

Thema des Referats: Japan – Erdbeben, Vulkanismus, Tsunamis
Das Tsunami-Ereignis im März 2011 gilt als eine der schwerwiegendsten naturgeographisch initiierten Katastrophen in Japan.
Erläutern Sie das Ursachengefüge bei der Tsunamientstehung. Stellen Sie anschließend das Gefährdungspotenzial an der japanischen Nordostküste anhand von Kausalketten dar. Zeigen Sie abschließend mögliche Maßnahmen für die zukünftige Raumplanung in diesem Gebiet auf.

Tipps zur Vorbereitung des Referats

Analyse der Themenstellung
Achten Sie auf die Komplexität der Themenstellung. Strukturieren Sie deren Einzelkomponenten am besten auf einem Notizzettel:
- *Erläuterung der Genese von Tsunamis: Ursachengefüge (→ also Entstehungskomponenten und deren Zusammenhänge)*
- *Gefährdungspotenzial an der Nordostküste: Kausalketten (→ also linear voneinander abhängige Schadensfolgen)*
- *Zukünftige raumplanerische Maßnahmen*

Tipps zur Strukturierung und sprachlichen Gestaltung des Referats
Trennen Sie im Referat die oben genannten drei Teile textlich, sicht- und hörbar voneinander ab, etwa durch hinführende/einleitende Bemerkungen bzw. geschickte Überleitungen und deutliche Atem-/Redepausen.
Gestalten Sie Ihren Text so, als ob es sich um eine kurze wissenschaftliche Abhandlung handelt. Vermeiden Sie Einleitungs- oder Überleitungsformulierungen wie etwa „Jetzt komme ich zu …" oder die bloße Nennung einer Teilüberschrift – dies beeinträchtigt die Wissenschaftlichkeit Ihres Vortrags. Leiten Sie stattdessen geschickt in neue Gedankenblöcke ein, wie etwa: „Eine weitere Problematik ergibt sich aus …", „Die Komplexität der Schadenswirkungen kann wie folgt beschrieben werden" etc.
Vermeiden Sie Umgangssprache und Dialekt; verwenden Sie Fachbegriffe, wo immer möglich.

Nutzung des Atlas als Hilfsmittel
Für die verbale Darstellung der drei Teilthemen eignen sich die üblichen Atlaskarten zu Plattentektonik, Erdbebengefährdung und Verteilung der vulkanisch aktiven Gebiete.

Referat

Die Tsunamikatastrophe im März 2011 in Nordostjapan hat auf erschreckende Weise den Mechanismus und die Verkettung voneinander abhängiger Schadensereignisse, ausgehend von einer Naturkatastrophe und verstärkt durch menschliche Einflüsse bis hin zum Super-GAU eines Atomkraftwerks, gezeigt.

Um die Gesamtheit der Themenstellung zu erfassen, ist zunächst die geotektonische Entstehung von Tsunamis zu erläutern. Anschließend soll das durch Tsunamis initiierte Gefährdungspotenzial an der Nordostküste Japans in seinen kausalen Zusammenhängen dargestellt werden. Abschließend werde ich auf sich hieraus ergebende mögliche raumplanerische Maßnahmen zur Verminderung der Schadenswirkungen eingehen.

Zunächst einige Anmerkungen zur **Genese von Tsunamis**:
Tsunamis (wörtlich: „große Hafenwellen") sind durch **starke Seebeben** (in der Regel mindestens Stärke 7 auf der Richterskala) verursachte, also durch plattentektonische Bewegungen hervorgerufene **Riesenwellen**. Sie wirken an den Küsten extrem zerstörend, einerseits durch das Aufprallen und das Einschwemmen riesiger Wassermassen bis weit ins Küstenhinterland, andererseits durch den Rückzug des Wassers.
Bei einem derartigen Seebeben schnellen unter tektonischer Spannung stehende ozeanische Plattenteile schlagartig vertikal nach oben bzw. werden abrupt nach unten druckentlastet. Dabei wird die **gesamte über dem Erdbebenherd befindliche Wassermasse vertikal bewegt**, was zur Ausbildung von Wellen führt, die sich auf der offenen See aber kaum bemerkbar machen. Denn im Gegensatz zu windbewegten Wellen, die lediglich die obere Wasserschicht beeinflussen, bewegt sich bei Tsunamis die gesamte Wassermasse zwischen Wasseroberfläche und Meeresgrund.

In **Küstennähe**, wo durch den Übergang zu den Schelfbereichen das verfügbare Wasservolumen immer kleiner wird, türmen sich die durch einen Tsunami bewegten Wassermassen zwangsläufig hoch und brechen mit zerstörerischer Gewalt in den Küstenbereich ein.

Im Fall des Tsunami-Schadensereignisses 2011 fand ein starkes Seebeben (Stärke 9,0 auf der Richterskala) etwa 130 km östlich der nordostjapanischen Stadt Sendai statt. Verursacht wurde dieses durch tektonische Entlastungsbewegungen entlang der komplexen **Plattengrenze** zwischen der Pazifischen Platte und der Nordamerikanischen Platte etwa in einer geschätzten Tiefe zwischen 25 und 35 km, also **relativ oberflächennah**.

Das **Gefährdungspotenzial an der japanischen Nordostküste** kann folgendermaßen dargestellt werden:
Japan besteht aus Inseln vulkanischen Ursprungs. Das sich hieraus ergebende steile **Relief** führt zur Ausbildung nur weniger, flächenmäßig kleiner Küstenebenen. In diesen konzentrieren sich allerdings räumlich nahezu alle Siedlungs- und Wirtschaftsregionen. Zwangsläufig sind deshalb die Schadenswirkungen durch die **dichte Besiedlung in Küstennähe** und die **Raumenge** enorm.

Tsunami-Ereignisse und deren Auswirkungen sind an den Küsten Japans keinesfalls unbekannt. Für den **Nordosten Japans** ergibt sich sogar ein **hohes Gefährdungspotenzial**. Die in der Folge auftretenden Schäden sind meist als Kausalketten natürlich bedingter und anthropogen verstärkter Faktoren zu verstehen.

Zunächst ergeben sich direkte und enorme **Schadenswirkungen** durch das **Auftreffen der Wassermassen auf den Küstenbereich**. Hafenanlagen, Gebäude und Bestandteile der öffentlichen Infrastruktur werden zerstört. Menschen, die sich nicht rechtzeitig auf Anhöhen in Sicherheit bringen können, ertrinken oder werden durch das mit dem Wasser mitgeführte Material (z. B. Mauerreste, spitze und scharfkantige Holzteile) verletzt oder getötet. Landeinwärts liegende Küstenebenen werden kilometerweit überschwemmt, landwirtschaftliche Nutzfläche, Siedlungsgebiete, Straßen und Bahnlinien zerstört. Schwere Schäden entstehen hierbei nicht nur durch das Auftreffen der Wassermassen, sondern auch durch deren Rückzug, der infolge der Schuttmaterialbeimengungen extrem zerstörerisch wirken kann.

Als Folge der Einschwemmung können Ver- und Entsorgungsleitungen schlagartig außer Betrieb gesetzt werden. Kanalisationsnetze werden überflutet, Kläranlagen lahmgelegt. Die anfallenden Abwässer können in Küstennähe demzufolge nicht mehr abgeführt und gereinigt werden. Hieraus ergeben sich hohe **gesundheitliche Risiken**, etwa die Entstehung von Seuchen (z. B. Cholera).

Infolge der Zerstörung von elektrischen Versorgungsleitungen sind weitere schwerwiegende Schadensfolgen zu erwarten. Wichtige **Infrastruktureinrichtungen** (z. B. Krankenhäuser, Flughäfen, Bahnhöfe und Bahnlinien und nicht zuletzt Atomkraftwerke) werden ohne die elektrische Versorgung funktionslos bzw. in letzterem Fall zu einer ernsthaften, überregionalen Bedrohung.

Welche extremen Schadensfolgen aus der gewaltsamen Abschaltung von Kernkraftwerken drohen, kann stellvertretend für den Nordosten Japans am Beispiel des **Kernkraftwerks in Fukushima-Sendai** aufgezeigt werden. Durch die Überflutung des gesamten Kraftwerksbereiches, der nur unzulänglich gegen einen Tsunami geschützt war, fiel die gesamte Energieversorgung aus. Zunächst konnten die integrierten Akkumulatoren die zur Kühlung der abgeschalteten Reaktoren notwendigen Wasserpumpen noch eine Zeit lang bedienen. Nachdem diese aber keine Energie mehr liefern konnten, stieg die Temperatur in den Reaktorgebäuden an und verursachte schließlich deren Explosion. Nach Tagen erfolgloser Bemühungen, etwa durch das Aufspritzen von Meerwasser auf die Reaktorkerne, kam es zu einem Super-GAU, d. h. zum Durchschmelzen des Kerns durch die Betonbodendecke und zum Eindringen von Radioaktivität in den mit Grundwasser durchsetzten tieferen Bodenbereich. Das durch den Tsunami ursprünglich lokal betroffene Schadensgebiet wurde nun überregional durch die Verwehung radioaktiv verseuchter Luft weit ins Landesinnere ausgedehnt.

Welche **raumplanerischen Maßnahmen** können ergriffen werden, um die Schadenswirkungen in den durch Tsunamis gefährdeten Gebieten Japans zukünftig zu reduzieren?

Zunächst besteht die Möglichkeit, den Küstenbereich durch **bauliche Maßnahmen** zu schützen. Hierzu zählen ausreichend hoch bemessene Schutzwälle entlang besonders gefährdeter Küstenabschnitte.

Zusätzlich könnte eine Schadensminderung durch die räumliche **Verlagerung sensibler Infrastruktureinrichtungen** weiter ins Landesinnere und in höhere Lagen erreicht werden. Dies gilt besonders für die Anlage von Kernkraftwerken, deren Kühlung jedoch durch die weitere Entfernung von der Küste besondere bauliche und finanzielle Anstrengungen erfordern würde.

Die Vermeidung von Todesopfern hängt auch von geeigneten **Frühwarnsystemen** und **Notfallplänen** (z. B. Tsunami-Bojen weitab der Küsten) und der Erstellung exakter Katastrophenpläne (z. B. die Fluchtwege auf Anhöhen und die Sicherung von Rettungswegen betreffend) ab.

Schließlich wäre das nationale Energiekonzept Japans, das rohstoffarm ist, zu überdenken. Zur Vermeidung von überregional wirkenden Verstrahlungsschäden könnte ein schrittweiser Umbau des Energienetzes auf der Grundlage **alternativer Energieträger**, z. B. durch den Bau von **Off-Shore-Windparks**, realisiert werden.

Abschließend ist zu bemerken, dass gerade in Japan ein wirtschaftspolitisches Umdenken erforderlich wäre – dies gilt insbesondere angesichts der negativen engen Verknüpfung von staatlichen Entscheidungsträgern und Verantwortlichen in den Energiekonzernen.

Weiterführende Fragen zum Referat

1. **Erklären Sie den Unterschied zwischen einer Naturgefahr und einer Naturkatastrophe.**

   Naturgefahren stellen eine latente, potenzielle Gefährdung oder Bedrohung infolge naturbedingter Faktoren oder Faktorengefüge dar, ohne dass die entsprechende Schadenswirkung auch wirklich eintreffen muss. Sie resultieren aus der bloßen Lage eines Raums in einem mit natürlichen Risikofaktoren behafteten Gebiet. Beispiele innerhalb der USA sind etwa die **Tornado Alley** im südlichen Mittleren Westen, das südöstliche Küstengebiet im Bereich der Zugstraßen der Hurrikane oder der erdbebengefährdete Südwesten im Bereich der San-Andreas-Verwerfung.

   Von **Naturkatastrophen** spricht man dann, wenn Naturgefahren auch tatsächlich realisiert werden. Meist entsteht der Charakter einer Katastrophe dann, wenn Personen- und Sachschäden gemessen werden können. Im eigentlichen Sinn bezieht sich dieser Begriff also auf die Schadenseinwirkung auf den Menschen.

2. Neben seiner allgemeinen Schadenswirkung birgt Vulkanismus durchaus auch ein Nutzungspotenzial für den Menschen. Stellen Sie dieses anhand ausgewählter Raumbeispiele dar.

Das Nutzungspotenzial vulkanischer Gebiete soll im Folgenden anhand der Bereiche „**Geothermie**“ (Beispiel **Island**) und „**landwirtschaftliche Inwertsetzung**“ (Beispiel Kilimandscharo) aufgezeigt werden.

Vulkanische oder postvulkanische Gebiete haben grundsätzlich viel **Wärmeenergie** in Oberflächennähe gespeichert. Diese kann durch bauliche Maßnahmen (z. B. die Bohrung von Einspeicher- und Entnahmerohren sowie deren Befüllung mit Wasser) genutzt werden. So wurden auf Island z. B. **Fernwärme**-Leitungsnetze installiert, die heißen Wasserdampf etwa zum Beheizen von Wohnungen und Treibhäusern oder zum Betreiben von **Geothermie-Kraftwerken** (direkt über den geothermischen Quellen) verwenden.

Darüber hinaus werden in vulkanischen Gebieten durch die Lavagesteinsauflagen bzw. durch deren Zersetzung im Zuge der **Bodenneubildung** wertvolle Mineralien für die landwirtschaftliche Inwertsetzung bereitgestellt. Zugegebenermaßen stehen diese Bodenauflagen erst Jahrzehnte bis Jahrhunderte nach dem eigentlichen Ausbruch zur Verfügung. In Hanglagen der inneren und wechselfeuchten Gebiete, wo Vulkanasche und -gestein mit abgehendem, bereits vorhandenem Bodensubstrat vermischt werden, wird dieser Bodenbildungsprozess mechanisch und klimatisch beschleunigt (starke **chemische Verwitterung** bei hoher Luftfeuchtigkeit und hohem Wärmeangebot).
Die intensive landwirtschaftliche Nutzung kann in den Hanglagen des Kilimandscharo dokumentiert werden. Dort findet sich z. B. in Höhen zwischen 1 200 und 1 700 m eine intensive kleinbäuerliche, zum Teil von Kaffee- und Bananenplantagen durchsetzte Nutzung auf nährstoffreichen Böden.

Abitur Geographie Bayern – Colloquiumsprüfung
Themenbereich 12.1.2: Bevölkerungsentwicklung und Verstädterung
Übungsaufgabe 2

Thema des Referats: Megastädte und deren Probleme
Entfielen zu Beginn des 20. Jahrhunderts auf Mexiko-Stadt gerade drei Prozent der Einwohner des Landes, so lebt heute rund ein Viertel der Bevölkerung des mexikanischen Staates in einer der größten Agglomerationen der Welt.
Erläutern Sie eingehend die Gründe für diese Entwicklung und stellen Sie an drei Problemfeldern aus dem Bereich der Infrastruktur die Auswirkungen des starken Bevölkerungswachstums im Verdichtungsraum Mexiko-Stadt dar.

Tipps zur Vorbereitung des Referats

Analyse der Themenstellung

- *Ausgangspunkte des Referats sind das hohe Bevölkerungswachstum und die zunehmende Konzentration der mexikanischen Bevölkerung in der Hauptstadt Mexiko-Stadt.*
- *Ihre erste Aufgabe ist eine Erläuterung der genannten Entwicklung. Von Ihnen wird eine Beschreibung der Gründe für das Bevölkerungswachstum und eine anschauliche Erklärung hierfür anhand von Beispielen gefordert.*
- *Im zweiten Teil der Aufgabe („stellen Sie ... dar") rücken die Folgen des starken Bevölkerungswachstums für die Infrastruktur in Mexiko-Stadt in den Mittelpunkt. An ausgewählten Problemfeldern sollen Sie die Belastungen für die Infrastruktur der Agglomeration darstellen.*

In der Aufgabenstellung werden Ihre Antworten ausdrücklich auf den Bereich der Infrastruktur eingeschränkt. Die Aufgabe fordert von Ihnen die Erläuterung von mindestens drei Problemfeldern – es ist also nicht von Nachteil, wenn Sie noch ein weiteres Beispiel anfügen können. Bedenken Sie aber, dass es eine Themaverfehlung wäre, wenn Sie etwa die Schwierigkeiten bei der Bereitstellung von ausreichend Arbeitsplätzen oder die Ausweitung des informellen Sektors als mögliche Belastungen angeben.

Nutzung des Atlas als Hilfsmittel
Die großräumliche Einordnung und die Angabe der geographischen Lage von Mexiko-Stadt erfolgen mithilfe diverser Atlaskarten, etwa „Mittelamerika – physisch" und „Mexiko-Stadt – Hochlandmetropole".
Die Auswertung einer entsprechenden Wirtschaftskarte, z. B. „Mittelamerika – Wirtschaft", zeigt eine vielfältig diversifizierte Industrie in Mexiko-Stadt.

Referat

Gründe für die Bevölkerungskonzentration in Mexiko-Stadt

Mexiko-Stadt liegt im mexikanischen Hochland auf über 2 200 m Höhe in einer ausgeprägten Beckenlage. Diese begrenzt die flächenhafte Ausweitung der Stadt, sodass eine zunehmende Verdichtung der Bebauung die Folge ist.

Die Hauptstadt Mexikos gilt als eine der bevölkerungsreichsten **Agglomerationen** weltweit. Die zunehmende Konzentration der mexikanischen Bevölkerung in dieser Stadt ist Folge ihrer zentralörtlichen Bedeutung: Mexiko-Stadt ist die herausragende **Primatstadt** des Staates Mexiko und die einzige **Metropole** in der gesamten Region Mittelamerika.

Alle wichtigen mexikanischen Unternehmen haben ihren Hauptsitz in Mexiko-Stadt, ebenso alle global agierenden Konzerne und Wirtschaftsunternehmen, die von hier aus den mittelamerikanischen Markt bedienen. Wie vergleichbare Metropolen in den Schwellen- und Entwicklungsländern sind diese Zentren die wichtigsten Zielgebiete regionaler und auch grenzüberschreitender Wanderungsströme, die ihre Ursache in den vielfältigen **Pull- und Push-Faktoren** finden.

Ursachen für das Bevölkerungswachstum in Mexiko-Stadt

Ein wesentlicher **Push-Faktor** für die starke **Landflucht** in Mexiko ist der hohe Bevölkerungsdruck durch hohe Geburtenraten in den ländlichen Regionen, wo Kinder als soziale Absicherung und billige Arbeitskräfte angesehen werden. Auch traditionelles Rollenverhalten in der überwiegend katholischen Bevölkerung trägt zu den hohen Geburtenraten bei. Darüber hinaus erschweren etwa eine unzureichende Versorgung mit Gütern des täglichen Bedarfs und Dienstleistungen sowie eine mangelhafte Infrastruktur in der Bildung und in der Gesundheitsfürsorge die Lebensbedingungen. Das Bevölkerungswachstum kann auch, bedingt durch die natürliche Ungunst und ungleiche Eigentumsverhältnisse, zu Engpässen bei der Nahrungsmittelversorgung führen. Der Mangel an außerlandwirtschaftlichen Arbeitsplätzen hat eine steigende Arbeitslosigkeit in den ländlichen Gebieten zur Folge.

Demgegenüber steht die große Anziehungskraft (die **Pull-Faktoren**) von Mexiko-Stadt, der größten Stadt, Metropole und Hauptstadt des Landes. Hier konzentrieren sich alle wirtschaftlichen Schlüsselbereiche und die öffentliche Verwaltung. Die Atlaskarte „Mittelamerika-Wirtschaft" zeigt eine große Branchenvielfalt ansässiger Industriebetriebe, wodurch sich eine große Zahl von Arbeitsplätzen im sekundären und tertiären Sektor ergibt. Dadurch sehen die Zuwanderer gute Chancen für sich und ihre Familie auf qualifizierte Ausbildung und sozialen Aufstieg. Die Aussicht auf einen höheren Lebensstandard sowie die Teilnahme am städtischen Leben und Konsum sind letztendlich ausschlaggebend für den Entschluss Tausender von Zuwanderern, in Mexiko-Stadt ihr Glück zu suchen.

Folgen für die Infrastruktur

Das starke Bevölkerungswachstum und die zunehmende Konzentration der mexikanischen Bevölkerung in Mexiko-Stadt führen zu erheblichen Belastungen der städtischen Infrastruktur.

- Die hohe Bevölkerungszahl stellt besonders die **Verkehrsinfrastruktur** vor erhebliche Probleme. Die Überlastung des öffentlichen Nahverkehrsnetzes, die Zunahme des Individualverkehrs und unzureichende Verkehrswege lassen den Straßenverkehr täglich zusammenbrechen. Wegen der hohen Verkehrs- und Industriedichte gilt Mexiko-Stadt als Metropole mit der weltweit stärksten Luftverschmutzung, weshalb etwa die Hälfte der Bewohner an Atemwegserkrankungen leidet.
- Ein ökologisch drängendes Problemfeld stellt die **Abwasserbeseitigung** dar. Vor allem in den **Marginalsiedlungen** am Stadtrand gibt es kaum eine Kanalisation oder Kläranlagen. Die unkontrollierte Ableitung der Abwässer verschmutzt die Fließgewässer und das Grundwasser. Die unhygienischen Verhältnisse begünstigen die Verbreitung von Infektionskrankheiten besonders unter der ärmeren Bevölkerung.
- In gleicher Weise bereitet die **Wasserversorgung** große Probleme. Durch die wachsende Einwohnerzahl steigt täglich der Bedarf an Trinkwasser und Brauchwasser für die Industrie. Allerdings steht nur ein begrenztes natürliches Wasserangebot in dem semihumiden Hochbecken (vgl. Atlaskarte „Mexiko-Stadt – Hochlandmetropole") zur Verfügung. Durch die übermäßige Entnahme sind die Grundwasserreserven bald aufgebraucht, sodass heute schon Wasser aus entfernten Flussläufen nach Mexiko-Stadt übergeleitet wird. Besonders problematisch ist die Wasserversorgung in den Marginalsiedlungen, die in der Regel nicht an das öffentliche Leitungsnetz angebunden sind und täglich mit Tankwagen versorgt werden müssen.
- Ein entwicklungshemmendes Problemfeld stellt die unzureichende Stromversorgung in der Stadt dar. Der Ausbau des Stromleitungsnetzes konnte mit der flächenhaften Ausweitung des Siedlungsgebietes nicht Schritt halten. In den Marginalsiedlungen zweigen sich viele Slumbewohner den Strom illegal vom öffentlichen Stromnetz ab. Der hohe Bedarf der Industrie führt immer wieder zur Überlastung des Stromnetzes und zu Stromausfällen.

Weiterführende Fragen zum Referat

1. **Geben Sie charakteristische Merkmale einer Megastadt bzw. Metropole an.**
   Es gibt keine einheitliche Festlegung für die Untergrenze der Bevölkerungszahl einer **Megastadt**. In der Literatur schwanken die Angaben hierfür zwischen 5 Millionen und 20 Millionen Einwohnern. Mit Ausnahme vieler chinesischer Millionenstädte gelten Megastädte auch als Metropolen mit globaler Bedeutung.
   Wichtige Merkmale einer **Metropole** sind das Vorhandensein von Niederlassungen internationaler Wirtschaftsunternehmen sowie weltweit bedeutender kultureller Einrichtungen, die auch eine hohe touristische Attraktivität besitzen. In Metropolen konzentrieren sich die nationalen staatlichen Verwaltungsfunktionen, zusätzlich auch die Verwaltungen internationaler politischer und wirtschaftlicher Organisationen. Metropolen besitzen in der Regel aufgrund ihrer ausgezeichneten Verkehrserschließung zu Land, zu Wasser und im Luftverkehr auch globale Bedeutung als Verkehrsdrehscheibe.

2. **Zeigen Sie drei mögliche Maßnahmen zur Begrenzung der Zuwanderung in Metropolen und Megastädte auf.**

Die anhaltende Zuwanderung in die Metropolen bzw. Megastädte kann durch verschiedene Maßnahmen begrenzt werden.

- So wird die wirtschaftliche Entwicklung des ländlichen Raumes etwa durch Bodenreformen, materielle Unterstützung der Klein- und Mittelbetriebe oder die Einrichtung eines Genossenschaftssystems unterstützt.
- Durch die Gründung neuer Wachstumspole im ländlichen Raum oder sogar eine Verlagerung der Hauptstadt in die Peripherie können Wanderungsströme in andere, eher bevölkerungsarme Regionen umgelenkt werden.
- Die Senkung der Geburtenrate durch verbesserte Bildung und Aufklärung sowie eine Stärkung der Rolle der Frauen im täglichen Leben können zu einer Abnahme des Bevölkerungsdrucks im ländlichen Raum und damit letztlich auch zu einem geringeren Umfang der Abwanderung in die Metropolen führen.

Abitur Geographie Bayern
Übungsaufgabe 3: Aspekte der globalen und regionalen Wassernutzung

1 Globales Wasserdargebot und Wasserverfügbarkeit

1.1 Erläutern Sie ausgehend vom Modell der planetarischen Zirkulation der Atmosphäre die in Anlage 1 dargestellten Zusammenhänge zwischen Niederschlag und geographischer Breite und legen Sie am Beispiel einer selbst gewählten Klimaregion dar, warum sich aus diesen Daten keine Rückschlüsse auf die tatsächlich naturgeographisch verfügbare Wassermenge ziehen lassen.

1.2 Beschreiben und begründen Sie die in Anlage 2 bis 2025 prognostizierten Veränderungen in der Wasserverfügbarkeit für die Weltbevölkerung.

1.3 Stellen Sie auf der Grundlage der Daten in Anlage 2 zwei Problemkreise dar, die sich aus der unterschiedlichen Wasserverfügbarkeit für die Inwertsetzung von Räumen durch den Menschen ableiten lassen. 34 BE

2 Europäische Flüsse – Ökosysteme und wirtschaftsräumliche Einheiten

2.1 Ordnen Sie die Abflussdiagramme in Anlage 3 den Flüssen Po (Oberlauf), Arno und Neto (Kalabrien) begründet zu.

2.2 Legen Sie drei wasserbauliche Maßnahmen und deren Zielsetzungen an größeren europäischen Flussläufen dar und beschreiben Sie daraus resultierende mögliche ökologische Risiken.

2.3 Beschreiben und begründen Sie anhand von Anlage 4 die räumliche Verteilung der Güterverkehrsdichte auf den deutschen Wasserstraßen. 26 BE

60 BE

Anlage 1: Mittlere jährliche Niederschlagsmengen in unterschiedlichen geographischen Breiten

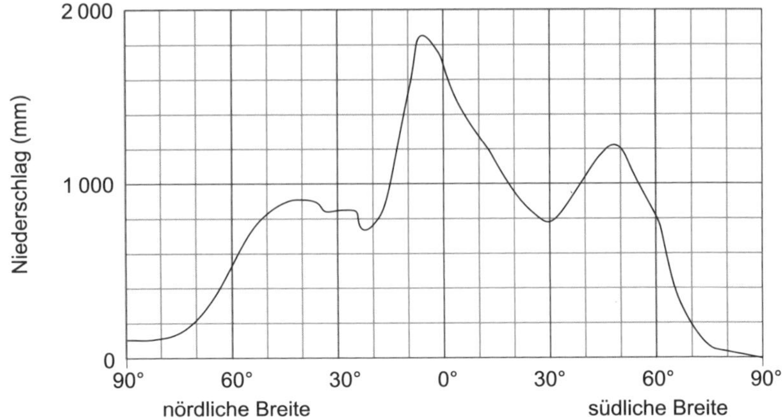

Anlage 2: Süßwasserdargebot und Weltbevölkerung

M 1 Verteilung der jährlich verfügbaren Süßwassermenge auf die Weltbevölkerung

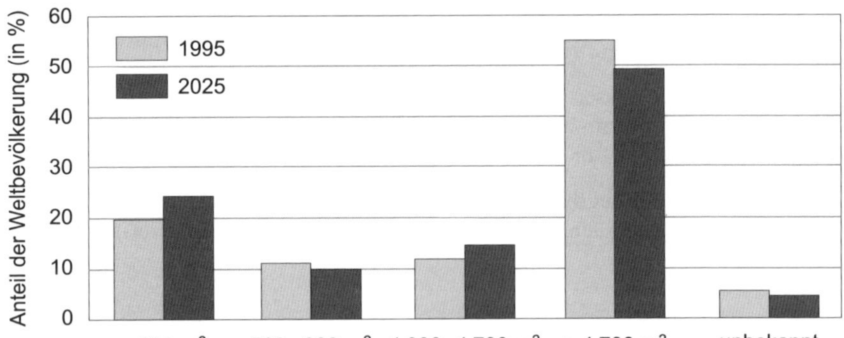

Wassermangel herrscht, wenn weniger als 1 000 m^3 Frischwasser je Einwohner im Jahr zur Verfügung stehen; Wasserknappheit besteht bei einer verfügbaren Frischwassermenge von 1 000 bis 1 700 m^3 je Einwohner im Jahr.

M 2 Entwicklung der Weltbevölkerung 1995–2015

1995	5,7 Mrd.
2000	6,1 Mrd.
2005	6,5 Mrd.
2010	6,9 Mrd.
2015	7,3 Mrd.

Anlage 3: Abflussregime ausgewählter italienischer Flüsse

Dargestellt ist der durchschnittliche Monatsabfluss-Koeffizient, d. h. das Verhältnis der mittleren monatlichen Wasserführung zur mittleren jährlichen Wasserführung.

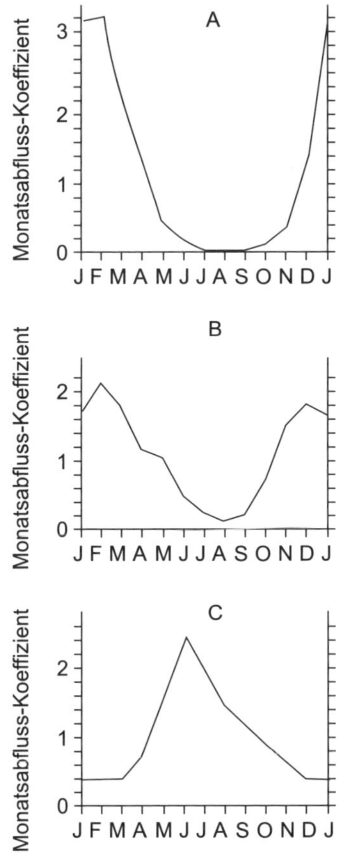

Anlage 4: Güterverkehrsdichte der See- und Binnenschifffahrt

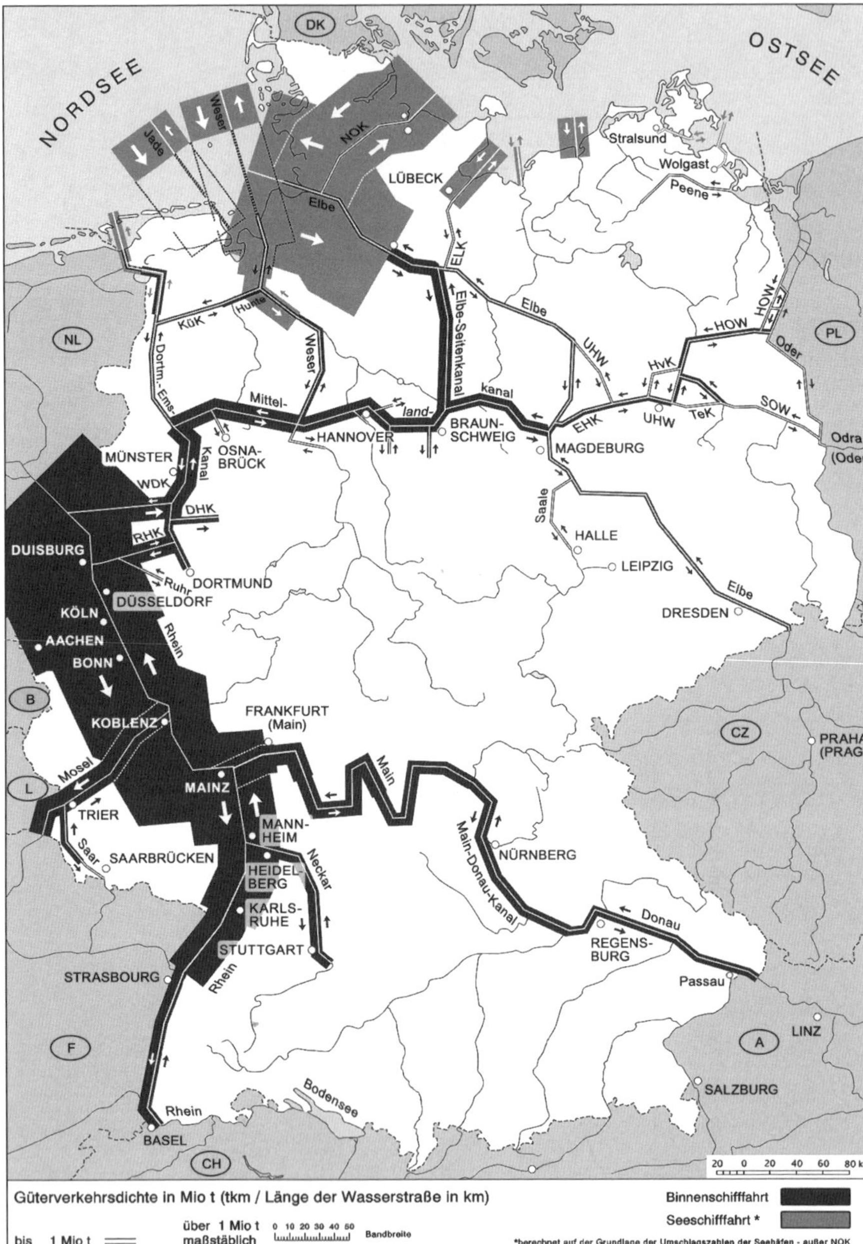

Quellen- und Literaturverzeichnis

Bundesministerium für Verkehr, Bau und Stadtentwicklung, März 2013, Karte W172b; Kartographie: Fachstelle für Geoinformation Süd, Regensburg; zur Verfügung gestellt gemäß GeoNutzV (Anlage 4)

Brameier, U.: Wasser – das „blaue Gold". Materialien zum internationalen Jahr des Süßwassers. In: Praxis Geographie, Heft 7/8, 2003, S. 49, verändert (Anlage 2, M 1)

Eigene Darstellung nach Daten der C.R.E.S.T. snc; www.crestsnc.it/ (Anlage 3)

Entwicklungsprognose UN/DESA, US Census Bureau Historical Estimates (Anlage 2, M 2)

Heyer, Ernst: Witterung & Klima. Stuttgart/Leipzig: Vieweg + Teubner, 1972, S. 199, verändert (Anlage 1)

Lösungsvorschlag

1.1 *Bei der Bearbeitung des ersten Teils der Aufgabe müssen Sie die breitenlagenabhängige Verteilung der Niederschlagsmengen in Anlage 1 auf der Grundlage der planetarischen Zirkulation erläutern, d. h. beschreiben und begründen.*
Im zweiten Teil dieser Aufgabe sollen Sie anhand einer selbst gewählten Klimaregion begründen, weshalb das Diagramm bezüglich der natürlich vorhandenen Wassermenge nur bedingt aussagekräftig ist. Als Beispiel für eine Klimaregion wurden im Folgenden die wechselfeuchten Tropen (Trocken- und Dorn(strauch)savanne) gewählt.

Das **Maximum der jährlichen Niederschlagsmengen** ist im Diagramm Anlage 1 im äquatornahen Bereich etwa zwischen 10° nördlicher und südlicher Breite vorzufinden. Hier, in den **inneren Tropen**, strömen von den beiden polwärts liegenden subtropischen Hochdruckgürteln an der Erdoberfläche **passatische Luftmassen** (Nordost- und Südostpassate) in der **ITC** zusammen, werden infolge des hohen Eintrags an Wärmeenergie erwärmt und steigen aufgrund der nun geringeren spezifischen Dichte nach oben. Beim Aufstieg erfolgt eine Abkühlung der Luftmassen, deren Wasserdampf beim Erreichen des **Sättigungsdampfdrucks** (100 % relative Luftfeuchtigkeit) kondensiert und als **Zenitalregen** fällt.
Von den inneren Tropen aus betrachtet ist in Richtung der beiden Wendekreise ein nahezu stetiges Sinken der Jahresniederschlagsmengen im Diagramm festzustellen. In diesen Breitenlagen nimmt die **Länge der Trockenperioden** zu den Wendekreisen hin zu. Die Trockenzeiten werden durch den immer geringeren Einfluss der zenitalen tropischen Niederschläge im Bereich der ITC (in Abhängigkeit von dem jahreszeitlich wandernden relativen Sonnenhöchststand) verursacht.

Bei etwa 30° nördlicher und südlicher Breite sind im Diagramm im Bereich der beiden **subtropischen Hochdruckgürtel** Niederschlagsminima zu erkennen. Diese können durch das Absteigen und Erwärmen eines Teils der **antipassatischen Luftmassen** sowie die damit verbundene Wolkenauflösung erklärt werden.
Die Breitenlagen zwischen etwa 40° und 60° nördlicher/südlicher Breite werden ganzjährig von **zyklonalen Witterungsereignissen** im Bereich der beiden **Westwindzonen** dominiert. Sie bilden, nach der inneren tropischen Zone, im Diagramm erkennbare Sekundärmaxima der Niederschlagsmengen aus. Auf der Südhalbkugel ist das Maximum infolge eines geringeren Kontinentanteils und erhöhter Maritimität deutlicher ausgeprägt.
Ab etwa 60° nördlicher und südlicher Breite sinken die jährlichen Niederschlagsmengen polwärts als Folge geringerer Temperaturen der Luftmassen und damit verbundener **reduzierter Wasserdampfspeicherung** rapide ab. In den beiden **Polregionen** selbst herrschen in der Regel Hochdruckverhältnisse **(Kältehochs)** mit thermisch bedingten, äußerst geringen Niederschlagsmengen vor.
Das Diagramm enthält lediglich **Durchschnittswerte** der Niederschlagsmengen. Verschiedene **räumliche Ausprägungen** wie Relief (z. B. **Lee- und Luvlagen**), kontinentale oder maritime Beeinflussung, das Vorhandensein bestimmter lokaler Windsysteme, Verdunstungsraten, eventuelle Zuflüsse von Oberflächenwasser, die Wasserspeicherfähigkeit des Bodens u. a. werden nicht berücksichtigt.
Etwa auf das **Raumbeispiel Sahelzone** bezogen lassen sich allein aus dem Diagramm beispielsweise keinerlei Aussagen über das dort typische Phänomen einer hohen **Niederschlagsvariabilität** ableiten. Zudem erkennt man keinen jahreszeitlichen Verlauf der Niederschlagszufuhr. Die naturgegeben **sehr hohen Verdunstungswerte** im Sahel relativieren außerdem die Niederschlagsmengen drastisch. Etwaige verfügbare Wasserreserven aus Grundwasser und Fließgewässern werden nicht berücksichtigt.

Die Diagrammdarstellung eignet sich in erster Linie also nur dazu, einen **generellen Zusammenhang** zwischen geographischer Breite und Niederschlagsmengen zu beschreiben.

1.2 *Gehen Sie bei der Bearbeitung dieser Aufgabe systematisch vor: Vergleichen Sie die prognostizierten Veränderungen zwischen 1995 und 2025 und unterscheiden Sie deutlich die Bereiche Anteile mit Wassermangel, Anteile mit Wasserknappheit und Anteile ohne Wasserknappheit/Wassermangel.*

Zwischen 1995 und 2025 wird der Anteil der Bevölkerung mit Wassermangel an der **Weltbevölkerung** voraussichtlich von etwa 30 % auf ca. 35 % ansteigen (jeweils Summe der beiden Bereiche < 500 m^3 und 500 – 999 m^3). Dieser vordergründig „leichte" Anstieg ist drastisch angesichts der Tatsache, dass es sich bei der Kategorie **Wassermangel** um den Anteil der Weltbevölkerung handelt, dem Wasser als lebenssichernde Ressource fehlt. Begründungen hierfür lassen sich z. B. in der Ausbreitung von **Desertifikationserscheinungen** in den semiariden und semihumiden Bereichen infolge eines **starken Bevölkerungswachs-**

tums, in einer Ausweitung der **Viehhaltung** und in einer damit verbundenen **Bodendegradation** finden. Auch fehlende Infrastruktureinrichtungen (z. B. geregelte Wasserversorgungsnetze), eine fehlende ökologisch angepasste Wasserentnahme und deren Überwachung zur Schaffung eines Zugangs zu Wasser dürften diese Entwicklung bei steigenden Bevölkerungszahlen begründen.
Die Bevölkerungsanteile, die unter **Wasserknappheit** leiden (Bereich 1 000–1 700 m^3), werden sich von ca. 12 % (1995) auf voraussichtlich 15 % (2025) erhöhen. Insgesamt betrachtet ist also eine statistische Verlagerung von Bevölkerungsanteilen aus den bisher ausreichend mit Wasser versorgten Bereichen in die Bereiche mit Wassermangel- und Wasserknappheit zu prognostizieren. Im Jahr 2025 wird demnach voraussichtlich erstmals mehr als die **Hälfte der Weltbevölkerung unter Wasserknappheit und -mangel** leiden.

1.3 *Achten Sie bei der Bearbeitung dieser Teilaufgabe auf eine klare Trennung zwischen beiden Problemkreisen. In der folgenden Lösung wurde im ersten Fallbeispiel allgemein vom Problem der überdurchschnittlichen Bevölkerungszunahme gerade in den Staaten der wechselfeucht-tropischen/subtropischen Zone ausgegangen, im zweiten Fallbeispiel für die Räume mit ausreichend vorhandenem Wasserdargebot argumentiert.*

Für die in semiariden/semihumiden Regionen lebenden Bevölkerungsanteile ergeben sich unter Umständen drastische Folgen aus der unterschiedlichen Wasserversorgung. Die Angaben im Diagramm müssen nämlich vor dem Hintergrund einer **stetig steigenden Weltbevölkerung** gesehen werden. Dabei sind es gerade die jetzt bereits unter Wassermangel und Wasserknappheit leidenden Länder des **Trockengürtels** und seiner angrenzenden Zonen, die oftmals auch überdurchschnittliche natürliche Bevölkerungsanstiege verzeichnen und gleichzeitig meist auch erhebliche Entwicklungsdefizite aufweisen. Mögliche Folgen dieser Konstellation innerhalb dieser Zonen sind z. B. zunehmende **Nutzungskonflikte** bis hin zu bürgerkriegsähnlichen Zuständen im Kampf um das Wasser, eine drastisch zunehmende Wasserverknappung mit der Gefahr von Ernährungskatastrophen, sich verschlechternden Hygienebedingungen, Krankheiten und Seuchen. Schließlich könnten sich auch neue territoriale Gebietsansprüche als Folge starker Migrationsströme ergeben.

Auch für die bisher überwiegend von Wassermangel und Wasserknappheit verschonten Zonen (etwa die gemäßigten Breiten) können sich unter Umständen schwerwiegende Veränderungen ergeben. Wasser wird dort, auch durch den zunehmenden Verbrauch in **Landwirtschaft**, **Industrie** und **privaten Haushalten**, zu einer sich verknappenden Ressource werden, deren Preis deswegen in der Folge stark steigen könnte. Eine steigende **transkontinentale Migration** aus Wassermangelgebieten in Gebiete mit bisher ausreichendem Wasserangebot könnte zudem in den Zuwandergebieten in sozialgesellschaftliche Integrationsprobleme münden.

2.1 *Achten Sie bei der Beantwortung dieser Teilaufgabe auf eine systematische Erläuterung der Jahresgänge der Abflussmengen in Abhängigkeit von den jeweiligen klimatischen Besonderheiten im betreffenden Raum.*

Diagramm A: Neto/Kalabrien

Der in der Zone des **mediterranen Winterregenklimas** mit ausgeprägter Trockenzeit gelegene Fluss Neto zeigt extreme jahreszeitliche Abflussschwankungen. Von Mai bis November führt der Fluss wegen der ausgeprägten ariden Phase unter dem Einfluss des **subtropischen Hochdruckgürtels** und zudem hoher Verdunstungsraten kaum bzw. kein Wasser (Juli bis September). In den Monaten Dezember bis März gelangt der Neto infolge der **Verschiebung der Windgürtel** in den Einflussbereich atlantischer, feuchterer Luftmassen des **Westwindgürtels** (Winterregen), weshalb die Abfluss-Koeffizienten deutlich ansteigen.

Diagramm B: Arno

Der Arno weist ein komplexeres, sich überlagerndes, **pluvionivales Abflussregime** auf. Er zeigt seine höchste Wasserführung in den Winter- und Frühjahrsmonaten als Summe der zyklonalen mediterranen **Winterregen** unter Westwindeinfluss und der im Spätwinter/Vorfrühjahr beginnenden **Schneeschmelze** im Apennin. Das sommerliche Niederschlagsminimum ist Folge der Lage im Bereich des **subtropischen Hochdruckgürtels** mit absteigenden, trockenen Luftmassen.

Diagramm C: Po (Oberlauf)

Der Fluss Po zeigt im Oberlauf ein einfaches **(nivales) Abflussverhalten**. Typisch hierfür ist die geringe Wasserführung von Dezember bis etwa März, weil während dieser Monate die **Niederschläge als Schnee gebunden** sind. Das Abflussmaximum im Juni spiegelt die **Schneeschmelze** und die **sommerlichen Starkregen** in den Alpen wider.

2.2 *Gliedern Sie Ihren Text, wie in der Aufgabenstellung gefordert, nach drei wasserbaulichen Maßnahmen und deren Zielsetzungen. Es empfiehlt sich, die möglichen ökologischen Zielsetzungen direkt der jeweiligen Maßnahme zuzuordnen.*

Maßnahme 1: Flussbegradigung

Flussbegradigungen an größeren Flussläufen (z. B. Rhein oder Elbe) schaffen einerseits die technischen Voraussetzungen für eine dauerhafte Schiffbarkeit der Wasserstraßen. Andererseits wird, ergänzt durch den Bau von Staustufen und Rückhaltebecken, die **Abflussregulierung** des Flusses gesteuert und damit die Gefahr von Hochwässern als Folge jahreszeitlicher Abflussspitzen gemindert. Zudem entsteht so die Möglichkeit zur Gewinnung elektrischer Energie an **Laufwasserkraftwerken**.

Infolge der Flussbegradigung erhöht sich in der Regel die Abflussgeschwindigkeit, was beispielsweise zur Verdrängung bestimmter, ruhige Gewässer liebender Fischarten (z. B. Karpfen) führen kann. Zudem können wertvolle Biotope wie Altwasserbereiche und Flussschleifen mitsamt ihren biotischen Elementen verloren gehen.

Maßnahme 2: Kanalbau
Kanalbauten dienen in der Regel einer Verbesserung der binnenschifffahrtlichen Nutzung im Bereich größerer Flusssysteme. Kanäle werden teilweise im Bereich bereits bestehender Flussläufe oder/und als Neuanlagen errichtet (Beispiel: Main-Donau-Kanal).

Kanalbauten stellen drastische Maßnahmen dar, die **Ökosysteme** tiefgreifend verändern. Ihre Errichtung verbraucht große Flächen und kann zu **Nutzungskonflikten** etwa in Bezug auf Siedlungsflächenansprüche und landwirtschaftliche Nutzungsflächen führen. Unter Umständen wird sogar das ursprüngliche Abflussverhalten der ableitenden und aufnehmenden natürlichen Fließgewässer beeinträchtigt.

Maßnahme 3: Flussüberleitungen
Flussüberleitungen wie etwa die **Tajo-Segura-Überleitung** in Spanien gehören zu den wasserbaulichen Großprojekten höchster Komplexität. Sie dienen in erster Linie dem Transport von Wasser aus humiden/semihumiden in semiaride, also unter Wassermangel leidende Gebiete. Im Fall der Tajo-Segura-Überleitung wird Tajo-Wasser aus Zentralspanien nach Andalusien geleitet, wo es in erster Linie für die Verbesserung der künstlichen **Bewässerung** in der Landwirtschaft verwendet wird. Derartige Maßnahmen in klimatisch sensiblen Gebieten können zu erheblichen ökologischen Veränderungen im Bereich der Geberflüsse führen, wie etwa geringeres Wasserangebot durch Volumenveränderung und höhere relative Verdunstung. Eine weitere Folge ist die Wassertrübung durch Verteilung einer mengenmäßig gleichbleibenden Schwebstofffracht auf ein geringeres Wasservolumen.

In den semiariden Gebieten, die zugeleitetes Wasser erhalten, können bei falscher Nutzung des neu gewonnenen Bewässerungswassers **Bodenversalzung und -degradation** im Zuge eines kapillaren Bodenwasseraufstiegs auftreten.

2.3 *Vermeiden Sie bei der Bearbeitung dieser Teilaufgabe ein bloßes Beschreiben der einzelnen Fluss- und Kanalläufe. Kategorisieren Sie nach Binnen- und Seeverkehr und begründen Sie die jeweiligen quantitativen Ausprägungen der einzelnen Wasserstraßenbereiche.*

Binnengüterverkehr
Die Fahrtgebiete am **Mittel-** und **Niederrhein** zeigen, absolut betrachtet, die höchste Güterverkehrsdichte auf deutschen Binnenwasserstraßen. Grundsätzlich bieten diese Abschnitte einerseits aufgrund ihrer natürlichen Flussanlage (Breite und Fahrwassertiefe), andererseits wegen ihrer räumlichen Nähe zur Nordsee (und damit auch wegen ihrer Anbindung an den transatlantischen Verkehr) beste Voraussetzungen für einen intensiven Schiffsverkehr.

Die sehr hohe Verkehrsdichte wird zusätzlich von den zubringenden schiffbaren Verkehrsachsen des Neckars, des Main-Donau-Kanalsystems (Binnengüterverkehrsachse zwischen Ostmitteleuropa und Nordsee), der Mosel und des Mittellandkanals verstärkt.

Auffällig ist die höhere Verkehrsdichte rheinaufwärts. Dies kann auf den hohen übernationalen Güterimport aus dem Nordseebereich (über den Hafen Rotterdam) zurückgeführt werden.

Die relativ hohe Verkehrsdichte auf dem **Main-Donau-Kanalsystem** spiegelt die zunehmende Bedeutung einer wirtschaftlichen Anbindung der ostmitteleuropäischen Länder und der weiter östlich liegenden Transformationsstaaten an den Wirtschaftsraum der EU und den internationalen, transatlantischen Seeverkehr wider.

Die ebenfalls relativ hohen Verkehrsdichtewerte am **Mittellandkanal** kennzeichnen dessen wichtige Bedeutung als Verkehrsbindeglied zwischen der Rheinachse und den nordmitteldeutschen Wirtschaftsräumen Osnabrück, Hannover, Wolfsburg und Braunschweig.

Schließlich stellt der **Elbe-Seitenkanal** eine wichtige Verbindung, gleichzeitig eine räumliche Abkürzung, zwischen diesen Wirtschaftsräumen und dem Elbegebiet (Anschluss an die Nordsee) her.

Weiter östlich zeigt das **Kanalnetzsystem zwischen Mittellandkanal und Oder** eher geringe Güterverkehrsdichten. Dies ist einerseits auf den nur mäßigen infrastrukturellen Ausbau der Wasserstraßen in den neuen Bundesländern zurückzuführen, andererseits auf die relative Abgelegenheit der dortigen Wirtschaftsräume, die optimaler über den Verkehrsanschluss an die Ostseehäfen versorgt werden können.

Seegüterverkehr

Wichtigste Verkehrstrasse ist die **Elbe**, die von Seeschiffen etwa 80 km landeinwärts befahrbaren werden kann. Die sehr hohe Verkehrsdichte kennzeichnet in besonderer Weise die Bedeutung des Seehafens Hamburg.

Hohe Verkehrsdichtewerte zeigt zudem der **Nordostseekanal** (NOK). Er bildet eine räumlich vorteilhafte und damit transportkostengünstige Alternative zur Anbindung des Ostseebereichs an die Nordsee über die norddänischen Verkehrswege.

Geringere Verkehrsdichten und damit geringere Bedeutung haben im Bereich der Nordsee die Seeverkehrswege von **Ems** (Dortmund-Ems-Kanal), **Jade** und **Weser**, im Bereich der Ostsee jene des **Elbe-Lübeck-Kanals**. Ihre Funktion beschränkt sich einerseits auf die eher regionale Güterversorgung, andererseits auf den hochspezialisierten Güterimport (Automobilimporthäfen Emden und Bremerhaven, Containerhafen Bremerhaven).

Abitur Geographie Bayern
Übungsaufgabe 4: Energie in Nigeria und Deutschland

1 Nigeria – wirtschaftlicher Entwicklungsfaktor Erdöl

1.1 Nigeria etablierte sich vor allem aufgrund seiner Erdöllagerstätten bis Anfang der 1980er-Jahre als ökonomische Führungsmacht im subsaharischen Afrika.
Stellen Sie mithilfe geeigneter Atlaskarten die wesentlichen Standortbedingungen für die Erdölindustrie sowie mögliche ökologische Probleme im Rahmen der Erdölförderung dar.

1.2 Erläutern Sie auf der Grundlage der Materialien in Anlage 1 die wirtschaftlichen Struktur- und Entwicklungsprobleme Nigerias auf nationaler und weltwirtschaftlicher Ebene.

1.3 Legen Sie unter Zuhilfenahme der Anlage 2 Zielsetzungen einer wirtschaftlichen Kooperation zwischen Nigeria und Deutschland für beide Staaten dar und bewerten Sie deren Realisierung kritisch. 34 BE

2 Energieversorgung in Deutschland

2.1 Beschreiben und begründen Sie die in Anlage 3 dargestellte Entwicklung des Primärenergieverbrauchs.

2.2 Begründen Sie die in Anlage 4 abgebildete räumliche Verteilung der Windenergieanlagen einschließlich deren Leistung.

2.3 Erörtern Sie mithilfe der Materialien in Anlage 5 die Bedeutung der Windenergie für die Primärenergiebereitstellung in Deutschland. 26 BE

60 BE

Anlage 1: Die Erdölwirtschaft Nigerias

M 1 Erdölland Nigeria

Nigeria verfügt über die größten Erdölvorkommen in Afrika und stand 2010 auf der Rangliste der größten Erdölexporteure der Welt auf Platz 3. Die Hauptexportgüter Erdöl und Erdgas hatten im gleichen Jahr etwa 82 % Anteil an allen Exportgütern des Landes. Mehr als drei Viertel des exportierten Erdöls wurden an die USA (ca. 40 %), Spanien, Brasilien, Frankreich, Deutschland und Indonesien geliefert.
Nigerianisches Erdöl wird im Nigerdelta im Süden des Landes gefördert. Hier kommt es immer wieder zu gewalttätigen Auseinandersetzungen zwischen den Erdölfördergesellschaften und Rebellengruppen. Die Rebellen fordern neben Autonomierechten eine Beteiligung an den Erträgen der Rohölförderung. Deshalb finden des

Öfteren Anschläge auf die Erdölpipelines und Besetzungen von Pumpstationen statt, die zu längeren Produktionsausfällen führen. Das illegale Abzapfen von Rohöl aus den Pipelines führt immer wieder zu Explosionsunglücken, bei denen teilweise Hunderte von Menschen ums Leben kommen.

Über ein wohl organisiertes Bandentum werden nicht unerhebliche Mengen an gestohlenem Rohöl auf dem Schwarzmarkt verkauft. Zur Vermeidung von Anschlägen auf die Fördereinrichtungen an der Küste unternimmt die nigerianische Regierung zunehmend Anstrengungen, künftig vermehrt im Offshore-Bereich zu fördern. Dort scheinen die Förderanlagen besser gegen Übergriffe gesichert werden zu können.

Nicht zuletzt wegen der Konzentration auf den Erdölsektor sind die übrigen Wirtschaftsbereiche Nigerias als ausgeprägt strukturschwach zu bezeichnen. Die Erträge aus der Rohölförderung fließen zum überwiegenden Teil der ökonomischen Elite Nigerias und ausländischen Konzernen zu. Die breite, von Subsistenzwirtschaft und Tätigkeiten im informellen Sektor geprägte nigerianische Bevölkerung hingegen hat an den Profiten aus der Erdölwirtschaft keinen Anteil. Dementsprechend hoch sind beispielsweise die Arbeitslosenquote (2010: etwa geschätzte 45 %) und die Analphabetenrate (2010: ca. 30 %). Zwischen dem Norden und dem Süden Nigerias herrscht außerdem, bedingt durch die Erdölförderung, ein deutliches Süd-Nord-Gefälle vor.

M 2 Entwicklung der Rohölpreise weltweit 1960 – 2012

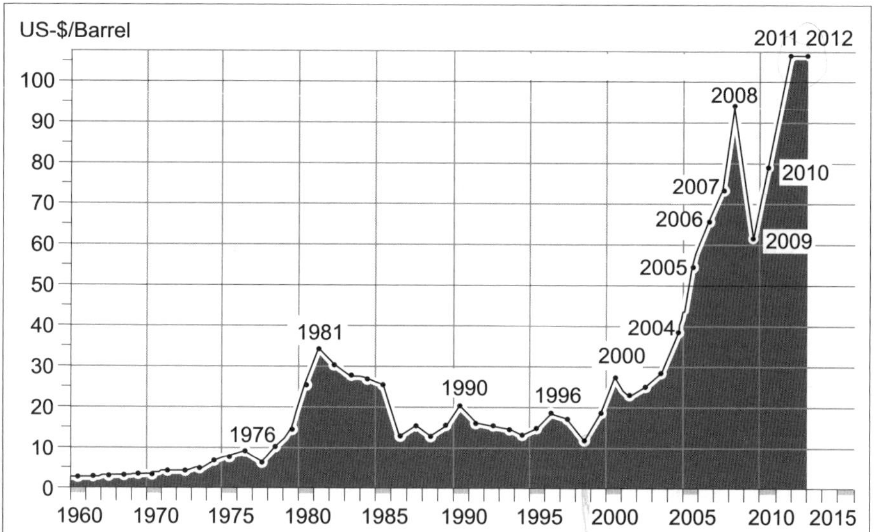

M 3 Wirtschaftsdaten Nigeria

	1980	1998	2008	2012
BIP in Mrd. US-$	92,0	36,3	213,9	272,6*
BIP pro Kopf in US-$	1 010	300	1 450	1 654,3*
Importe in Mrd. US-$	12,4	7,4	36,9	70,6*
Exporte in Mrd. US-$	18,1	11,6	84,1	97,5*
Importgüter (% des Gesamtimports)	**2010:** Kfz und -Teile 20,6; Maschinen 15,9; Chem. Erzeugnisse 10,5; Nahrungsmittel 9,1; Elektronik 6,8			
Exportgüter (% des Gesamtexports)	**2010:** Erdöl 81,7; Rohstoffe 3,0; Nahrungsmittel 2,3; Chem. Erzeugnisse 0,6; Maschinen 0,5			

* Schätzung bzw. Prognose

M 4 Daten zur Erdölwirtschaft Nigerias 2012

Rohölförderung pro Tag (Mio. Barrel)	2,5
Eigenverbrauch an Rohöl pro Tag (Mio. Barrel)	0,24
Rohölraffinierung pro Tag (Mio. Barrel)	0,11

Anlage 2: Deutsch-nigerianische Wirtschaftszusammenarbeit

Die deutsche Wirtschaft zeigt weiterhin großes Interesse am nigerianischen Markt. Beweis hierfür war die große Beteiligung am Vierten Deutsch-Nigerianischen Wirtschaftsforum 2011 in Abuja, das von Bundeskanzlerin Angela Merkel und dem nigerianischen Staatspräsidenten Goodluck Jonathan eröffnet wurde. Dieses Forum gilt seit Jahren als eine Informations- und Kontaktbörse für deutsche und nigerianische Wirtschaftsvertreter.

Deutsche Unternehmen sehen in Nigeria, dem bevölkerungsreichsten Land Afrikas und neben Südafrika zugleich zweitwichtigsten subsaharischen Handelspartner, weiterhin Wachstumspotenzial. Zum einen diversifiziert und stabilisiert sich die Wirtschaft Nigerias zunehmend, zum anderen brilliert das Land durch beneidenswerte wirtschaftliche Zuwachsraten (2011: 7,2 % Zuwachs BIP). In den vergangenen Jahren waren zweistellige Zuwachsraten des bilateralen Handelsvolumens garantiert. Deutschland exportierte 2011 Güter in Höhe von 1,3 Mrd. Euro nach Nigeria.

Die bisherigen Konferenzen beschäftigten sich grundsätzlich mit Themenbereichen, die der Stabilisierung eines nicht ganz einfachen Wirtschaftsraumes dienen. Hierzu gehören etwa Fragen des Bergbaus, der Agroindustrie, des Straßenbaus, der Energiewirtschaft, der Telekommunikation, der Wasserversorgung, der Abwicklung des Warenverkehrs inklusive der Zollregularien, des Banken- und Finanzierungswesens, des Bildungssektors, der Transportlogistik und des Gesundheitswesens.

Anlage 3: Entwicklung des Primärenergieverbrauchs in Deutschland nach Energieträgern

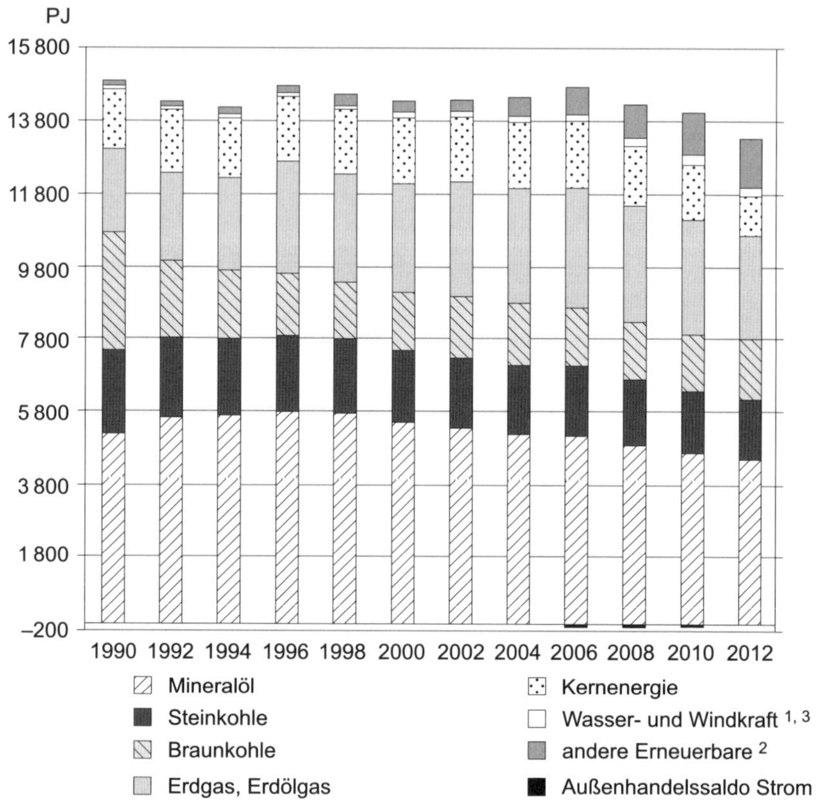

1 Wind ab 1995
2 u. a. Brennholz, Brenntorf, Klärgas, Müll
3 inkl. Photovoltaik

Anlage 4: Bundesländer: Anteil des potenziellen Jahresenergieertrags aus Windenergieanlagen am Nettostromverbrauch, 2011

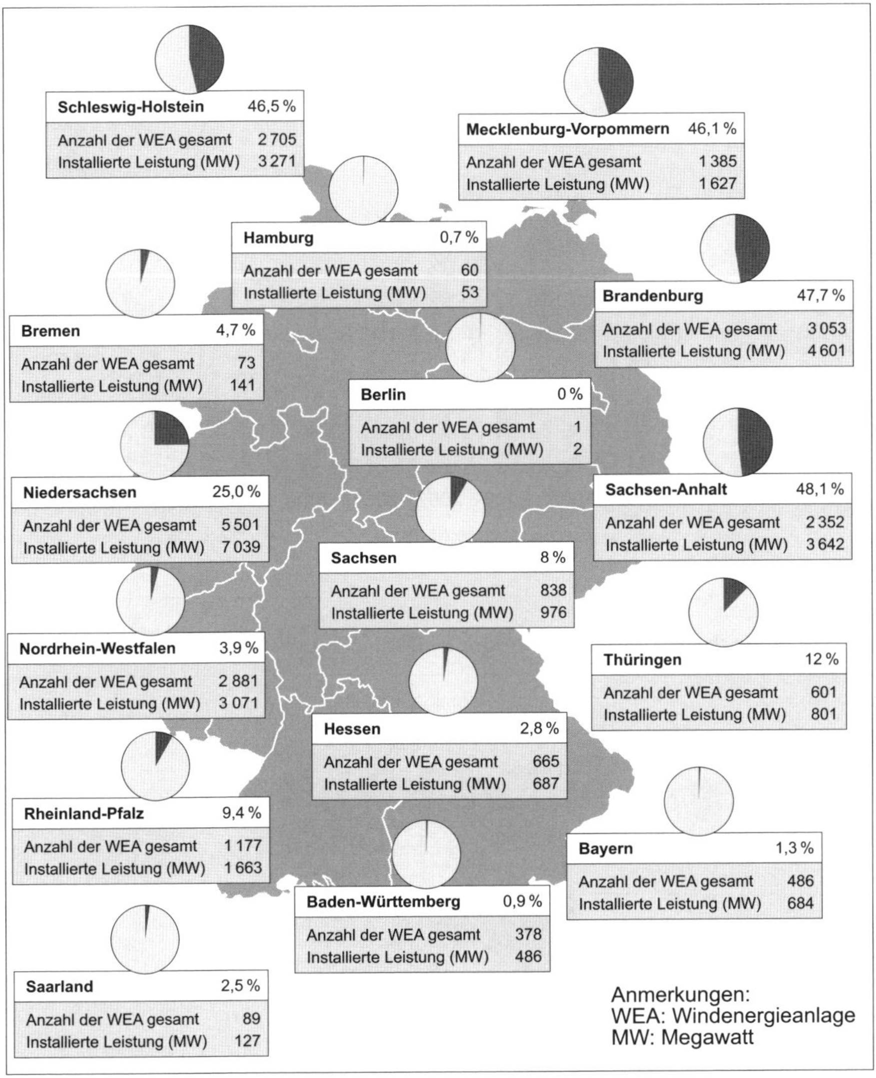

Anlage 5: Entwicklung der Windenergienutzung in Deutschland

M 1 Anzahl der Windenergieanlagen in Deutschland

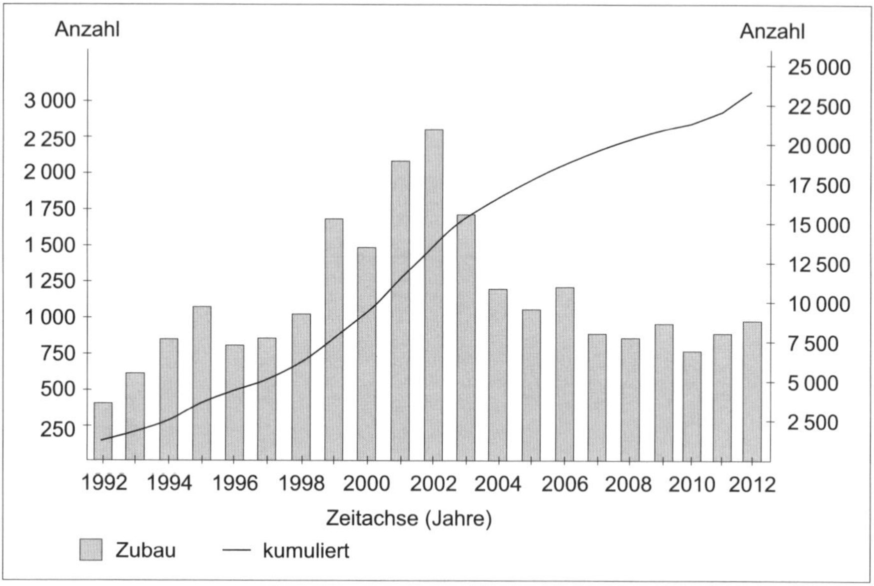

M 2 Anteile der Primärenergieträger in Deutschland 2011

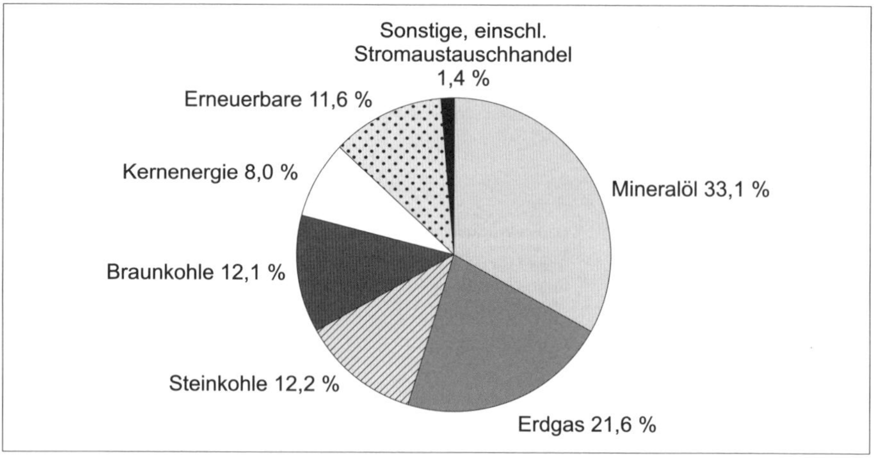

Quellen- und Literaturverzeichnis

Quelle: Arbeitsgemeinschaft Energiebilanzen, Fundort: http://www.bmwi.de/BMWi/Redaktion/PDF/E/energiestatistiken-energiegewinnung-energieverbrauch,property=pdf,bereich=bmwi2012,sprache=de,rwb=true.pdf, Zugriff am 15. 04. 13 (Anlage 3)

EIA, www.eia.gov, Zugriff am 15. 04. 13 (Anlage 1, M 4)

AGEB AG Energiebilanzen e.V. , Stand März 2013 (Anlage 5, M 2)

Eigene Zusammenstellung (Anlage 1, M 1)

Erhebungen des Deutschen Windenergie Instituts (DEWI) (Anlage 5, M 1)

http://www.gtai.de/GTAI/Content/DE/Trade/Fachdaten/PUB/2012/11/pub201211268023_159370.pdf (Anlage 1, M 3)

Eigene Zusammenstellung nach verschiedenen Quellen (Anlage 2)

© Bundesverband WindEnergie e.V. (Anlage 4)

© Tecson; http://www.tecson.de/historische-oelpreise.html, Zugriff am 15. 04. 13 (Anlage 1, M 2)

Lösungsvorschlag

1.1 *Gehen Sie bei der Beantwortung dieser zweigeteilten Aufgabe systematisch vor. Gliedern Sie deutlich in zwei Teile: Stellen Sie zunächst die Standortbedingungen für die Erdölindustrie dar und nehmen Sie erst anschließend Bezug auf mögliche ökologische Probleme.*

Geeignete Atlaskarten zeigen, dass sich die **Erdöl-/Erdgaslager- und -förderstätten** in Nigeria hauptsächlich auf den Bereich des **Nigerdeltas** und die der Küste vorgelagerten Offshore-Gebiete konzentrieren. Somit ergeben sich zunächst zwei wichtige kostenrelevante **Standortvorteile** für die nigerianische Erdölindustrie: Zum einen konzentrieren sich die Erdöl- und Erdgasfelder räumlich betrachtet auf eine relativ begrenzte Fläche, zum anderen gestatten die **küstennahe Lage** und die relativ **kurzen Entfernungen** zu den Erdöl- und Erdgashäfen eine rasche und kostengünstige Verschiffung dieser fossilen Energiestoffe. Das räumlich effektiv gestaltete **Pipeline-Netz** (Optimum aus Netzlänge zu erschlossener Fläche) zeigt demzufolge **küstenparallele Hauptleitungen** und einzelne, stichstraßenartige Abzweigungen zu den **Onshore- und Offshore-Förderstellen**. Selbst für eine mögliche Weiterverarbeitung von Rohöl und Erdgas innerhalb der petrochemischen Küstenstandorte sind nur geringe Transportentfernungen zu bewältigen und somit **Kostenvorteile** zu erwarten. Als **negativer Standortfaktor** könnte sich der weiche Sedimentuntergrund in Verbindung mit den hohen tropischen Niederschlagssummen im Nigerdelta erweisen (besondere bauliche Erfordernisse z. B. beim Straßen-, Pipeline- und Gebäudebau). Das Hinterland nördlich des eigentlichen Nigerdeltas mit seinen zahlreichen Ackerflächen kann als die Nahrungsmittelversorgung sicherndes **Ergänzungsgebiet** für die an der Küste und im Delta arbeitende Bevölkerung betrachtet werden.

Die Erdöl- und Erdgasförderstellen liegen im Bereich der **ökologisch sensiblen Regen- und Mangrovenwälder** (Gezeitenzone) und des **Küstenschelfs**. Ein dichtes Pipeline-Netz verbindet die Förderstellen mit den Exporthäfen Lagos und Port Harcourt. Die Anlage der Förderstätten sowie der Ausbau des Netzes an Verbindungsstraßen und Pipelines erfordert **Rodungen** im Bereich der genannten Zonen. Infolge des **Flächenverbrauchs** und der Rodung kann es zu verstärktem Oberflächenabfluss, **Bodenerosion**, zur Verringerung der natürlichen Artenvielfalt und zur **Veränderung des lokalen Mikroklimas** kommen. Die Förderung **fossiler Energieträger** im Nigerdelta birgt die Gefahr auslaufenden Erdöls im Bereich des grundsätzlich unzulänglich gewarteten, teilweise undichten Pipeline-Netzes (Kostenfaktor) und an den Förderstellen selbst. Infolgedessen besteht ständig das Risiko einer flächenhaften Ausbreitung (ebenes Gelände) von Erdöl im Delta und den angesprochenen Vegetationszonen. Zusätzlich kann ausgelaufenes Erdöl durch den Niger in den Küstenbereich verfrachtet werden, wo es den Lebensbereich der Jungfische und damit dauerhaft den Fischbestand gefährdet. Eine unsachgemäße Erdgasförderung und undichte Erdgasleitungen können immer wieder zu schweren Explosionsunglücken führen. Durch die Offshore-Förderung und den intensiven **Tankerverkehr** kann Erdöl zudem an undichten Bohrstellen und bei Tankerhavarien in größeren Mengen ins Meer gelangen. Schädigungen der marinen Fauna und Flora und eine Unterbrechung der Nahrungsketten hätten dann weitreichende Auswirkungen auf das marine Ökosystem. In der sommerlichen Südwestmonsun-Zeit würden Ölteppiche außerdem in den Bereich der Mangrovenküste getrieben werden, wo eine Reinigung wegen der relativen Unzugänglichkeit kaum durchführbar ist.

1.2 *Achten Sie bei der Bearbeitung dieser Teilaufgabe auf die Berücksichtigung der nationalen und der weltwirtschaftlichen Ebene. Versuchen Sie außerdem einerseits bestehende Struktur-, andererseits Entwicklungsprobleme zu erläutern. Eine Möglichkeit der Beantwortung besteht darin, alle zur Verfügung gestellten Materialien im Hinblick auf die Aufgabenstellung nacheinander systematisch zu untersuchen.*

Die Inhalte von Anlage 1, M 1 (Text: Erdölland Nigeria) deuten sowohl auf die nationalen als auch auf die **Struktur- und Entwicklungsprobleme** Nigerias bezüglich seiner **Einbindung in den Weltmarkt** hin. Die Tatsache, dass etwa vier Fünftel aller Exporte Nigerias aus Erdöl und Erdgas bestehen, lässt auf eine äußerst starke wirtschaftliche **Abhängigkeit** von den wenigen großen Erdölabnehmern schließen (z. B. etwa 40 % Exportanteil in die USA). Hinzu kommt, dass die weltweiten Rohölpreise zwischen 1960 und heute (siehe M 2) starken **Schwankungen** unterliegen (bei insgesamt deutlich steigender Tendenz v. a. seit der Jahrtausendwende), die die vorgenannte Abhängigkeit zusätzlich verstärken können – insbesondere dann, wenn z. B. langjährige Lieferverträge geschlossen wurden. Grundsätzlich liegt in Nigeria eine einseitige wirtschaftliche Konzentration auf den Bereich der Erdölindustrie vor, die entwicklungshemmend für andere Wirtschaftszweige ist und auch andere Bereiche der Wirtschaft negativ beeinflusst (siehe z. B. Indikator Arbeitslosenquote in M 1).

Im Text M 1 werden außerdem Missstände auf nationaler Ebene beschrieben, die unter den Sammelbegriffen **„fehlende innere Sicherheit“** und **„politische Instabilität“** (Kämpfe und Autonomiebestrebungen der Rebellen) zusammengefasst werden können. In diesem Zusammenhang wird auch das Problem der illegalen Rohölentnahme angesprochen, das zu einem direkten wirtschaftlichen Schaden für die Fördergesellschaften und damit auch für die nigerianische Wirtschaft führt.

Einer **Integration Nigerias in die Weltwirtschaft** stehen die ins Ausland abfließenden Gewinne aus dem Erdölgeschäft entgegen. Diese könnten beispielsweise durch einen hohen Anteil **ausländischer Direktinvestitionen** in Nigeria begründet sein.

Die in Anlage 1, M 3 dargestellten Wirtschaftsdaten Nigerias zeigen allesamt eine äußerst hohe Schwankungsbreite. So sank z. B. das Bruttoinlandsprodukt von 1980 bis 1998 um etwa 60 % und stieg bis 2012 wieder auf den über siebenfachen Wert an. Als durchaus positiv ist zu werten, dass der Wert der exportierten Warenmenge den der importierten in allen Jahren übersteigt (**positive Außenhandelsbilanz** und damit **keine Verschlechterung der Terms of Trade**). Allerdings bezieht sich der Wert des Exports nahezu ausschließlich auf die beiden Güter Rohöl und Erdgas.

M 4 macht schließlich zwei struktur- und entwicklungshemmende Aspekte der nigerianischen Erdölwirtschaft deutlich. Zum einen zeigt der äußerst **geringe Eigenverbrauch** an Erdöl pro Tag (0,24 Mio. Barrel im Jahr 2012) gemessen an der Tagesrohölförderung (2,5 Mio. Barrel), dass nur ein geringer Anteil der eigenen Erdölförderung für die nigerianische Wirtschaft selbst verwendet wird. Dies mag in der nur schwach entwickelten Gesamtwirtschaft begründet liegen. Der relativ geringe Anteil der Tagesrohölraffinierung (weniger als ein Zwanzigstel gemessen an der Rohölförderung) zeigt außerdem, dass nur ein kleiner Teil der Fördermenge in Nigeria selbst weiterverarbeitet wird und dabei eine höhere **Produktwertigkeit** erreichen kann. Vereinfacht ausgedrückt „verschleudert“ Nigeria große Mengen eines weltweit begehrten Energiestoffs zu billigen und schwankenden Preisen.

1.3 *Arbeiten Sie aus der Anlage 2 zunächst grundsätzliche Zielsetzungen einer Kooperation zwischen Nigeria und Deutschland heraus. Die Formulierung „unter Zuhilfenahme …“ bedeutet hier allerdings, dass Sie auch weitere mögliche Zielsetzungen herausarbeiten sollen, die nicht im Text zu finden sind. Bewerten Sie erst dann die Realisierung dieser Zielsetzungen kritisch.*

Eine der aus Anlage 2 ersichtlichen Zielsetzungen einer wirtschaftlichen Kooperation ist die Erschließung und Sicherung zukünftiger **Marktanteile** deutscher Unternehmen in Nigeria. Diese Zielsetzung erscheint für deutsche Unternehmen noch viel bedeutender, betrachtet man die Tatsache, dass Nigeria das bevölkerungsreichste Land Afrikas ist. Zudem besteht die Hoffnung, bei einer potenziellen Weiterentwicklung bisher unberücksichtigter Industriezweige in Nigeria einen allgemeinen Wirtschaftsaufschwung durch **Reinvestitionen aus dem Erdölgeschäft** zu erzielen, um damit langfristig auch die Kaufkraft der nigerianischen Bevölkerung zu erhöhen.

Der Text beschreibt außerdem die **Vorrangstellung Nigerias** bezüglich seiner Handelsbeziehungen mit Deutschland. Dadurch wird deutlich, dass die bilaterale Ausweitung und Sicherung bestehender **Handelsverbindungen** und damit die langfristige Stützung beider Volkswirtschaften eine weitere Zielsetzung ist.
Von nigerianischer Seite aus betrachtet sollen Entwicklungsdefizite infolge fehlenden Knowhows, fehlenden Kapitals und fehlender Investitionsgüter durch **Transferleistungen** abgebaut werden. Der Text weist darauf hin, dass derartige Kooperationen in Nigeria gutgeheißen werden. Hieraus wird die evtl. stabilisierende und Vertrauen schaffende Wirkung solcher Veranstaltungen deutlich.
Als ein weiteres Ziel der Kooperation kann die Schaffung einer funktionierenden **öffentlichen Infrastruktur** in Nigeria betrachtet werden, die langfristig stabilisierende wirtschaftspolitische Effekte nach sich ziehen kann (Texthinweise z. B.: Banken- und Finanzwesen, Zollregulierungen, Stromversorgung u. a.).
Durch eine anhaltend enge **Kooperation mit Nigeria** können sich für Deutschland wichtige Energieliefergarantien bezüglich Rohöl und Erdgas auf der Grundlage langfristiger **Abnehmerverträge** ergeben. Darüber hinaus dürften deutsche Investoren ein großes Interesse bezüglich **ausländischer Direktinvestitionen** und damit direkterer Einflussnahme in einem sich möglicherweise politisch stabilisierenden Land haben.

Für die Realisierung dieser Zielsetzungen ergeben sich durchaus **optimistische Erwartungen** und Einschätzungen (wachsende Stabilität), aber auch hohe **Risiken**. So verbleiben angesichts der teilweise immer noch bürgerkriegsähnlichen Situation in Nigeria, der anhaltenden Auseinandersetzungen zwischen einzelnen um die Vormachtstellung kämpfenden Clans, der extremen sozialgesellschaftlichen und sozialräumlichen **Disparitäten**, einer fehlenden wirtschaftlichen Diversität und der teilweise fehlenden Deckung der Grundbedürfnisse Zweifel an einer schnellen Verbesserung der Lebens- und Wirtschaftsqualität. Ein nachhaltig wirksamer Transfer von Know-how, Kapital und Investitionsgütern könnte unter Umständen daran scheitern, dass lediglich die wirtschaftliche (und damit politische) Elite des Landes gestärkt würde. Das **Fehlen von Trickle-Down-Effekten** würde so eine flächenhafte Verbesserung der gesamtgesellschaftlichen Strukturen verhindern. Außerdem bleibt zu befürchten, dass ausländische Investoren lediglich scheinbare Hilfe leisten, wenn sie in erster Linie auf eine wirtschaftlich orientierte Einflussnahme erpicht sind.

2.1 *Betrachten Sie bei der Beantwortung dieser Teilaufgabe zunächst allgemeine Tendenzen (z. B. absoluter Primärenergieverbrauch in Summe aller Primärenergieträger). „Zoomen" Sie erst nach der Darstellung und Begründung der allgemeinen Tendenzen in das Diagramm hinein.*

Allgemein ist festzuhalten, dass der **Gesamtenergieverbrauch** in Deutschland im Zeitraum zwischen 1990 und 2012 nur geringfügigen Schwankungen im Bereich zwischen etwa 13 500 und 15 000 PJ unterlag und seit 2008 sogar zurückgeht. Angesichts eines besonders in den hochindustrialisierten Ländern steigenden Energiebedarfs verwundert diese Entwicklung. Begründet werden kann der relativ konstante **Primärenergieverbrauch** in Deutschland z. B. durch die Einführung von **Wärmeschutzverordnungen**, die Weiterentwicklung von energieeinsparenden Technologien (z. B. neuartige Dämmstoffe und Bauweisen), neue Antriebsaggregate sowie den Energiebedarf mindernde Produktionsweisen im Bereich der Metallverarbeitung und in der chemischen Industrie.

Außerdem fällt auf, dass die **absoluten Werte** des Primärenergieverbrauchs auf der Basis von Steinkohle und Kernenergie durchgängig in etwa gleich geblieben sind (Ausnahme 2012: geringerer Wert für Kernenergie infolge des Einleitens der sogenannten „Energiewende"). Dies liegt einerseits daran, dass im Untersuchungszeitraum keine neuen Kern- und Steinkohlenkraftwerke gebaut wurden. Andererseits entlastet der relativ hohe Anteil des Primärenergieverbrauchs aus Steinkohle den starken **Marktpreisschwankungen** unterliegenden **fossilen Energieträger** Erdöl.

Die Bedeutung der **Braunkohle** als Primärenergieträger hat sich von 1990 bis 2012 in etwa halbiert. Der Grund hierfür ist in der Reduzierung der Bedeutung von Energie aus Braunkohle zu sehen, die infolge ihres hohen Schwefelgehalts und ihres geringeren Brennwertes im Vergleich zur Steinkohle nachteilig ist und außerdem aus ökologischer Sicht weiter in den Hintergrund gedrängt wird.

Nach wie vor stellt der **Primärenergieverbrauch aus Erdöl** den größten Anteil an der Gesamtsumme aller Energieträger, wenn auch leicht abnehmend im langfristigen Trend. Dies unterstreicht die anhaltende existenzielle Bedeutung dieses Primärenergieträgers. Der leichte Rückgang beim Erdöl kann zugunsten einer Ausweitung der Bereitstellung von Energie aus ökologisch weniger problematischem und energetisch effizienterem Erdgas gewertet werden. Außerdem deutet die Legende darauf hin, dass zunehmend Gas aus Erdöl (Erdölgas) gewonnen werden kann.

Im Bereich der **Wasser- und Windkraft** zeigt sich eine leichte Zunahme der absoluten Anteile, die z. B. durch die steigende Bedeutung der Energiegewinnung in **Windkraftwerken** (onshore und offshore) erklärbar ist. Die absoluten Werte der **anderen erneuerbaren Energieträger** steigen im Untersuchungszeitraum mäßig an. Hier lässt sich als Begründung die Bedeutungszunahme alternativer (inklusive regenerativer) Primärenergieträger vermuten, z. B. auch durch die Förderprogramme für den Bau von **Photovoltaik**anlagen (auf Dächern privater Haushalte, aber auch auf Photovoltaikfeldern) bedingt.

2.2 *Achten Sie bei der Beantwortung dieser Teilaufgabe auf eine räumlich kategorisierende Darstellung. Beschreiben und begründen Sie auf keinen Fall jedes einzelne Bundesland. Es empfiehlt sich außerdem, etwa im ersten Teil Ihres Antworttextes nicht eindeutig räumlich zuzuordnende Standorte (Stadtstaaten) begründet auszuklammern.*

Aus einer begründeten räumlichen Kategorisierung der Standorte von **Windenergieanlagen** ist zunächst die Gruppe der **Stadtstaaten** einschließlich des kleinsten Bundeslandes Saarland auszuklammern. Denn infolge der geringen Flächengröße ist es völlig logisch, dass dort die Anzahl der Windenergieanlagen und deren Leistung im Vergleich zu den großflächigen Bundesländern sehr gering sind. Allerdings zeigen die Stadtstaaten Bremen und Hamburg und das Saarland im Vergleich zu Berlin mit lediglich einer WEA deutlich höhere Werte in Bezug auf Anzahl und Leistung. Was Hamburg und Bremen betrifft, so scheint deren Lage im windstärkeren **norddeutschen Tiefland** den Bau und die Nutzung von Windkraftanlagen zu begünstigen.

Die im norddeutschen Tiefland und im nördlichen **Übergangsbereich zu den Mittelgebirgen** gelegenen Bundesländer Schleswig-Holstein, Mecklenburg-Vorpommern, Brandenburg, Niedersachsen und Sachsen-Anhalt bilden mit hohen Werten (Anzahl WEA zwischen etwa 1 400 und 5 500, installierte Leistungen etwa zwischen 1 600 und 7 000 MW) eine weitere Raumkategorie. Grundsätzlich nutzen diese Standorte die Bereiche Deutschlands mit den (morphologisch bedingt) höchsten Windgeschwindigkeiten und der höchsten Windkonstanz. Andererseits fällt z. B. ein deutlicher Unterschied in Anlagenanzahl und Leistung zwischen Schleswig-Holstein (2 705 Anlagen mit 3 271 MW) und Mecklenburg-Vorpommern (1 385 mit 1 627 MW) auf. Dieser Unterschied kann vermutlich durch die früher einsetzende Installation im „alten Bundesland" Schleswig-Holstein und eine nachholende Entwicklung im „neuen Bundesland" Mecklenburg-Vorpommern begründet werden.

Die Bundesländergruppe mit Sachsen, Thüringen, Hessen, Bayern, Baden-Württemberg und Rheinland-Pfalz weist Anlagenzahlen zwischen 378 und 1 177 und installierte Leistungen zwischen 486 und 1 663 MW auf. Physisch-geographisch kann die geringere Anzahl der WEA und deren Leistung mit eher **ungünstigeren Windverhältnissen** im Alpenvorland und im südlichen Bereich der Mittelgebirgsschwelle erklärt werden. Dort herrschen im Vergleich zum Norden geringere Windgeschwindigkeiten vor, ein häufigerer und damit weniger energieeffizienterer Wechsel der Windrichtungen (Notwendigkeit der häufigen Rotorverstellung) und eine grundlegend geringere Windstärkenkonstanz.

Nicht eindeutig den bisher genannten Kategorien zuzuordnen ist schließlich **Nordrhein-Westfalen** mit relativ hohen Anzahls- und Leistungswerten. Eine mögliche Erklärung hierfür könnte sein, dass das Kernbundesland der deutschen Industrieentwicklung infolge des großen energietechnischen Know-hows und des Bevölkerungsreichtums bereits frühzeitig mit der Installation von Windenergieanlagen begonnen hat.

2.3 *Beziehen Sie sich bei der Beantwortung dieser Teilaufgabe am besten nacheinander auf die vorgestellten Materialien. So kann einerseits die Entwicklung des Windenergiesektors selbst, andererseits seine Bedeutung innerhalb der gesamten Primärenergiebereitstellung erörtert werden.*

Anlage 5, M 1 zeigt bezüglich der Anzahl der Windenergieanlagen in Deutschland eine zwischen 1992 und 2002 relativ steil ansteigende Zunahme, ab etwa 2003 bis 2012 schwächt sich die Zunahme wieder leicht ab (mit leicht steigender Tendenz in den beiden letzten Zähljahren). Insgesamt betrachtet hat sich die Zahl der Anlagen bei schwankenden jährlichen Zubauraten seit 1992 in etwa verachtzehnfacht. Diese enorme Entwicklung muss allerdings wegen des **geringen absoluten Ausgangsniveaus** von etwa 1 200 Anlagen im Jahr 1992 relativiert werden.

Seit 2002 hat die jährliche Zubauzahl an Windkraftanlagen wieder deutlich abgenommen und pendelt seit 2007 um einen durchschnittlichen Wert von ca. 900 neuen Anlagen pro Jahr.

Eine eindeutige Begründung für die **schwankenden Zubauzahlen** ist kaum anzuführen. Jedoch kann vermutet werden, dass z. B. staatliche Förderprogramme für **erneuerbare bzw. alternative Energiequellen** im Zusammenspiel mit energiepolitischen Veränderungen im Bereich der Energiebereitstellung aus fossilen Energieträgern hierfür verantwortlich sind. Auch die politische Diskussion um den Ausstieg aus oder die Laufzeitverlängerung im Bereich der Nuklearenergie können eine Rolle gespielt haben.

M 2 relativiert die Bedeutung der **Windenergie** als Teil der Gesamtenergiebereitstellung. Nach wie vor nehmen die fossilen Energiestoffe Mineralöl, Erdgas, Steinkohle und Braunkohle etwa vier Fünftel des gesamten Primärenergieaufgebots ein. Somit kann der Anteil der Windenergie derzeit noch als weniger bedeutend bezeichnet werden. Unter anderem liegt dies darin begründet, dass die technische Entwicklung von Windenergieanlagen eine erste Pionierphase gerade erst verlassen haben dürfte und deren Installation erst Anfang der 1990er-Jahre begonnen hat. Ein enormes Wachstumspotenzial für die Zukunft erscheint also nicht zuletzt wegen der allgemein angespannten Energiesituation durchaus gegeben. Insbesondere die erst in den vergangenen Jahren entwickelte Technik der Offshore-Windparks dürfte in Nord- und Ostsee ein riesiges Installationspotenzial für die Zukunft finden. Zudem sind starke Zuwachsraten im Windenergiebereich infolge des geplanten Ausstiegs aus der Atomenergieproduktion nach Fukushima zu erwarten.

Abschließend muss aber dennoch festgehalten werden, dass die Windenergieanlagen allein derzeit keinen Ausstieg aus der Energieproduktion mittels fossiler Brennstoffe ermöglichen. Dieser wird mittelfristig nur im Verbund mit der technologischen Weiterentwicklung der Nutzung anderer, alternativer/regenerativer Energiequellen realisierbar sein.

Abitur Geographie Bayern
Übungsaufgabe 5: Die nordamerikanische Stadt

1 Merkmale und Struktur der nordamerikanischen Stadt

1.1 Arbeiten Sie aus Anlage 1 Merkmale der nordamerikanischen Stadt heraus und erklären Sie diese.

1.2 Erläutern Sie auf der Grundlage von Anlage 2 die modellhafte Entwicklung der nordamerikanischen Stadt.

1.3 Setzen Sie die Daten in Anlage 3 zur Bevölkerungsentwicklung in der Agglomeration Detroit in ein aussagekräftiges Diagramm um und erklären Sie die aufgezeigten Entwicklungen.
Beurteilen Sie anschließend die Erfolgsaussichten einer ausgewählten Maßnahme zur Revitalisierung nordamerikanischer Innenstädte. 30 BE

2 Demographische Entwicklungen in der nordamerikanischen Stadt an ausgewählten Beispielen

2.1 Begründen Sie die in Anlage 4 dargestellten Veränderungen der Anteile unterschiedlicher ethnischer Gruppen in der Kernstadt von Chicago.

2.2 Anlage 5 stellt am Beispiel von Verrado/Arizona den neuen Siedlungstyp „Gated Community" vor.
Charakterisieren Sie diesen Siedlungstyp und geben Sie Gründe für die Entstehung dieser neuen Siedlungsform an.

2.3 Die Wüstenstädte Arizonas gehören zu den am schnellsten wachsenden Siedlungen in den USA. Ein Beispiel hierfür ist die im Großraum Phoenix gelegene Stadt Sun City.
Charakterisieren Sie die in Anlage 6 dargestellte Altersstruktur der Einwohner von Sun City und erörtern Sie zwei sich aus einem derartigen Siedlungstyp ergebenden Auswirkungen für die Region. 30 BE

60 BE

Anlage 1: Schrägluftbild von Chicago

Anlage 2: Modell zur Entwicklung nordamerikanischer Großstädte

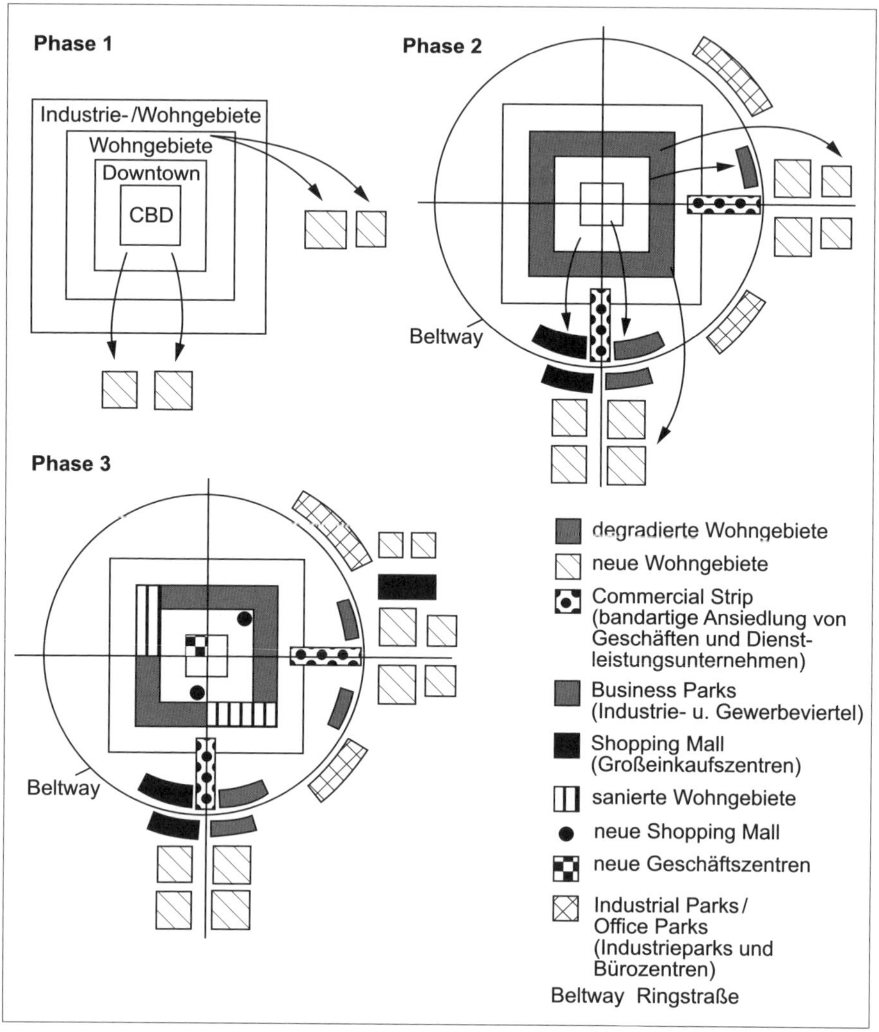

Anlage 3: Bevölkerungsentwicklung in der Agglomeration Detroit

	City of Detroit	suburbaner Raum
1970	1 511 336	2 754 261
1980	1 203 339	2 983 088
1990	1 027 974	3 044 534
2000	951 270	3 293 831
2010	713 777	3 014 946

Anlage 4: Bevölkerungsanteil der ethnischen Gruppen in der Kernstadt von Chicago (in %)

	Weiße	Afroamerikaner	Hispanics	Sonstige
1970	54	33	7	3
1980	42	40	14	4
1990	37	40	19	4
2000	35	42	19	4
2010	32	33	29	6

Anlage 5: Auszüge aus einer Homepage der Siedlung Verrado/Arizona

- **Lage:** 25 Meilen westlich des Stadtzentrums von Phoenix in Buckeye, Arizona.
- **Grundstücke:** Die Preise der großzügig bemessenen Grundstücke liegen zwischen knapp US-$ 100 000 bis US-$ 750 000.
- **Immobilien:** Verrado bietet verschiedene Unterkunftsmöglichkeiten, von Mietwohnungen und Reihenhäusern bis zu Einfamilienhäusern. Zurzeit kosten die Häuser zwischen US-$ 300 000 und US-$ 500 000.
- **Sicherheit:** In der gesamten Gemeinde wird rund um die Uhr patrouilliert und der Zugang zur Wohnanlage wird streng bewacht.
- **Gesundheits- und Wellness-Programm:** Der Gesundheitsberater von Verrado führt Wellness- und Immunisierungsprogramme durch. Verrado vermittelt das Gefühl, in einer Kleinstadt zu leben. Es bietet einen der besten Ausblicke auf die atemberaubenden Berge Arizonas. Eingebettet in die White Tank Mountains, 25 Meilen westlich der Innenstadt von Phoenix gelegen, ist dies eine moderne Gemeinde, die ihren Bewohnern 300 Tage Sonnenschein im Jahr bietet. Bei der Planung besann man sich auf traditionelle Baustile. Es gibt eine fußgängerfreundliche Hauptstraße mit angrenzenden Wohnvierteln. Die Straßen werden von Bäumen gesäumt, die die Bürgersteige beschatten. Verrado verfügt über 20 Parkanlagen, einen Golfplatz, eine Vielzahl von Bildungsmöglichkeiten, riesige Freizeiteinrichtungen und den Charme einer amerikanischen Kleinstadt.

Anlage 6: Altersstruktur der Gemeinde Sun City bei Phoenix / Arizona

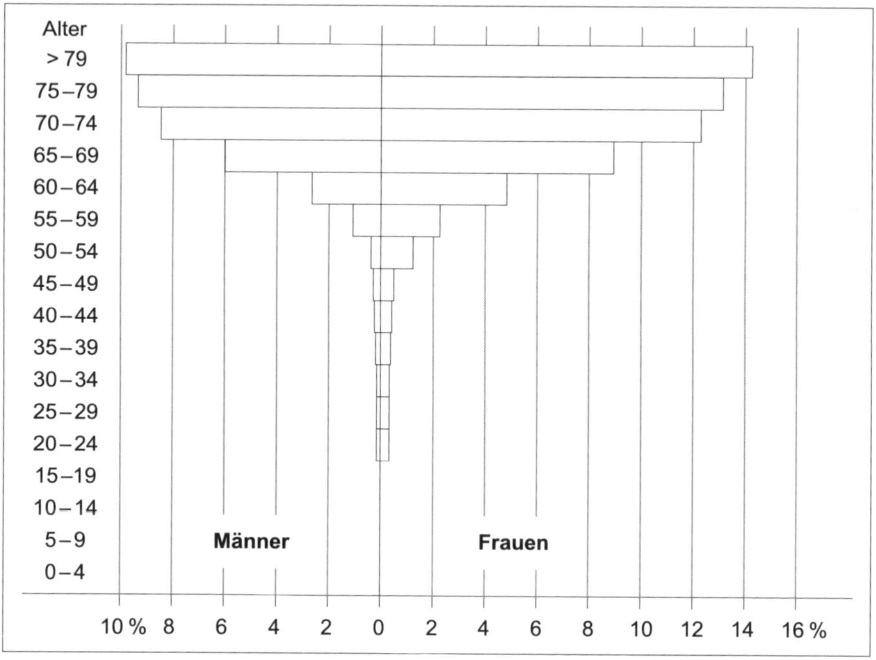

Quellen- und Literaturverzeichnis

Eigene Darstellung nach Daten SOCDS, US Dep. of HUD 2009 und U.S. Census Bureau 2010 (Anlage 3)

Eigene Darstellung nach Daten von US Census Bureau 2000 (Anlage 6)

Eigene Zusammenstellung nach U.S. Census Bureau 2010 (Anlage 4)

Eigene Zusammenstellung nach www.verrado.com, Zugriff 2006 (Anlage 5)

Rita Schneider-Sliwa: Kernstadtverfall und Modelle der Erneuerung in den USA, Reimer Verlag, 1996 (Anlage 2)

© Ron Chapple Studios / Dreamstime.com (Anlage 1)

Lösungsvorschlag

1.1 *Der Operator „herausarbeiten" fordert von Ihnen, bezüglich der physiognomisch wahrnehmbaren Merkmale der nordamerikanischen Stadt eine genaue Analyse des Luftbildes vorzunehmen. Es erscheint sinnvoll, diese nach Grundriss- und Aufrissmerkmalen zu differenzieren und sie dann in einem zweiten Schritt zu erklären.*

Grundrissmerkmale sind der **schachbrettartige Straßengrundriss**, der nur durch eine atypische Radialstraße, die auf das Zentrum zuführt, unterbrochen wird, sowie die einheitliche Größe der Straßenblöcke und deren Bebauung. Der regelmäßige Straßengrundriss ist Folge der amerikanischen Landvermessung, bei der die Siedlungsfläche in Quadrate mit einer Seitenlänge von etwa 100 m eingeteilt wurde. Der Straßenverlauf ist gerade und orientiert sich an den Haupthimmelsrichtungen.

Im **Aufriss** ist eine vom Zentrum radial nach außen abnehmende Bauhöhe erkennbar. Den Kern bildet der **Central Business District (CBD)** mit seinen alles überragenden Hochhausfronten und Wolkenkratzern. Hier konzentrieren sich der Einzelhandel für Luxusgüter und langfristigen Bedarf, die Verwaltungseinrichtungen der großen Wirtschaftsunternehmen und die Büros der freien Berufe. Der CBD gilt als gute Adresse und erhöht das Image der hier ansässigen Unternehmen. Er besitzt eine gute Anbindung an den öffentlichen Nahverkehr und die bis in das Zentrum führenden **Motorways**. Deshalb sind hier auch die Immobilien- und Mietpreise extrem hoch, sodass sich der Bau von **Skyscrapers** rentiert. In der sich anschließenden **Übergangszone** herrscht die mehrgeschossige Bauweise vor. Hier finden sich der flächenintensive Groß- und Einzelhandel, in der Zeit der Industrialisierung angesiedelte Industriebetriebe und die Wohnnutzung. Diese Stadtteile bilden mit dem CBD die Kernstadt und gelten wegen ihrer unterschiedlichen Funktionen und aufgrund des überalterten Baubestands als städtebauliche Problemgebiete. Auffällig ist die Lage eines großen Sportstadions in der Übergangszone. Diese meist erst in der jüngsten Vergangenheit errichteten Sportstätten sollen wie auch neue Museen, Theater oder Veranstaltungshallen zur **Revitalisierung** der durch Abwanderung von Einwohnern und Gewerbe geprägten Übergangszone beitragen.

Auf dem Schrägluftbild nicht mehr erkennbar ist das Stadtumland mit den **Suburbs**, in denen das eingeschossige Einfamilienhaus mit Garage vorherrscht.

1.2 *Diese Aufgabe erfordert von Ihnen ein mehrstufiges Vorgehen. Ausgehend von der Beschreibung der Stadtmodelle in Phase 1 und 2 sind die Veränderungen in der sozialen und funktionalen Gliederung der Stadt zu erläutern.*

Im Ausgangsstadium ist eine klar von innen nach außen gegliederte Stadtstruktur zu erkennen. Diese beruht auf konzentrischen Stadterweiterungen als Folge des **Bevölkerungswachstums** in der Vergangenheit. Hierdurch ergibt sich eine radiale Abfolge zentrumsnaher Wohngebiete mit älterem Baubestand hin zu Wohngebieten mit überwiegend jüngerem Baubestand, vor allem Einfamilienhäusern, in den Randbereichen. Die funktionale Gliederung zeigt sich im **Central Business District**, dem Hauptgeschäftszentrum in der Stadtmitte, den innenstadtnahen älteren Industriegebieten meist an wichtigen Verkehrsachsen und in den Industriegebieten am Stadtrand.

In **Phase 1** entstehen am Stadtrand oder auch schon im **Stadtumland** erste neue Wohngebiete für die Einwohner, die **Suburbs**. Ursachen für die Stadt-Stadtrand-Wanderung sind **Pull- und Push-Faktoren** wie etwa geringe Wohnqualität und ungünstige Umweltbedingungen im Stadtzentrum bzw. niedrige Grundstückspreise und attraktive Wohnbebauung im suburbanen Raum sowie die zunehmende Motorisierung des Individualverkehrs.

In **Phase 2** zeigt das Stadtmodell die weitgehende Auflösung des Ausgangszustandes. Aus dem CBD und der **Downtown** sind Gewerbebetriebe und Dienstleistungsunternehmen in die sich bandartig entlang der Hauptverkehrsstraßen erstreckenden **Commercial Strips** oder in die **Business Parcs**, **Office Parcs** und **Shopping Malls** an den ringförmig um die Stadt führenden **Beltways** abgewandert. Die ursprünglich in der Kernstadt wohnende Mittel- und Oberschicht ist in die Suburbs umgezogen, während in die degradierten Wohnviertel der Übergangszone vor allem Zuwanderer und ethnische Minderheiten nachziehen.

Phase 3 zeigt den Abschluss der zentrifugal gerichteten Bevölkerungsmobilität in Form ausufernder Suburbs einerseits und den einsetzenden **Gentrifikationsprozess** zentraler Wohngebiete, die nach der Sanierung und Modernisierung wieder an Attraktivität gewinnen, andererseits. Aber auch in Teilen des CBD erfolgt eine Wiederbelebung durch die Errichtung neuer Einkaufszentren und Bürostandorte.

1.3 *Diese Aufgabe konkretisiert die in Aufgabe 1.2 beschriebenen Entwicklungen am Beispiel der Bevölkerungsverteilung. Für die graphische Umsetzung der Einwohnerdaten bietet sich ein Kurven- oder Säulendiagramm an. Dieses muss nun von Ihnen schrittweise oder in Phasen erklärt werden.*
Der zweite Arbeitsauftrag fordert die Beschreibung einer ausgewählten Maßnahme zur Revitalisierung des Stadtzentrums und eine Beurteilung der Erfolgsaussichten, d. h. eine Gegenüberstellung von Chancen und Risiken der jeweiligen Maßnahme.
Der folgende Lösungsvorschlag stellt Ihnen zum Wiederholen und Üben drei mögliche Maßnahmen vor.

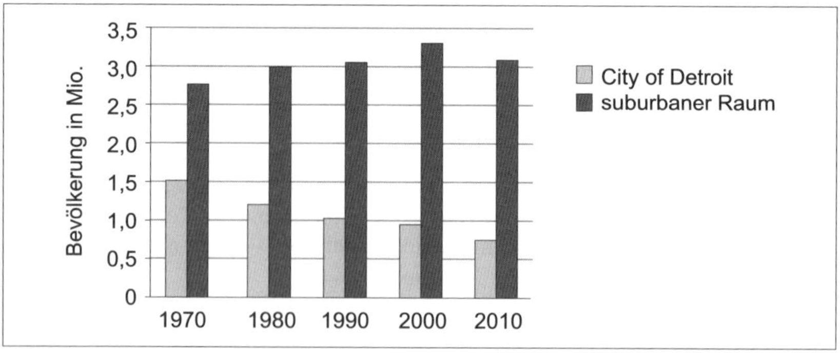

Die Addition der Einwohnerzahlen für die Kernstadt und den suburbanen Raum der **Agglomeration** Detroit zeigt eine für den Zeitraum 1970–1990 leicht rückläufige, bis 2000 aber wieder ansteigende Gesamtbevölkerung. In der ersten Dekade des 21. Jahrhunderts sank aber die Bevölkerungszahl in beiden Räumen deutlich (zusammen um eine halbe Million Menschen). Eine Ursache für die Bevölkerungsabnahme ist die Krise der amerikanischen Automobilindustrie, deren Verwaltungs- und Produktionszentrum Detroit ist.

Allerdings ergeben sich bedeutende regionale Veränderungen im Großraum: In der **Kernstadt** nahm ab 1970 die Bevölkerung, besonders in den 1970er- und 1980er-Jahren, deutlich ab, insgesamt um 40 %. Im gleichen Zeitraum stieg die Bevölkerungszahl im **suburbanen Raum** um 22 %, besonders hoch war das Wachstum in den 1970er- und 1990er-Jahren. Die wirtschaftliche Belebung bis 2000 hatte positive Auswirkungen auf den Arbeitsmarkt und damit auch auf die Bevölkerungsentwicklung. Allerdings traf die Absatzkrise der US-amerikanischen Produzenten die Agglomeration Detroit besonders hart.

In den vergangenen Jahrzehnten haben lokale Behörden versucht, durch ein Bündel von **Revitalisierungsmaßnahmen** den Bedeutungsverlust der Innenstädte aufzuhalten.

Eine wichtige Maßnahme ist die Aufwertung innerstädtischer Wohnviertel. Dies geschieht einerseits durch Abriss alter Bausubstanz und Errichtung neuer, zum Teil luxuriöser Wohnungen in Hochhäusern. Andererseits entstehen in erhaltungswürdigen Gebäuden, sogar in ehemaligen Gewerbe- und Fabrikgebäuden durch Sanierung und Modernisierung attraktive Wohnungen, sogenannte Lofts, mit höchsten Wohnansprüchen, die sich nur eine wohlhabende Bewohnerschaft leisten kann. Diese **Gentrifikation** hat allerdings eine Verschärfung der sozialen und ethnischen **Segregation** zur Folge, da die bisherigen Nutzer durch Mietsteigerungen oder Umwandlung in Wohneigentum gezwungen werden, diese Stadtviertel zu verlassen.

Eine zweite mögliche Maßnahme ist etwa die Verbesserung der Versorgungsfunktion durch die Errichtung neuer innerstädtischer Malls. Hierdurch wird nicht nur den Bedürfnissen der innerstädtischen Bewohner entsprochen. Gleichzeitig soll so die Attraktivität des CBD und der Downtown als Dienstleistungsstandorte für die gesamte Agglomeration gesteigert werden. Ob allerdings allein die zentrale Lage ausreichend ist, um dem Konkurrenzdruck der randstädtischen Einkaufs- und Vergnügungspaläste mit ihren riesigen Parkplätzen standzuhalten, erscheint fraglich.

Eine weitere Maßnahme ist die Wiederansiedlung von Behörden und die Steigerung des kulturellen Angebotes durch den Neubau von Theatern, Museen oder Sportstätten in zentraler Lage. Allerdings wird man durch solche Projekte kaum die Wohnattraktivität der Innenstadt sondern eher die Boden- und Grundstückspreise erhöhen, was unter Umständen auch zu einer Abnahme des zur Verfügung stehenden Wohnraums durch Umwidmung führen könnte.

2.1 *Sie müssen zunächst die Veränderungen der ethnischen Bevölkerungsanteile der Kernstadt erkennen und beschreiben. Diese Veränderungen sollen Sie dann begründen und dabei Ihre Kenntnisse über das Wanderungsverhalten ethnischer Gruppen in den städtischen Räumen der USA einbeziehen.*

Grundsätzlich ist festzustellen, dass die Anlage 4 keine Aussage über die absoluten Einwohnerzahlen in der Kernstadt von Chicago möglich macht, da nur die Bevölkerungsanteile der ethnischen Gruppen aufgelistet sind.

Die grundlegenden Entwicklungen der **ethnischen Differenzierung** sind folgende: Der Anteil der Weißen hat seit 1970 kontinuierlich abgenommen. Stellten sie damals noch die Bevölkerungsmehrheit, so bilden sie heute mit 32 % nur noch knapp die zweitgrößte Bevölkerungsgruppe. Dagegen hat die Gruppe der **Afroamerikaner** bis 2000 so deutlich und konstant zugenommen, dass diese heute die meisten Einwohner in der Kernstadt stellen. Der Anteil der **Hispanics**, 1970 noch eine Minderheit mit 7 %, ist besonders in den 1970er- und 1980er-Jahren sehr stark angestiegen und liegt heute zahlenmäßig fast gleichauf mit dem der anderen beiden Bevölkerungsgruppen. Der Anteil der sonstigen Ethnien ist über die Jahrzehnte hinweg relativ konstant gering geblieben.

Die Veränderung der ethnischen Bevölkerungszusammensetzung der Kernstadt ist eine Folge der **ethnischen Segregation**. Ursache der Abnahme der weißen Bevölkerung ist deren Abwanderung in die Suburbs verbunden mit einem steigenden Lebensstandard dieser Bevölkerungsgruppe, der sich etwa im Kauf von Wohneigentum, dem klassischen Einfamilienhaus mit Garage in dem ausufernden Stadtumland, äußert. Dementsprechend steigt der Anteil der Afroamerikaner, deren Einkommensentwicklung in der Regel keinen sozialen Aufstieg ermöglicht und die deswegen in ihren traditionellen Wohngebieten in der Übergangszone verharren. Der stark gestiegene Anteil der Hispanics ist auf die **Zuwanderung** dieser Gruppe zurückzuführen. Galten ursprünglich die westlichen und südlichen Bundesstaaten als Zielgebiete der in die USA eingewanderten Hispanics, so werden diese zunehmend von den Großstädten des Nordostens mit ihrem differenzierten Arbeitsplatzangebot vor allem in den traditionellen Industriebranchen abgelöst. Für die neu Zugewanderten bieten sich vor allem in den degradierten Wohngebieten der Kernstadt kostengünstige Wohnmöglichkeiten, wobei meist die Nähe von Bevölkerungsgruppen mit gleicher Kultur und Muttersprache bevorzugt wird.

2.2 *Die Gated Community ist eine relativ neue Siedlungsform in nordamerikanischen Städten. Mithilfe der Anlage 5 können Sie diese Erscheinung charakterisieren. In einem zweiten Arbeitsauftrag sollen Sie Gründe für die Entstehung dieser neuen Siedlungsform angeben.*

Gated Communitys sind ausschließlich der Wohnnutzung dienende Siedlungen, die mit ihrer gesamten Infrastruktur von **privaten Investoren** geplant und errichtet werden. Sie liegen, wie das in Anlage 5 dargestellte Verrado, bevorzugt im Stadtumland wachstumsstarker Agglomerationsräume. Diese Siedlungen befinden sich in **landschaftlich attraktiver Lage** in klimatisch begünstigen Regionen, besonders im Süden der USA. Die Bewohner sind einkommensstarke Bevölkerungsgruppen, sowohl Berufstätige als auch Pensionäre, die in abgegrenzten und gesicherten Wohngebieten unter ihresgleichen residieren. Wesentliche Merkmale der Gated Communitys sind ein großes Angebot an **Gesundheits- und Wellnesseinrichtungen** sowie vielfältige Sportstätten und Einkaufsmöglichkeiten, sodass die Bewohner **autark** vom Umland leben können.

Anlass für die Entstehung dieser neuen Siedlungsform ist der ausgeprägte Wunsch der amerikanischen Oberschicht, im Umfeld ihrer sozialen Gruppe zu wohnen, und die Angst vor der zunehmenden Kriminalität in den amerikanischen Großstädten. Der Wunsch nach einem **sicheren Wohnumfeld**, in dem man sich nicht scheuen muss, seinen Reichtum zur Schau zu stellen, gilt als Hauptmotiv der Bewohner. Daneben schätzt man natürlich das umfassende Service- und Dienstleistungsangebot im unmittelbaren Wohnumfeld, wodurch sich zeitraubende weite Fahrten zwischen den in den Agglomerationen weit verstreut liegenden sozialen Einrichtungen erübrigen.

2.3 *In dieser Aufgabe müssen Sie die graphisch wiedergegebene Altersstruktur der Stadt Sun City in Arizona auswerten und charakterisieren. Da es sich um einen außergewöhnlichen Altersaufbau handelt, ist auch der besondere Siedlungstyp zu benennen. In der zweiten Teilaufgabe sind davon ausgehend zwei beliebige Auswirkungen auf die Region, in der Sun City liegt, zu erörtern. Das heißt, es sind jeweils die Chancen den Risiken bzw. Erfordernissen gegenüberzustellen. Der folgende Lösungsvorschlag bietet mehrere Auswirkungen zur Auswahl an.*

Die Altersstruktur zeigt eine um 180° gedrehte **Alterspyramide**. Es liegt eine deutliche Dominanz der über 65-Jährigen vor, die 75 % der Bevölkerung repräsentieren. Auffällig ist auch der deutliche Frauenüberschuss in dieser Altersgruppe mit einem Anteil von 45 % aller Einwohner. Der Bevölkerungsanteil der 20- bis 64-Jährigen beträgt nur noch 25 %, kein Bewohner von Sun City ist jünger als 20 Jahre – d. h., in der Siedlung leben keine Kinder und Jugendlichen, also auch keine Familien mit Kindern.

Bei Sun City handelt es sich um eine sogenannte **Rentnerstadt**. Es ist keine gewachsene Siedlung, sondern eine eigens für die Bedürfnisse von Rentnern, Pensionären und älteren Menschen errichtete „Stadt".

Sun City oder vergleichbare Rentnerstädte wurden besonders im Süden der USA errichtet. In Arizona liegen sie meist auf bisher ungenutztem Brachland oder in Halbwüsten, die so einer neuen intensiven Nutzung zugeführt werden. Allerdings setzt dies einen erheblichen Aufwand für die Schaffung der erforderlichen Infrastruktur, im Besonderen für die Bereitstellung von Wasser voraus. Der hohe **Wasserverbrauch** der Einwohner, z. B. für Swimmingpools, und die parkähnliche Bepflanzung der Siedlung stellt ein großes ökologisches Problem in einer Region mit Wassermangel dar und führt unter Umständen auch zu **Nutzungskonflikten** um die Ressource Wasser mit der einheimischen Bevölkerung.

In solchen Rentnerstädten entstehen viele neue Arbeitsplätze im Dienstleistungsbereich wie etwa im Gesundheitswesen oder in Freizeiteinrichtungen. Dies macht den Zuzug junger, leistungsfähiger und qualifizierter Arbeitskräfte notwendig, die sich im Umkreis der Siedlung niederlassen. Hierfür fallen aber hohe Kosten für Unterkunft und Lebenshaltung an, die durch höhere Löhne ausgeglichen werden und so auch zu einer Neubewertung der regionalen Einkommensverhältnisse anderer Berufsgruppen führen.

Durch den Zuzug der einkommensstarken und zahlungskräftigen Bevölkerung in Sun City erhöht sich die Finanzkraft der Kommune und des gesamten Umlands. Dies ermöglicht steigende Investitionen, die allen Bevölkerungsschichten zugutekommen. Allerdings besteht die Gefahr gesellschaftlicher Spannungen durch die Zunahme der **sozialen Segregation**, da die Bewohner von Sun City vergleichbar mit den Bewohnern einer Gated Community abgeschottet von der Umwelt leben und dadurch häufig Vorurteile, Neid und Missgunst gegenüber den Zugewanderten die Folge sind.

Abitur Geographie Bayern – Übungsaufgabe 6: Globalisierung und die Folgen für den Wirtschaftsstandort Deutschland

1 Die Bekleidungsindustrie im Globalisierungsprozess

1.1 Beschreiben und erklären Sie die in den Anlagen 1 und 2 dargestellte Entwicklung der Beschäftigung in der Bekleidungsindustrie in Deutschland und Bangladesch.

1.2 78 % der Exporte von Bangladesch sind Produkte der Bekleidungsindustrie.
Bewerten Sie Chancen und Risiken der Bekleidungsindustrie als Entwicklungsmotor für die wirtschaftliche Entwicklung des Landes. 22 BE

2 Grundlagen und Entwicklungen des Welthandels

2.1 Erläutern Sie die Entwicklung des Anteils am Welthandel der in Anlage 3 aufgeführten Wirtschaftsregionen.

2.2 Während sich seit 1990 im weltweiten Seehandel die gesamte Transportmenge verdoppelt hat, stieg die allein in Containern transportierte Gütermenge sogar auf den fünffachen Wert an.
Begründen Sie das starke Wachstum des globalen Seecontainerverkehrs in den vergangenen 25 Jahren. 18 BE

3 Der Wirtschaftsstandort Frankfurt/Main im globalen Wettbewerb

3.1 Begründen Sie die Entwicklung von Frankfurt zu einem höchstrangigen Finanzzentrum in Europa. Erörtern Sie auf der Grundlage von Anlage 4 und 5 Chancen und Risiken, die sich aus der gegenwärtigen Wirtschaftsstruktur für die künftige Entwicklung der Stadt ergeben können.

3.2 Die in Anlage 6 charakterisierten Unternehmen planen die Errichtung einer neuen zusätzlichen Firmenniederlassung in Frankfurt/Main.
Diskutieren Sie für beide Unternehmen die Frage, ob Frankfurt ein geeigneter Standort wäre, und begründen Sie Ihre Entscheidungen. 20 BE

60 BE

Anlage 1: Anzahl der Beschäftigten in der Bekleidungsindustrie in Deutschland 1995–2012

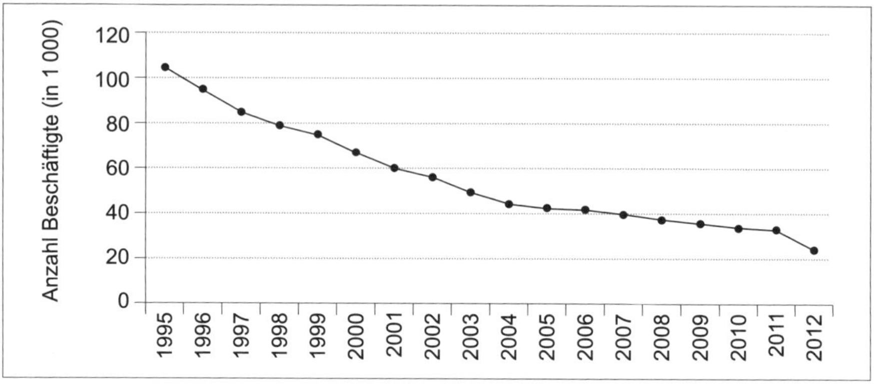

Anlage 2: Anzahl der Beschäftigten in der Bekleidungsindustrie in Bangladesch 1995–2012

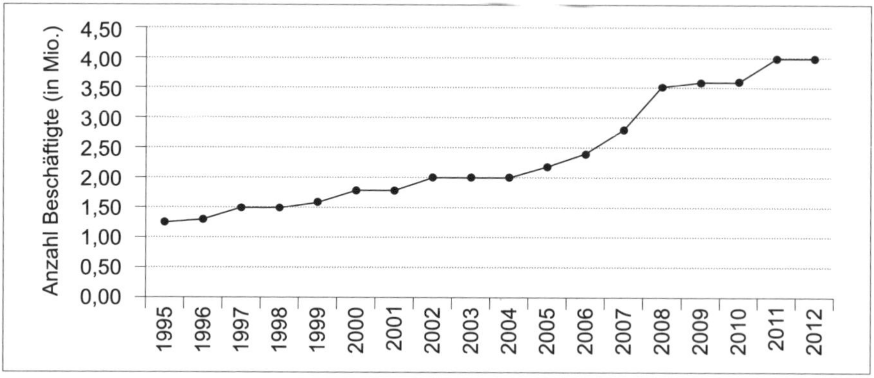

Anlage 3: Der Anteil der Staaten Afrikas, Asiens, Europas und Nordamerikas am Welthandel 1948–2012

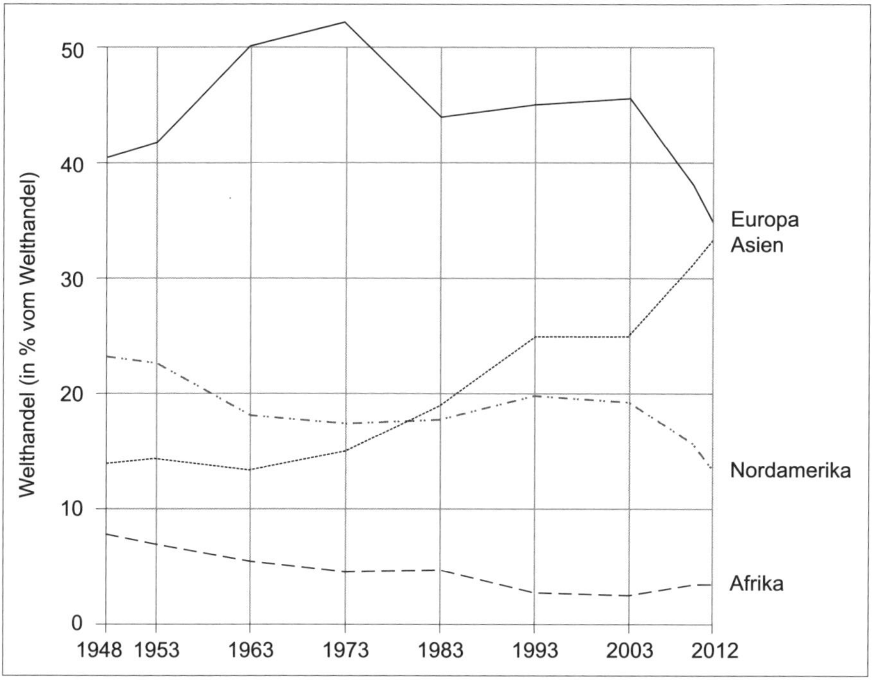

Anlage 4: Der Wirtschaftsstandort Frankfurt/Main (2012)

Einwohner	685 172
Erwerbstätige	514 064
Einpendler	334 488
Arbeitslosenquote	7,2 %
BIP je Erwerbstätigen	85 345 € (2011)
BIP	55 Mrd. € (2011)
davon: Anteil des produzierenden Sektors	14 %
Anteil der Dienstleistungen	86 %
Beschäftigte in der Industrie	56 918
Beschäftigte im Dienstleistungssektor	456 393
davon: Finanzwesen	74 718
Verkehr	72 540
Gastgewerbe	20 841

Anlage 5: Der Dienstleistungssektor in Frankfurt

259 Kreditinstitute, davon 194 Auslandsbanken – in Frankfurt ist alles vertreten, was Rang und Namen hat. Die zehn größten deutschen Kreditinstitute sind alle in der Stadt am Main vertreten.

Als Sitz der Europäischen Zentralbank (EZB) ist Frankfurt die Stadt des Euro. Hier werden die währungspolitischen Entscheidungen für „Euroland“ und damit für rund 330 Millionen Menschen getroffen. Etwa 50 Investmentgesellschaften sind in Frankfurt ansässig – die meisten von ihnen operieren weltweit. Auch die Versicherungswirtschaft schätzt die Standortbedingungen: Der perfekte Marktzugang und die Nähe zur internationalen „Financial Community“ gaben für mehr als 100 Unternehmen den Ausschlag, Sitz oder Niederlassungen in Frankfurt zu eröffnen. Die in Frankfurt ansässige Deutsche Börse AG rangiert auf dem 5. Platz weltweit. Etwa 90 % des gesamten deutschen Börsenumsatzes wird in Frankfurt getätigt. Die Deutsche Börse AG, Trägerin der Wertpapier- und Terminbörse, ist eine der modernsten elektronischen Börsen der Welt.

Der Frankfurter Flughafen ist eines der größten Drehkreuze weltweit und bietet optimale Verbindungen zu den wichtigen Zielen in aller Welt. Innerhalb von zwei Stunden ist nahezu jede europäische Hauptstadt erreichbar. [...]

Auch das Verkehrsnetz auf dem Boden erlaubt höchste Mobilität: Der Frankfurter Hauptbahnhof ist einer der größten Bahnhöfe Europas und bietet durch scine Einbindung in das europäische Schienen-Hochgeschwindigkeits-Netz schnellen Zugang zu deutschen und europäischen Großstädten. Der Frankfurter Flughafen besitzt mit seinem eigenen Bahnhof direkten Zugang zu diesem europäischen Hochgeschwindigkeitsnetz.

Schon im Mittelalter kreuzten sich in Frankfurt die Handelswege: 1240 erhielt die Stadt als erste im damaligen Europa das kaiserliche Privileg, jährlich Handelsmessen abzuhalten. Unter der Schutzgarantie der Kaiser stieg die Stadt zu einem bedeutenden Wirtschaftszentrum auf.

Frankfurt zählt heute zu den wichtigsten Messeplätzen der Welt; hier finden über 30 Messen und Ausstellungen pro Jahr statt, etwa die Internationale Automobilausstellung, die Frankfurter Buchmesse und die größten Konsumgütermessen der Welt. Die intensiven Handelsbeziehungen der Frankfurter Unternehmen haben zu einem starken Engagement ausländischer Firmen in der Stadt geführt; so fließt etwa ein Viertel der ausländischen Direktinvestitionen in Deutschland in die Region Rhein-Main.

Anlage 6: Standortplanungen von zwei Unternehmen

Unternehmen A	Unternehmen B
International tätiges Unternehmen für Softwareentwicklung • Neue Firmenniederlassung zur Entwicklung von Software für das Kreditwesen • Kundenberatung und Service für den gesamten europäischen Raum • Arbeitskräfte: Neueinstellung von 20 hochspezialisierten Experten mit abgeschlossenem Informatik- oder Wirtschaftsstudium	In Deutschland ansässiger Automobilzulieferer • Neue Produktionsstätte für die Fertigung von Bremssystemen für Pkw • Produktion und Just-in-time-Lieferung für Automobilhersteller in Deutschland • Arbeitskräfte: Neueinstellung von 350 Facharbeitern für die Fertigung, ca. 20 Beschäftigte in der Verwaltung

Quellen- und Literaturverzeichnis

Eigene Darstellung nach Statistisches Bundesamt, Wiesbaden 2014; Genesis-Online Datenbank 42271-0003 (Anlage 1)

Eigene Darstellung nach http://data.wdr.de, Zugriff am 01. 02. 2014 (Anlage 2)

Zusammengestellt nach Atlas der Globalisierung, 2012, S. 31 (Daten bis 2010); WTO (Zahlen bis 2012) (Anlage 3)

Zusammengestellt nach Daten von www.frankfurt.de und www.frankfurt-main.ihk.de, Zugriff am 23. 04. 2014 (Anlage 4)

Verändert nach www.frankfurt.de, Zugriff am 23. 04. 2014 (Anlage 5)

Eigene Zusammenstellung (Anlage 6)

Lösungsvorschlag

1.1 *In dieser Aufgabe sollen Sie die Entwicklung der Beschäftigung, d. h. die Zahl der bereitgestellten Arbeitsplätze, in der Bekleidungsindustrie in Deutschland und Bangladesch beschreiben und erklären. Die hierfür erforderlichen statistischen Angaben seit 1995 können Sie den Anlagen 1 und 2 entnehmen. Beachten Sie, dass eine vergleichende Betrachtung der beiden Staaten nicht gefordert ist.*

In der deutschen Bekleidungsindustrie ist die Beschäftigtenzahl von ca. 105 000 im Jahr 1995 auf ca. 20 000 im Jahr 2012 gesunken. Dies entspricht einem Verlust von ungefähr 80 % der Arbeitsplätze in weniger als zwanzig Jahren. Hierdurch kommt u. a. der Bedeutungsverlust der deutschen **Bekleidungsindustrie** zum Ausdruck, die vor allem in den Mittelgebirgsräumen und in den ehemaligen Bergbauregionen ein wichtiger Industriezweig war. Traditionell war in der Bekleidungsindustrie der Beschäftigtenanteil der Frauen besonders hoch.

Da es in den genannten Regionen für diese Personengruppe nur wenige andere Arbeitsmöglichkeiten gab, war auch die Entlohnung der Beschäftigten gering. Die Ursachen für den starken Rückgang der Beschäftigtenzahlen waren die stark steigenden Lohn- und Lohnnebenkosten in Deutschland, welche die besonders arbeitsintensive Bekleidungsfertigung verteuerten, und der hohe Preisdruck durch die zunehmende Konkurrenzsituation global tätiger Handelsunternehmen und Textilproduzenten. Beides hatte die Verlagerung der arbeitskräfteintensiven Produktionsschritte in Staaten mit geringeren Löhnen und einem hohen Arbeitskräfteangebot zur Folge. Die modernen Logistiktechniken führten auch zu einer deutlichen Reduzierung der Frachtkosten für den weltweiten Transport der Textilien vom Produzenten zum Verbraucher, die heute nur noch einen sehr geringen Anteil am Endpreis eines Bekleidungsstücks ausmachen.
Die in Deutschland verbliebenen Arbeitsplätze der Bekleidungsindustrie finden sich vor allem in den Unternehmensbereichen Verwaltung, Design, Ein- und Verkauf sowie Marketing der großen Textilunternehmen.

In der **Bekleidungsindustrie** von Bangladesch war zwischen 1995 und 2012 eine Zunahme der Zahl der Beschäftigten von 1,25 Mio. auf 4,0 Mio. zu verzeichnen. Dabei fällt besonders das hohe Wachstum im Zeitraum zwischen 2004 und 2008 mit einer Steigerung von 2,0 Mio. auf 3,5 Mio. auf.
In Bangladesch ist, wie in vielen anderen asiatischen Entwicklungsländern, die Textilindustrie ein traditionell bedeutender Wirtschaftszweig, der ursprünglich ausschließlich die lokale Nachfrage befriedigte. Ein wichtiger **Standortfaktor** für die zunehmend international ausgerichtete Fertigung von Bekleidung ist die hohe Zahl von verfügbaren Arbeitskräften, vor allem von Näherinnen mit handwerklichen Grundkenntnissen. Bangladesch zählt u. a. wegen der geringen Zahl von außerlandwirtschaftlichen Arbeitsplätzen zu den **Niedriglohnländern**, sodass die geringen Lohnkosten ein weiterer Standortvorteil sind. Da es im Land bislang keine Gewerkschaften gab, konnten die Arbeitskräfte nur schwerlich Lohnsteigerungen oder verbesserte Arbeitsbedingungen in den Fabriken durchsetzen. Die Produktionskosten durch niedrige Steuern und Abgaben sowie geringe Umwelt- und Sicherheitsauflagen für die Produktionsstätten begünstigten ebenfalls die Errichtung von immer mehr Textilfabriken. Diese finden durch die besonders in den Industrieländern hohe globale Nachfrage nach Bekleidung im Niedrigpreissektor genügend Abnehmer für ihre Produkte. Die Zugehörigkeit von Bangladesch zur WTO garantiert zudem einen zollfreien und unbürokratischen Zugang zu den lukrativen Märkten in den Industrieländern.

1.2 *Ausgehend von dem hohen Anteil der Bekleidungsindustrie an den Exporten des Staates Bangladesch sollen Sie bewerten, ob dieser Industriezweig als „Motor“ für den weiteren wirtschaftlichen Fortschritt des Landes dienen kann. Die Aufgabenstellung erfordert eine Gegenüberstellung der sich daraus ergebenden Chancen und Risiken.*

Der Boom der Bekleidungsindustrie hat zu einer starken Zunahme der Zahl der Beschäftigten, insbesondere Frauen, und somit zu einem Rückgang der Arbeitslosigkeit geführt. Dies verringert die landesweite Armut und hat eine Steigerung des Lebensstandards durch zusätzliche Einkommen der Familien zur Folge. Allerdings besteht die Gefahr einer industriellen **Monostruktur**. Sollte es dann zu steigenden Lohnkosten kommen, drohen Arbeitsplatzverluste, falls die global tätigen Textilunternehmen ihre „verlängerten Werkbänke" in konkurrierende Niedriglohnländer verlagern.

Die steigende Erwerbstätigkeit erhöht die Kaufkraft der Bevölkerung und lässt weitere Arbeitsplätze in nachgelagerten Wirtschaftszweigen wie etwa dem Dienstleistungssektor entstehen. Der Staat profitiert von dieser Entwicklung durch wachsende Steuereinnnahmen, die höhere Investitionen etwa in die Infrastruktur und die Bildung ermöglichen. Gleichzeitig steigt aber die Abhängigkeit der Export- und Deviseneinahmen von einem einzigen Industriezweig bzw. von der Nachfrage nach dessen Produkten in den Importländern. Sinkende **Terms of Trade** durch immer billiger werdende Textilien bei gleichzeitigem Anstieg der Preise für hochwertige Industriegüter können zu einer Zunahme der Verschuldung infolge einer defizitären Außenhandelsbilanz führen.
Die zunehmende berufliche Qualifizierung der Arbeitskräfte durch den Import von Technik und Know-how sowie die Einbindung der einheimischen Wirtschaft in die Weltwirtschaft führen zu einem Bedeutungszuwachs des Landes in der internationalen Politik, erhöhen aber auch die Abhängigkeit von global tätigen Handelsketten und Textilproduzenten, die ausschließlich das Ziel der Umsatz- und Gewinnmaximierung verfolgen.

2.1 *In der Anlage 3 ist der Anteil der Staaten Afrikas, Asiens, Europas und Nordamerikas am Welthandel in der Periode 1948 bis 2012 ersichtlich. Die Entwicklung in diesen Wirtschaftsregionen sollen Sie erläutern.*

Die europäischen Staaten besitzen zu jedem Zeitpunkt den höchsten Anteil am **Welthandel**. Dieser stieg von 1948–1973 kontinuierlich von 40 auf über 50 %, ist aber in den vergangenen vier Jahrzehnten fast stetig wieder gesunken auf nur noch 35 % im Jahr 2012. Europa war Ausgangspunkt der Industrialisierung, sodass über lange Zeit andere Wirtschaftsregionen wegen deren **nachholender Industrialisierung** nur eine geringe Konkurrenz darstellten. So ist die überragende Stellung Europas im Welthandel noch bis in die 1960er-Jahre auf die Persistenz kolonialer Handelsstrukturen zurückzuführen, z. B. zwischen Großbritannien oder Frankreich und deren verbliebenen bzw. ehemaligen Kolonien. Der Handel zwischen Europa und dem „Rest" der Welt basierte auf dem Export von hochwertigen europäischen Industrieprodukten einerseits und dem Import von Rohstoffen in die europäischen Staaten andererseits. Der Rückgang des europäischen Anteils am Welthandel seit 1973 ist vor allem eine Folge des Bedeutungszuwachses der asiatischen Staaten.

Der Anteil Asiens am Welthandel stieg seit 1948 Jahr für Jahr von ca. 13 % auf deutlich über 30 % im Jahr 2012 und erreichte somit fast das europäische Niveau. Dieses Wachstum gründet sich auf den wirtschaftlichen Boom in den neuen **Schwellenländern**, besonders den bevölkerungsreichen Staaten Südost- und Ostasiens. Dieser wurde ausgelöst durch eine erfolgreiche nachholende Industrialisierung sowie die hohe internationale Nachfrage nach Energierohstoffen, besonders Erdöl und Erdgas aus Vorderasien. Die exportorientierte Industrialisierung Japans und der südostasiatischen Schwellenländer seit den 1960er-Jahren war ausschlaggebend für deren zunehmende Bedeutung im internationalen Handel. Seit der wirtschaftlichen Öffnung in den 1990er-Jahren hat sich mit China das bevölkerungsreichste Land der Welt auch zu einer der führenden Weltwirtschaftsmächte entwickelt und dem asiatischen Raum insgesamt zusätzliches Wachstum beschert.

Der Anteil Nordamerikas am Welthandel reduzierte sich von 23 % 1948 auf nur noch 13 % im Jahr 2012. Ehemals waren die USA die weltweit wichtigste Exportnation für hochwertige Industriegüter, im Besonderen für Erzeugnisse der IT-Branche. Doch die zunehmende Konkurrenz europäischer und asiatischer Produzenten auf den internationalen Märkten sowie die Direktinvestitionen nordamerikanischer **Global Player** in Europa, Asien und Südamerika führten zu einem Rückgang des Exports von amerikanischen Gütern. Darüber hinaus sind etwa die US-amerikanischen Automobilproduzenten beispielgebend für die Firmenpolitik vieler einheimischer Unternehmen, für die die Versorgung des großen und sehr bedeutenden Binnenmarktes Vorrang besitzt.

Die Staaten Afrikas gelten als Verlierer der **Globalisierung**. Ihr Anteil am Welthandel ist von 8 % im Jahr 1948 auf nur noch 3 % im Jahr 2012 gesunken. Grund ist die nach wie vor geringe industrielle Entwicklung in den meisten Staaten Afrikas. Korruption, immer neue Bürgerkriege und gewaltsame Unruhen sowie politische Instabilität in zahlreichen Ländern – all dies liefert weder für einheimische Unternehmen noch für ausländische Investoren Investitionsanreize. Im Außenhandel dominiert in der Regel der Export von Rohstoffen, der häufig auch dem Konkurrenzdruck anderer Anbieter ausgesetzt ist. Die Außenhandelsbilanz fast aller afrikanischen Staaten leidet zudem unter einer Verschlechterung der Terms of Trade durch einen nur geringen Anstieg der Rohstoffpreise bei gleichzeitig hohen Preissteigerungen für Industriegüter. Dies hat zu einer Zunahme der **Verschuldung** und in der Folge zu einem Rückgang der Importe in diesen Ländern geführt. Zudem erschweren die **periphere Lage**, die **Küstenferne** und die geringe Qualität der Verkehrsmittel die Teilnahme zahlreicher afrikanischer Staaten am Welthandel.

2.2 *Die Aufgabenstellung macht deutlich, dass der Transport von Gütern in Containern im globalen Seehandel seit 1990 überdurchschnittlich stark angestiegen ist. Sie sollen diese hohe Zunahme des Containerverkehrs begründen.*

Container sind Großraumbehälter zum Transport und zur Lagerung von Waren. Die Maße der Container sind international standardisiert. So sind deren Höhe und Breite weltweit genormt, die unterschiedlichen Längen sind ebenfalls genau festgelegt (sogenannte **Twenty-foot Equivalent Unit/TEU** bzw. Standardcontainer). Diese Container sind aus Stahl gefertigt und besitzen ein geringes Eigengewicht, sodass hierfür nur geringe Transportkosten anfallen. Sie können mit allen denkbaren Gütern, auch mit Gefahrgütern, beladen werden; die hohe Stabilität der Transportbehälter verhindert mögliche Beschädigungen etwa beim Ver- und Umladen. Durch die Normierung der Transportvorrichtungen auf Lastkraftwagen, Eisenbahnwaggons, den Binnen- und Hochseeschiffen sowie in Flugzeugen und die entsprechenden Verladeeinrichtungen können Container problemlos vom Versender bis zum Empfänger, unabhängig von deren Standort, weltweit transportiert werden. Somit werden sowohl die Transportzeiten als auch die Transportkosten für die in den Containern eingelagerten Waren deutlich gesenkt.

3.1 *Für den ersten Teil der Aufgabe ist die Entwicklung der Stadt zu einem bedeutenden Finanzzentrum zu erörtern. Die notwendigen Informationen sind den Anlagen 4 und 5 zu entnehmen. Im zweiten Teil sind die Chancen und Risiken für die künftige Entwicklung Frankfurts gegenüberzustellen.*

Der Ausgangspunkt für die Entwicklung der Stadt zu einem der bedeutendsten Finanzzentren Europas ist die **Persistenz** historischer Raum- und Wirtschaftsstrukturen. Die Lage im Schnittpunkt mittelalterlicher Handelswege ließ die Stadt bereits 1240 zu einem bedeutenden Handels- und Messestandort werden, an dem natürlich auch Geldgeschäfte getätigt wurden. Die zentrale Lage von Frankfurt in Deutschland und in Europa begünstigte auch in der Folgezeit die Verkehrsanbindung. Sowohl die Bedeutung als Knotenpunkt des mitteleuropäischen Straßen- und Schienenverkehrs als auch die Funktion des Flughafens als europäisches Luftverkehrsdrehkreuz ließen Frankfurt zu einer höchstrangigen Drehscheibe im globalen Verkehrsnetz werden. Diese optimale **Erreichbarkeit** ist eine wesentliche Voraussetzung für die Standortentscheidungen des internationalen Finanzsektors. Die **Agglomeration** der in Frankfurt vertretenen Banken aus dem In- und Ausland, der wichtige Börsenplatz sowie der traditionelle Sitz der Deutschen Zentralbank und der Europäischen Zentralbank haben die Entwicklung des Finanzplatzes zu einem globalen Finanzzentrum forciert.

Frankfurt besitzt auf dem Arbeitsmarkt eine überregionale Bedeutung: Fast zwei Drittel der Erwerbstätigen sind **Einpendler** aus dem Umland, was zu einer starken Verkehrsbelastung führt und die Ansiedlung neuer Unternehmen im Stadtgebiet erschwert. Das außerordentlich hohe BIP lässt natürlich erwarten, dass das Lohnniveau überdurchschnittlich ist, wovon der Dienstleistungssektor und der spezialisierte Fachhandel auch für hochwertige Luxusgüter profitieren. Vom Finanzwesen mit seiner höchstrangigen **Standortkonzentration** global tätiger Unternehmen, die 75 000 Arbeitsplätze langfristig sichern, werden auch zukünftig positive Impulse für den gesamten Dienstleistungssektor ausgehen. Der fortgesetzte Ausbau der Verkehrswege und der Kommunikationsverbindungen ist eine Voraussetzung für die weitere Entwicklung der Stadt. Inwieweit dieser sich aber mit den Wünschen und Ansprüchen der Bevölkerung an das weitere und nähere Wohnumfeld vereinbaren lässt, ist höchst fraglich. Demzufolge besteht die Gefahr, dass die Errichtung neuer oder der Ausbau bestehender Standorte von nicht im Finanzsektor tätigen Unternehmen, etwa des sekundären Sektors, wegen des hohen Lohnniveaus, der geringen Zahl interessierter Arbeitskräfte (geringe Arbeitslosenquote) und der hohen Kosten für Gewerbeflächen nicht realisiert werden. Der Stadt Frankfurt könnten somit die vielfältigen Gefahren einer wirtschaftlichen **Monostruktur** drohen.

3.2 *In dieser Aufgabe müssen Sie entscheiden, ob für die beiden Unternehmen A und B Frankfurt ein geeigneter Standort für die Errichtung einer neuen Firmenniederlassung ist. Hierzu müssen die jeweiligen Anforderungskriterien analysiert und bezüglich ihrer Realisierung in Frankfurt untersucht werden.*

Unternehmen A ist ein international tätiges Unternehmen, das sich mit der Softwareentwicklung für das Kreditwesen beschäftigt. Aufgrund der **Agglomeration** von Geldinstituten in Frankfurt wäre der Standort durch die Kundennähe und die möglichen **Face-to-Face-Kontakte** optimal. Wegen der Ausrichtung der neuen Niederlassung auf den gesamten europäischen Markt bietet sich Frankfurt dank der besonders guten Anbindung im europäischen Luftverkehr ebenfalls als Standort an. Schwierig ist möglicherweise die Anstellung der 20 hochspezialisierten Arbeitskräfte. Das Unternehmen muss sicherlich höhere Löhne bezahlen als in anderen Städten. Zusammenfassend ist Frankfurt für das Unternehmen A jedoch ein sehr gut geeigneter Standort.

Unternehmen B ist ein in Deutschland ansässiger Automobilzulieferer, der den Aufbau einer neuen Fertigungsstätte plant. Kunden sind Automobilwerke in Deutschland, die von Frankfurt aus wegen der zentralen Lage im Straßen- und Schienennetz kostengünstig und vor allem auch zuverlässig **Just-in-time** beliefert werden könnten. Probleme könnte allerdings der hohe Arbeitskräftebedarf bereiten, da wegen der geringen Arbeitslosenquote nur wenige qualifizierte Kräfte auf Arbeitssuche sind. Das hohe Lohnniveau und die hohen Grundstückspreise für eine flächenintensive Fertigung verteuern die Produktionskosten zusätzlich, sodass Frankfurt wohl kein geeigneter Standort für das Unternehmen B ist.

1 Klima und Gletscher

1.1 Ordnen Sie die Polarkoordinatendiagramme in Anlage 1 den beiden auf etwa gleicher Breitenlage liegenden Stationen Tromsø (10 m über NN, 69° n. Br., Norwegen) und Ittoqqortoormiit/Kap Tobin (41 m über NN, 70° n. Br., Grönland, genaue Lage siehe Karte Anlage 3) zu, indem Sie die jeweiligen Temperaturverhältnisse charakterisieren und deren Zustandekommen erklären.

1.2 Begründen Sie die etwa seit dem Jahr 1979 in den Anlagen 2 und 3 dargestellte Entwicklung der Eisausdehnung in der Arktis bzw. in Grönland. 22 BE

2 Klimawandel

2.1 Legen Sie dar, wie sich die Erwärmung der unteren Atmosphäre und in deren Folge das Abschmelzen der arktischen Gletscher auf die nordatlantische Meereszirkulation auswirken könnten.

2.2 Charakterisieren Sie ausgehend von den klimatischen Bedingungen in Grönland die grundlegenden Merkmale des Bodens und der Vegetation der subpolaren Tundrenzone, wie sie in der Umgebung von Ittoqqortoormiit/Kap Tobin vorherrscht, und stellen Sie mögliche Auswirkungen des Klimawandels auf diese beiden terrestrischen Systeme dar. 22 BE

3 Wirtschaftliche Aktivitäten

Erörtern Sie die Perspektiven des Grönlandtourismus, indem Sie dessen Gunst- und Ungunstfaktoren gegenüberstellen. Verwenden Sie für Ihre Argumentation geeignete Atlaskarten sowie die Materialien aus den Anlagen 1, 3 und 4. 16 BE

60 BE

Anlage 1: Polarkoordinatendiagramme zweier Klimastationen (Mittlere Temperatur in °C)

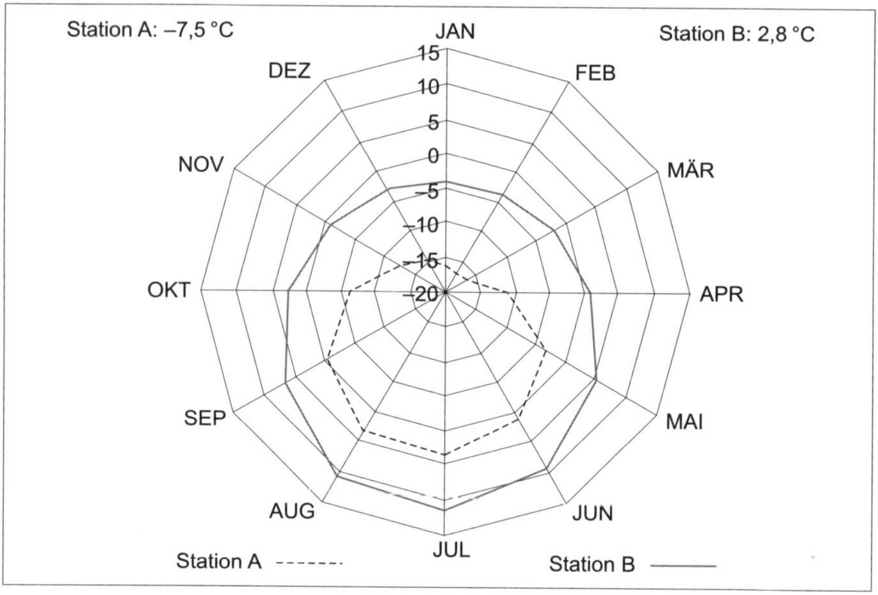

Anlage 2: Mittlere Abweichung der Eisausdehnung der Arktis vom Mittel der Jahre 1968–1996

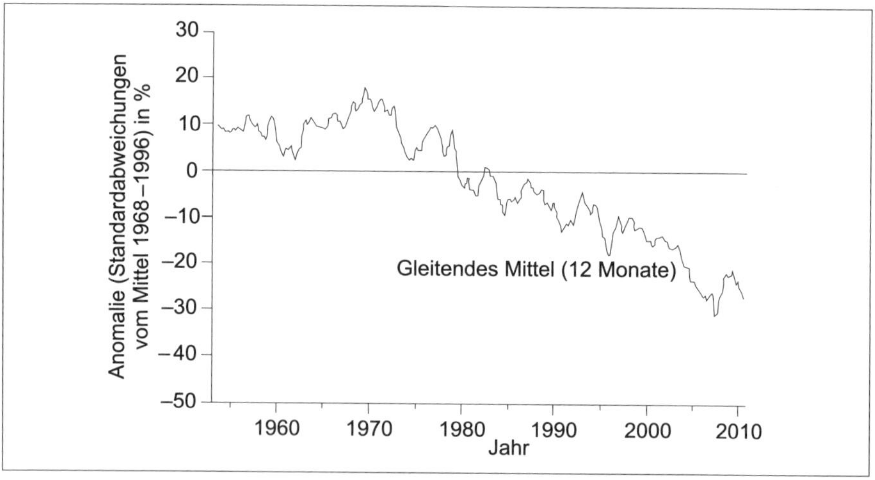

Anlage 3: Bodenbedeckung und Eisschmelze in Grönland

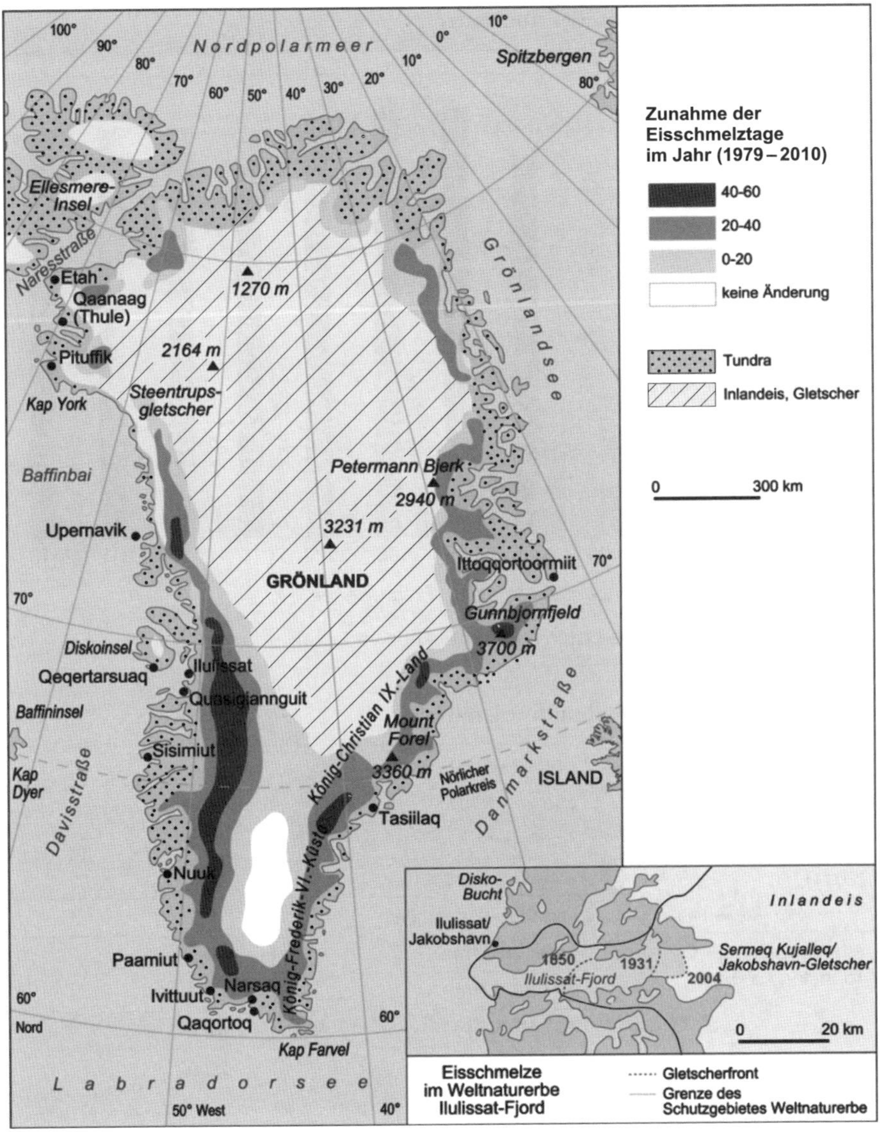

Anlage 4: Materialien zum Grönland-Tourismus

M 1 Ankünfte ausländischer Touristen

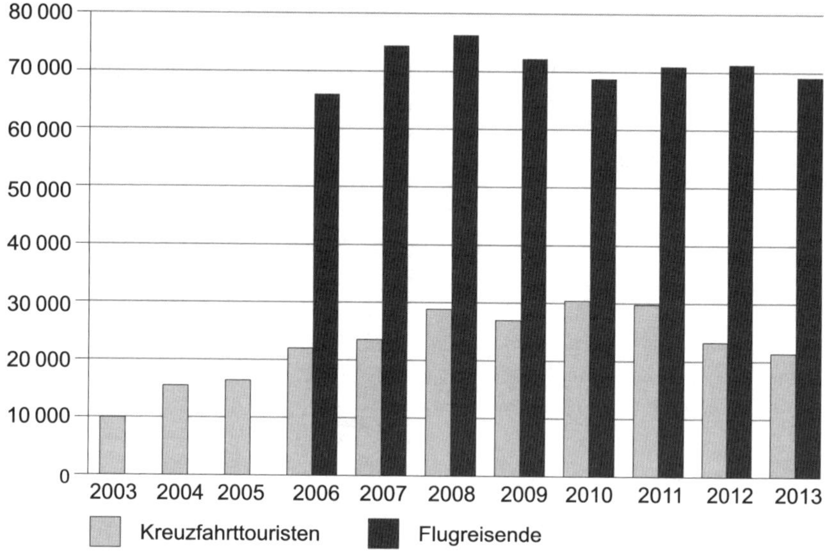

Hinweis: vor 2006 keine Daten für Flugreisende verfügbar.

M 2 Merkmale des Grönlandtourismus

Merkmal	Anteile (in %)	
Zeitliche Verteilung der Ankünfte ausländischer Touristen auf Grönland (2011)	Januar – März	14,4
	April – Juni	28,3
	Juli – September	47,1
	Oktober – Dezember	10,2
Altersstruktur der Grönland-Touristen (2008)	unter 20 Jahre	4,0
	20 – 39 Jahre	28,0
	40 – 59 Jahre	42,0
	60 Jahre und älter	26,0
Aufenthaltsdauer	im Durchschnitt 15 Tage (im Sommer länger, im Winter kürzer)	
Aktivitäten	Wal- und Eisbärenbeobachtung, Naturwanderungen, Inlandeisexkursionen mit Hundeschlittenexpeditionen, Bootsfahrten oder Kajakfahren zwischen Eisbergen, Eisangeln	

Quellen- und Literaturverzeichnis

Eigene Darstellung, Datengrundlage: Wolfgang Mühr, www.klimadiagramme.de (Anlage 1)

National Snow and Ice Data Center, Boulder/Colorado, USA; ergänzt nach Meier et. al. 2007b, Fundort: GR 12/2011, S. 12 (Anlage 2)

© cartomedia, Karlsruhe (Anlage 3)

Eigene Darstellung, Datengrundlage: Statistics Greenland (Anlage 4, M 1)

Eigene Zusammenstellung nach Statistics Greenland (Anlage 4, M 2)

Lösungsvorschlag

1.1 *Zuerst sollten Sie mit einer geeigneten Atlaskarte die genaue geographische Lage der beiden Stationen bestimmen. Dabei erkennen Sie, dass beide Stationen aufgrund ihrer Höhenlage (41 bzw. 10 m ü. NN) an der Küste des Europäischen Nordmeeres liegen. Jedoch befindet sich Ittoqqortoormiit/Kap Tobin (Grönland) an der Ostseite, Tromsø (Norwegen) an der Westseite des Europäischen Nordmeeres.*
Nun müssen Sie aus dem Polarkoordinatendiagramm die jeweiligen monatlichen Temperaturverhältnisse herauslesen und deren Merkmale beschreiben. Danach sollen Sie aufgrund der Lage im Gradnetz bzw. am Europäischen Nordmeer die charakteristischen Temperaturverhältnisse erklären.

In **Station A** sind die Monate Januar bis März mit Temperaturen unter –15 °C extrem kalt; insgesamt gibt es **neun Frostmonate** unter 0 °C (September bis Mai). Lediglich **drei Sommermonate** (Juni bis August) weisen mit Temperaturen zwischen 0 und 5 °C gering **über der Frostgrenze** liegende Werte auf. Zudem besitzt die Station mit ca. 20 °C eine **ausgeprägte Temperaturamplitude**. Die geringen Temperaturen sind das Ergebnis der nördlichen Lage und damit durch den **flachen Einfallswinkel der Sonnenstrahlen** begründet. Die extrem kalten Winter sowie die geringe sommerliche Erwärmung sind vor allem auf den Einfluss **kalter Meeresströmungen** (hier: **Ostgrönlandstrom**) zurückzuführen, was auch die große Temperaturamplitude belegt. Diese Meeresströmungen verfrachten sehr kaltes Wasser aus dem arktischen Ozean an der Westseite des Europäischen Nordmeeres entlang Grönlands nach Süden. Hierdurch werden die Lufttemperaturen an den Küsten Grönlands stark abgesenkt. Die Station A kann demnach nur **Ittoqqortoormiit/Kap Tobin** (Grönland) sein.

In **Station B** gibt es lediglich **fünf Frostmonate** (November bis März), während derer die Temperaturen zwischen 0 °C und –5 °C liegen. Im April wird mit über 0 °C die Frostgrenze überschritten; bis in den **Sommer** steigen die Temperaturen

dann auf **über 10 °C** an (Juli) und sinken bis zum Oktober wieder auf unter 5 °C. Die **Temperaturamplitude** fällt an dieser Station mit ca. 15 °C also **geringer** aus als bei Station A.
Der insgesamt flache Einfallswinkel der Sonnenstrahlen auf 70° n. Br. begründet zwar ebenso die insgesamt niedrigen Temperaturen dieser Station, der Einfluss des **warmen Nordatlantikstroms** führt jedoch ganzjährig zu höheren Temperaturen. Über diese nordwärts gerichtete Verlängerung des **Golfstroms** wird Wärmeenergie aus der Karibik entlang der norwegischen Küste nach Norden transportiert. Seine gespeicherte Wärme wird dort an die unteren troposphärischen Luftschichten abgeben. Dies bewirkt die bezogen auf die Breitenlage milden Temperaturen an den Küsten der Ostseite des Europäischen Nordmeers. Bei der Station B muss es sich deswegen um **Tromsø** (Norwegen) handeln.

1.2 *Ausgehend von der Entwicklung der Eisausdehnung der Arktis (Anlage 2) und der Zunahme der Eisschmelztage im Jahr in Grönland (Anlage 3) sollen Sie die grundlegende Entwicklung der Eisbedeckung beschreiben und schlüssig die Gründe hierfür darlegen. Denken Sie daran, dass die Ausdehnung der Eisflächen sich aus dem Zusammenspiel von Schneeakkumulation und Eisneubildung sowie aus dem Abschmelzen der Eismassen ergibt.*

In der Nordhemisphäre ist seit 1979 trotz kurzer Phasen starker Ab- bzw. Zunahme der Eisausdehnung ein deutlicher Trend zum **Rückgang** der von **Eis bedeckten Meere** und **Landflächen** von ca. 10 % pro Jahrzehnt zu verzeichnen (Anlage 2). Auch die **Zunahme** der **jährlichen Eisschmelztage** auf Grönland, wo sich die zweitgrößte zusammenhängende Eismasse der Erde befindet, zeigt diesen Trend (Anlage 3). Denn zwischen 1979 und 2010 hat die Eisschmelze auch in großen Teilen Nordgrönlands mit bis zu 20, an den Eisrändern mit zwischen 20 und 40 und am südwestlichen Eisrand mit sogar 40 bis 60 Tagen zugenommen.

Aufgrund der Breitenkreislage und des entsprechend **flachen Einfallswinkels** der **solaren Einstrahlung** erhalten die Polargebiete nur ca. 50 % der Energiemenge, die am Äquator zur Verfügung steht. Daher reagieren die Polargebiete sehr sensibel auf die atmosphärische **Erwärmung** infolge des **globalen Klimawandels**. So hat sich die Lufttemperatur in weiten Teilen des Nordpolargebiets im vergangenen Jahrhundert zwei- bis dreimal so stark erhöht wie im globalen Durchschnitt. Weltweit kommt es infolge der Zunahme des **anthropogenen** Anteils am **Treibhauseffekt** durch die vermehrte Freisetzung von Treibhausgasen wie Kohlendioxid, Methan oder Fluorkohlenwasserstoff insbesondere durch die Verbrennung fossiler Energiestoffe längerfristig zu einem globalen **Anstieg** der **Lufttemperaturen**. Diese Treibhausgase in der Atmosphäre führen zu einer verstärkten **langwelligen Gegenstrahlung** und somit zu einer Erwärmung der unteren Atmosphäre.

Diese höhere atmosphärische Wärmezufuhr und die damit einhergehende **Erwärmung** des **arktischen Ozeans** führen zu früherer und stärkerer **Schmelze** der arktischen **Meereismassen** und der grönländischen **Gletscher**. Somit entstehen auf den arktischen Meeren größere offene **Wasserflächen**. Die wesentlich **geringere Rückstrahlung** (**Albedo**) der Wasseroberfläche gegenüber der Eisbedeckung und das tiefe Eindringen der Solarstrahlung in den Wasserkörper lassen einen gewaltigen **Energiezugewinn** im Arktischen Ozean zu. Diese Energie wird als Wärme vorwiegend während des Winters bzw. der **Polarnacht** nach und nach wieder an die Atmosphäre **abgegeben**. Dadurch werden die polaren Winter rasch wärmer und damit wird die **Neubildung** von **Inlandeis** auf Grönland bzw. von **Meereis** in der Arktis verringert. So haben sich die Wintertemperaturen generell schneller erhöht als die Sommertemperaturen. Aber auch die infolge des Abschmelzens der Gletscher größer werdenden eisfreien Landflächen Grönlands erwärmen sich durch die **niedrigere Albedo** zusehends, sodass folglich auch die Erwärmung in den Sommermonaten zunehmen wird. Zudem trägt auch die **Verdunstung** der jetzt eisfreien Flächen und Meere dazu bei, dass sehr effizient **latente Wärme** in die arktische Troposphäre transportiert wird.

In der Konsequenz führt diese positive Rückkopplung von hohem Strahlungsgewinn und Lufttemperaturanstieg sowie niedriger Eiskonzentration zu einer auffälligen Abnahme der Dicke und der Ausdehnung der arktischen Eisflächen.

2.1 *Diese Teilaufgabe erfordert, dass Sie zuerst die Zusammenhänge des derzeitigen Systems der Meeresströmungen im Nordatlantik verdeutlichen, um dann die Auswirkungen des Klimawandels auf diese nordatlantischen Meeresströmungen darzulegen.*

Die Meeresströme des Nordatlantiks sind ein Teil eines globalen maritimen Strömungssystems, des „**globalen Förderbands**". Mit der **nordatlantischen Meeresströmung** gelangt sehr warmes, stark salziges Oberflächenwasser und damit Wärmeenergie aus den Tropen nach Norden sowie Tiefenwasser von dort nach Süden. Hier vereinigen sich der Florida- und der Antillenstrom und bilden den **Golfstrom**, benannt nach dem Golf von Mexiko. Entlang der Küste Nordamerikas fließt dieser nach Nordosten. Auf seinem Weg über den Atlantik nach Norden transportiert der Golfstrom erhebliche Mengen an warmem Wasser und damit **Wärmeenergie** aus subtropischen Breiten Richtung Europa. Der **Antrieb** der Oberflächenströmung des Golfstroms über den Atlantik sind **stark wehende Westwinde**. Für die Stärke der Winde, die sogenannte **Westwinddrift,** sind die hohen Druckunterschiede zwischen dem gut ausgebildeten **Islandtief** im Norden und dem **Azorenhoch** im Süden über dem **Nordatlantik** verantwortlich (positive **Nordatlantische Oszillation**, kurz **NAO**). Vor Europa spaltet sich der Golfstrom wieder in drei Stromsysteme auf: Ein Teil fließt in Richtung Grönland, ein anderer nach Osten in den Kanarenstrom und der dritte fließt weiter als **Nordatlantikstrom** nach Nordwesteuropa.

Die Anbindung an das „globale Förderband" lässt noch eine weitere Antriebskraft wirksam werden, nämlich Dichteunterschiede unter dem Einfluss von Temperatur und Salzkonzentration der Wassermassen (sog. **thermohaline Konvek-**

tionsströmung). Auf dem Weg durch Tropen und Subtropen **verdunstet** im Golfstromsystem sehr viel **Wasser**, wodurch sich der **Salzgehalt** und damit die **Dichte** erhöhen. Als Nordatlantikstrom gibt das Wasser in höheren Breiten viel Wärmeenergie an die Atmosphäre ab und **kühlt** dadurch stark **ab**, was eine weitere Dichteerhöhung mit sich bringt. Wenn das Wasser des Nordatlantikstroms auf dem Weg Richtung Arktis auf das extrem kalte Wasser des Nordpolarmeeres trifft, kühlt es unter dem Einfluss von arktischen Winden und Meerwasser weiter bis auf unter 0 °C ab, wird durch die **Eisbildung** salzreicher, gewinnt dadurch an Dichte und sinkt zwischen Grönland und Spitzbergen schließlich in die Tiefe.

Durch das Absinken des **salzreichen, kalten Meereswassers** (**Downwelling**) im Nordatlantik entsteht eine **Sogwirkung**, die immer wieder neues Wasser über den Golfstrom in Richtung Europa nach sich zieht. Am Meeresgrund fließt das abgesunkene Wasser als **kalte Tiefenströmung** (Nordatlantisches Tiefenwasser) Richtung Äquator bis ins Südpolarmeer.

Erhöhen sich durch den anthropogenen **Treibhauseffekt** die sommerlichen Temperaturen in der unteren Atmosphäre und sollten die **Polarkappen** und auch das Inlandeis Grönlands dann tatsächlich **abschmelzen**, könnte das zu einem **stärkeren Zufluss von Süßwasser** in den nördlichen Atlantik führen. Zusätzlich könnte es durch die höheren Temperaturen zu vermehrten Niederschlägen in Nordeuropa kommen, wodurch dem Nordatlantik über die Flüsse zusätzlich Süßwasser zugeführt wird. In der Folge würde die **Eisbildung reduziert** werden. Hierdurch würde sich der **Salzgehalt** des Atlantiks zwischen Grönland und Spitzbergen zusehends **verringern** und die Temperatur des Meeres erhöhen, sodass der Nordatlantikstrom weniger kalt und schwer würde. In der Folge würden die **thermohaline Konvektion schwächer** und der Nordatlantikstrom nicht mehr im bisherigen Umfang absinken. Auch die **Sogwirkung** würde sich **abschwächen**, sodass auch der **Golfstrom** im schlimmsten Fall **zum Erliegen** käme. Hierzu würde auch eine negative **Nordatlantische Oszillation** beitragen. Denn sind infolge des Klimawandels die Hoch- und Tiefdruckgebiete über dem Nordatlantik nur **schwach ausgeprägt**, würde auch die **Westdrift erlahmen** und der jetzt schwächere Golfstrom würde weniger warmes Wasser nach Norden transportieren. In der Folge würden die durchschnittlichen Temperaturen in Europa deutlich absinken. Ebenso würden häufigere Kaltlufteinbrüche und Polarwinde aus Nordosten in Mitteleuropa immer wieder zu entsprechend **kalten Wintern** führen. Im schlimmsten Fall würden hierdurch die nördlichen Regionen der Nordhalbkugel wieder vereisen, wie es nach Ansicht von Klimaforschern schon in der letzten Eiszeit geschah, als eine gewaltige Schmelzwasserflut den wärmenden Nordatlantikstrom stilllegte.

2.2 *In dieser Teilaufgabe sollen Sie die Merkmale der subpolaren Tundrenzone beschreiben und mittels der dort vorherrschenden klimatischen Bedingungen (Hilfe Anlage 1) näher erklären. Denn die klimatischen Merkmale bestimmen in direkter Weise die Bodenbildungsprozesse und die Vegetationsbedeckung.*
Im zweiten Teil Ihrer Antwort müssen Sie auf mögliche Auswirkungen der Erwärmung der bodennahen Luftschichten und des Bodens (Klimawandel) auf die beiden vorher beschriebenen terrestrischen Ökosysteme dieser Region – nämlich Boden und Vegetation – eingehen.

Das **subpolare Klima** schränkt die Bodenbildung stark ein. Mit Jahresdurchschnittstemperaturen unter dem Gefrierpunkt und extremen Minustemperaturen ruhen im Winter die **bodenbildenden Prozesse**. Während des Sommers überwiegt bei durchschnittlich geringen monatlichen Temperaturen aber aufgrund der starken Temperaturschwankungen zwischen Tag und Nacht eine intensive **physikalische Verwitterung**. Die vorherrschende **Frostsprengung** bewirkt nur eine Zersetzung des oberen Bodenbereichs in groben Gesteinsschutt mit äußerst geringen Mengen Feinanteil. Aufgrund der Grobstruktur der Böden und des hohen Skelettanteils spricht man von **Frostschuttböden**. Durch das nahezu völlige **Fehlen chemischer Verwitterung**, wegen der geringen Produktion organischer Substanz, der spärlichen Tundrenvegetation und des geringen Wasserangebots (die Jahresniederschläge liegen normalerweise unter 300 mm) besitzen diese Rohböden kaum zersetzte organische Substanz. Die geringe Rohhumusschicht wird wegen der fehlenden Wärme und des spärlichen Bodenlebens nur langsam zersetzt. Daher haben die subpolaren Böden nur geringmächtige bodenähnliche Strukturen und sind sehr **nährstoffarm.**

Außerdem sind weite Teile der subpolaren Zone zugleich Verbreitungsgebiete des **Permafrostbodens**. Darunter versteht man Bereiche, in denen der **Untergrund** bis mehrere Hundert Meter Tiefe nahezu **ganzjährig gefroren** ist. Während der kurzen sommerlichen Periode tauen diese Böden lediglich oberflächlich **auf**. Die darunterliegenden Schichten bleiben jedoch gefroren und verhindern somit ein Einsickern des Auftauwassers. Vorherrschender Bodentyp ist daher der **Gley**, ein von Grund- und Oberflächenwasser beeinflusster, stark durchnässter Boden. Wenn sich im Sommer das Wasser in der Auftauschicht staut, gerät der Boden unter Sauerstoffabschluss und die Eisenoxide werden reduziert. So entsteht ein bis zu 25 cm mächtiger Gleyhorizont von bläulich-fahlgrauer Färbung. In ebenen Reliefbereichen kommt es zu sommerlichen **Versumpfungs- und Verschlammungsprozessen**, an Hängen zu oberflächlichem Bodenfließen (**Solifluktion**). Die starke sommerliche Vernässung, die geringe Verdunstung, das häufig vorherrschende flache Relief sowie der Permafrost begünstigen in vielen Vernässungszonen das Entstehen ausgedehnter schlammiger **Tudrenmoorböden** bzw. von **Torfmooren.**

Der charakteristische **Vegetationstyp** der subpolaren Zone ist die **Tundra** (samisch „baumlos“). Das Vegetationsjahr im Tundrengürtel ist geprägt durch eine acht- bis zehnmonatige **winterliche** Ruhephase, während der die Pflanzen durch die Schneeauflage geschützt werden. Die eigentliche **Vegetationsperiode** dauert maximal vier **Sommermonate** (Ittoqqortoormiit/Kap Tobin nur Juli/August) und findet auf den meist durch das Permafrostphänomen stark vernässten, nährstoffarmen Böden statt.

Für die Vegetation ökologisch bedeutsamer als das Jahresmittel der Temperatur sind jedoch die Höhe und Dauer der Tage mit sommerlicher Erwärmung über +5 °C (**Vegetationsperiode**), dem Schwellenwert des Pflanzenwachstums. Diese beschränken sich in der subpolaren Zone auf nur wenige Monate, ja sogar wenige Tage. **Baumlosigkeit** und **Artenarmut** sind Ausdruck des Pflanzenwachstums unter den ungünstigen klimatischen Bedingungen. Die für diese Vegetationszone typische natürliche Vegetation besteht in erster Linie aus **Gräsern** (z. B. Seggen, Wollgras), **Polsterpflanzen** (z. B. Steinbrech), **Moosen**, **Flechten** (z. B. Rentierflechte) und niederwüchsigen **Zwergsträuchern** (z. B. Heidekrautgewächse, Rosmarinheide und Preiselbeere), allenfalls niedrigen **Birken** und **Weiden**. Am Rand der großen kontinentalen Eiswüste Grönlands löst sich die Vegetationsdecke gänzlich auf. Lediglich kleinere Gräserhorste und Polsterstauden können hier vereinzelt noch wachsen.

Die Erwärmung der bodennahen Luftschichten im Zuge **des Klimawandels** wird zu **höheren Bodentemperaturen**, somit zu einer **Reduzierung** der flächenhaften Ausdehnung des **Permafrosts** und zu einer immer mächtiger werdenden **Auftauschicht** im Sommer führen. Dadurch entstehen viele Moore und Seen. Zudem wird es zu vermehrt auftretenden Massenrutschungen an den Hängen kommen, wenn die Auftauschicht wassergesättigt ist. Auf diese Art gelangt zusätzliches mineralisches Material, aber auch organische Substanz auf die Talböden.

Ebenso werden durch das Rückschmelzen des Inlandeises immer mehr **Flächen eisfrei**. Durch Samen- und Sporeneinträge von außerhalb durch Wind oder Vögel könnten nun auf solchen Flächen **bodenbildende Prozesse eingeleitet** werden und es kann vermehrt zum Pflanzenwuchs von Gräsern, Flechten und Polsterstauden kommen. Mit der Vertiefung der sommerlichen Auftauschicht bei gleichzeitiger **Verlängerung der Vegetationszeit** mit zusammenhängenden Tagen von mindestens 5 °C Tagesmittel wird die gesamte subpolare Zone ein erhöhtes Pflanzenwachstum mit entsprechender Biomasseproduktion erleben. Die Sukzession in den grönländischen Tundrengebieten im Zuge der zunehmenden Erwärmung wird kurzfristig bis zu einer subarktischen **Waldtundra** führen, bei der vereinzelte Baumgruppen aus Birken und Weiden mosaikartig mit niedriger Strauchvegetation verzahnt sind. Generell ist langfristig zu vermuten, dass sich die polare Waldgrenze des **borealen Nadelwalds** Richtung Norden verschiebt.

3 *Bei dieser Aufgabe sollten Sie sich zuerst aus den Materialien der Anlagen 1, 3 und 4, aber auch mithilfe geeigneter Atlaskarten die Gunst- und Ungunstfaktoren für den Tourismus in Grönland heraussuchen und diese begründet einander gegenüberstellen. Der Operator „erörtern" verlangt von Ihnen zudem, dass Sie durch Abwägen der Für- und Wider-Argumente ein abschließendes Urteil zu den Perspektiven des Grönlandtourismus fällen.*

Ein wichtiger Gunstfaktor für den **Tourismus** auf Grönland sind die großen **Inlandeisflächen und Gletscher**, die mehr als 80 % der Landfläche ausmachen. Weitere natürliche Gegebenheiten, z. B. die besondere **Flora und Fauna** an Land und im Meer, **Buchten und Fjorde, Eisberge** und nicht zuletzt der **Nationalpark** im Nordosten der Insel sind attraktive touristische Anziehungspunkte, ebenso Naturerscheinungen wie Polartag und die Polarlichter während der Polarnacht. Zu den touristischen Aktivitäten gehören Wal- und Eisbärenbeobachtungen, Naturwanderungen, Inlandeisexkursionen und Hundeschlittenexpeditionen, Bootsfahrten zwischen Eisbergen und Kajakfahren oder Eisangeln (Anlage 4, M 2).

Demgegenüber stehen jedoch einige Ungunstfaktoren, die den Tourismus auf Grönland beschränken. Aufgrund der sehr geringen Temperaturen (vgl. Teilaufgabe 1.1) **dauert** die **touristische Hauptsaison nur max. drei Monate** und ist vorwiegend auf den **Sommer** beschränkt (Anlage 4, M 2). Zudem weist Grönland durch seine **periphere Lage** zum europäischen und nordamerikanischen Kontinent große Entfernungen zu den Metropolen und Staaten der nördlichen Halbkugel auf. Somit können die Touristen Grönland ausschließlich **per Flugzeug oder Schiff erreichen**. Berücksichtigt man daher den Preis für einen durchschnittlichen zweiwöchigen Urlaub inklusive der Transportkosten für Flugzeug bzw. für eine Anreise auf einem Kreuzfahrtschiff, so reduziert sich der Kreis möglicher Grönland-Touristen. Die im Vergleich mit mittelmeerischen Zielgebieten niedrigen Besucherzahlen spiegeln diese hohen Reisekosten ebenso wider wie die im globalen Vergleich mit anderen Destinationen niedrigere Aufenthaltsdauer (Anlage 4, M 1, M 2).

Die in weiten Landesteilen **gering entwickelte Infrastruktur** hemmt einen weiteren Ausbau des Tourismus. Die Insel verfügt über kein geschlossenes Straßennetz; der Transport ist von daher schwierig, die Erreichbarkeit unterschiedlicher Standorte ohne Benutzung des Flugzeuges eher schlecht bzw. sehr zeitaufwendig.

Resümierend ist anzuführen, dass Tourismus auf Grönland nur in einem begrenzten Umfang möglich erscheint. Seine Ausweitung stößt zudem durch die Temperaturen und die Polarnacht an klimatische Grenzen. Der „Markt" für solche Angebote ist zudem so klein, dass das notwendige finanzielle Urlaubsbudget ein deutliches Hemmnis für den Großteil der potenziellen Touristen darstellt. Hingegen bietet der Kreuzfahrttourismus mit seiner fast durchgängig positiven Entwicklung Aussicht auf weiteren Erfolg, zumal die ökologische Gesamtbelastung eher gering ausfällt, da durch den vorwiegenden Aufenthalt auf dem Kreuzfahrtschiff weniger touristische Infrastruktur auf dem Land benötigt wird.

Abitur 2011 Geographie Bayern
Aufgabe I: Geozonen und Ressourcen

1 Geozonen

1.1 Erklären Sie die aus Anlage I.1 ersichtliche Verteilung der Niederschlagsmengen auf der Südhalbkugel im Nordwinter mit Hilfe des Modells der planetarischen Zirkulation!

1.2 Anlage I.2 zeigt Temperaturwerte dreier Stationen in Südamerika. Ordnen Sie die Kurven den Stationen Antofagasta/Chile (23° 26' S/ 70° 28' W), Asunción/Paraguay (25° 16' S/ 57° 38' W) und Rio de Janeiro/Brasilien (22° 54' S/43° 10' W) zu, indem Sie die Temperaturverhältnisse begründen!

1.3 Bei El Niño-Ereignissen tritt im Südpazifik eine Klimaanomalie mit weltweiten Folgen ein.
Erläutern Sie sozioökonomische Auswirkungen dieses Phänomens in den Regionen der westlichen Anden und Südostasiens/Australiens! 30 BE

2 Ressourcen

2.1 Erläutern Sie die in Anlage I.3 dargestellte räumliche Verteilung der unterschiedlichen Kraftwerkstypen, die bei dem Projekt eines interkontinentalen Energieverbundnetzes miteinander kombiniert werden sollen!

2.2 Ein Teil des in Anlage I.3 skizzierten Konzepts wird als *Desertec* bezeichnet. Weisen Sie mit Hilfe von Anlage I.4 nach, dass sich aus dem Projekt *Desertec* für die Länder Europas und Nordafrikas eine *win-win*-Situation ergeben kann! 30 BE

60 BE

Anlage I.1: Vereinfachte Niederschlagsverteilung auf der Südhalbkugel (Dezember – Februar)

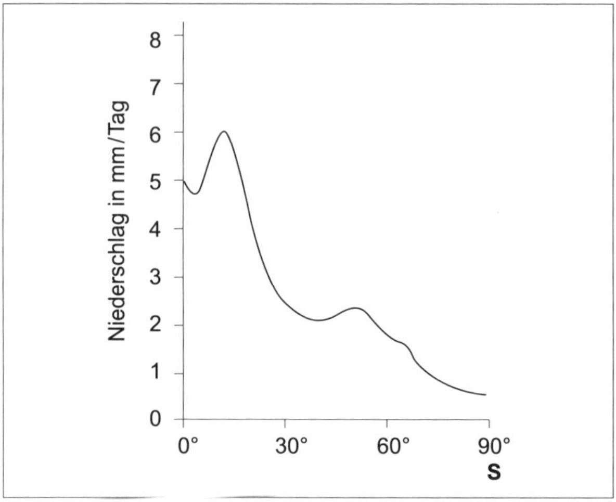

Anlage I.2: Temperaturwerte dreier Stationen in Südamerika

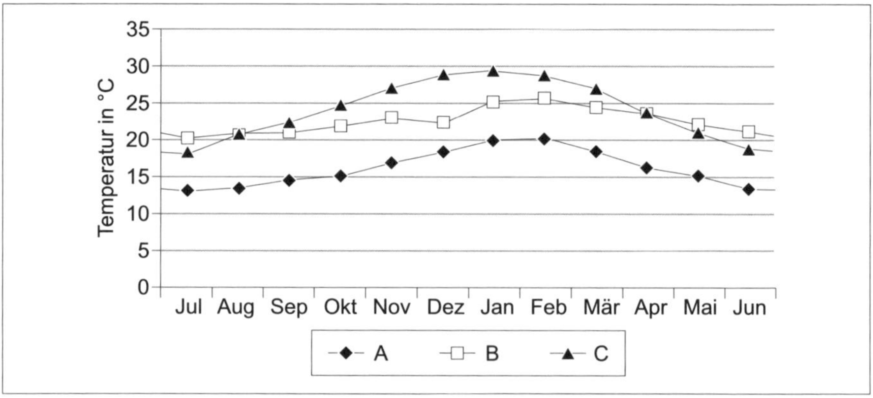

Anlage I.3 Konzept eines interkontinentalen Energieverbundsystems

Die Energieressourcen sollen durch ein Hochleistungsstromnetz miteinander verbunden werden.

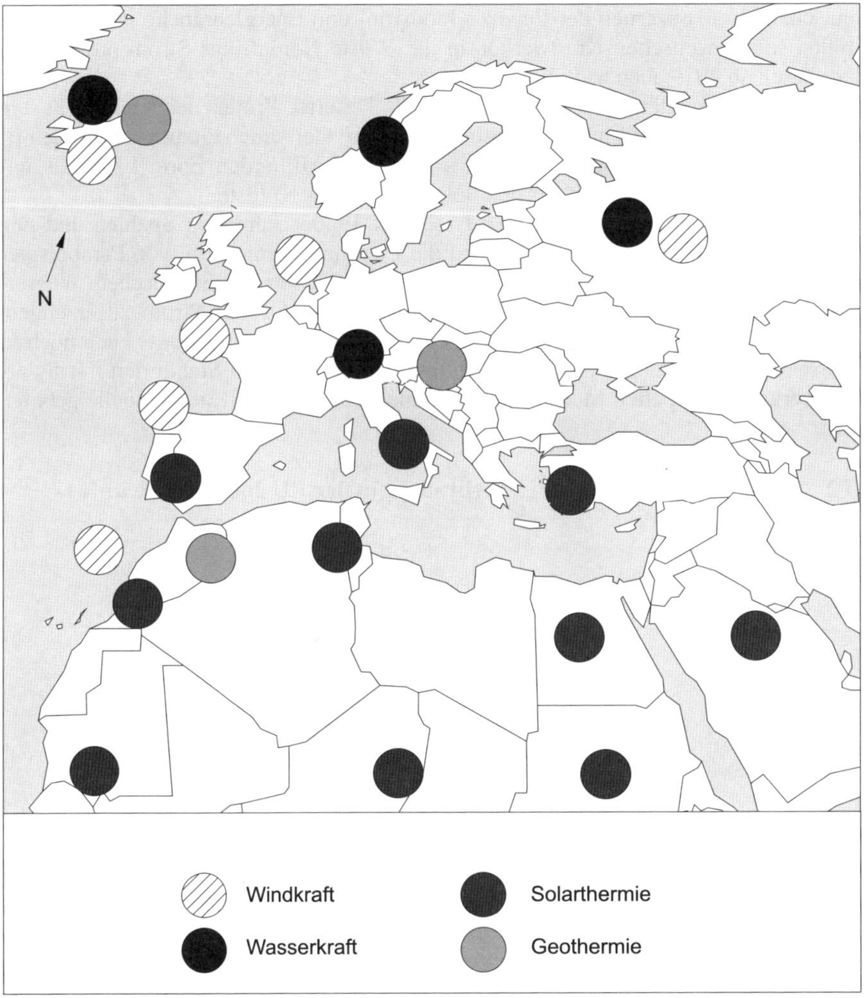

Anlage I.4

M 1 Projekt „Desertec“

Mit dem Projekt „Desertec“ will ein Firmenkonsortium aus zwölf hauptsächlich deutschen Großkonzernen der Finanz-, Industrie- und Energiebranche mit mehreren großen solarthermischen Kraftwerken in der Wüste Nordafrikas Strom produzieren und diesen ab 2019 auch nach Europa liefern.
Nicht gänzlich geklärt ist die Frage, was das Desertec-Projekt letztendlich kosten wird. Es kann aber wohl nur mit staatlicher und privater Unterstützung zusammen finanziert werden. Im Gespräch sind geschätzte 400 Milliarden Euro. Ebenfalls unsicher ist der zukünftige Preis für den Solarstrom aus der Wüste.
Die Technik für Solarkraftwerke wird seit den 1980er Jahren in Spanien und den USA eingesetzt. In diesen Anlagen wird die Energie des mit Hilfe von Parabolspiegeln gebündelten Sonnenlichts genutzt, um mit Hilfe eines Wärmetauschers Wasserdampf für den Antrieb von Turbinen zu gewinnen und somit Strom zu erzeugen. Teile der Wärmeenergie des Tages können gespeichert werden, sodass auch noch in der Nacht Stromproduktion möglich ist, und den an manchen Standorten mit Solarkraftwerken gekoppelten Meerwasserentsalzungsanlagen eine Energiequelle geboten wird.

M 2 Struktur des Primärenergieverbrauchs in der EU 2006 (Werte in %)

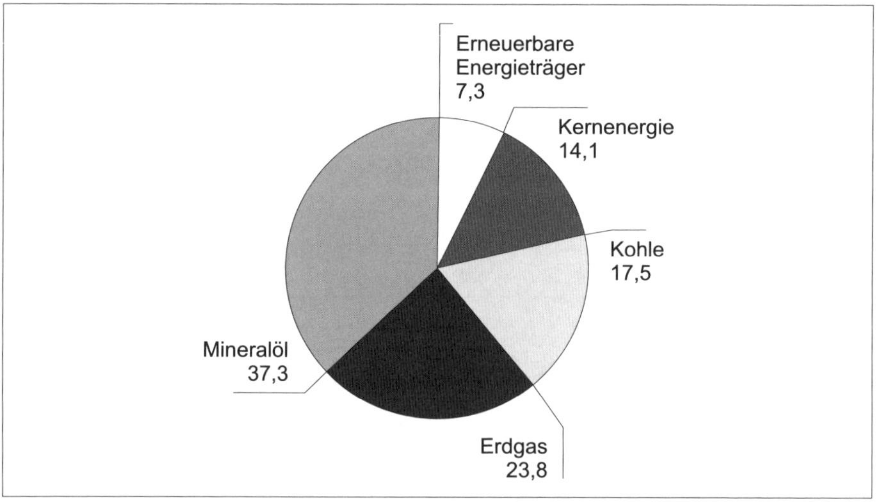

M 3 Entwicklung von Energieverbrauch, Bevölkerung und Bruttoinlandsprodukt (ab 2010 Prognose)

	Energieverbrauch (Mio. t Öleinheiten)				Anteil am Weltenergie-verbrauch (%)		Jährliche Rate des Wachstums des BIP (%)	Jährliche Wachstums-rate der Be-völkerung (%)
	2001	**2010**	**2020**	**2030**	**2001**	**2030**	**2006–2030**	**2006–2030**
Europa	1 925	2 130	2 421	2 584	19,4	15,1	1,9	0,2
Afrika*	504	703	963	1 278	5,1	7,5	4,1	2,0

* Daten nur für Gesamtafrika verfügbar

M 4 Mögliche Stromproduktion pro Quadratkilometer

Geothermie	1–2 GWh*) km²/Jahr
Windkraft	5–50 GWh*) km²/Jahr
Wasserkraft	5–50 GWh*) km²/Jahr
Solarthermie	100–250 GWh*) km²/Jahr

*) GWh: Gigawatt-Stunde (Maßeinheit für Energie)

Quellen- und Literaturverzeichnis

Balser, M.; Fromm, T. (2010): Desertec buhlt um Töpfer. Sueddeutsche.de, online unter www.sueddeutsche.de/wirtschaft/wuestensonnenprojekt-desertec-buhlt-um toepfer-1.165995

Bundesministerium für Umwelt, Naturschutz und Reaktorsicherheit (Hrsg.): Erneuerbare Energien in Zahlen. Nationale und internationale Entwicklung, Berlin 2009; eigene Darstellung nach Grafiken der DLR (Anlage I.3 und I.4, M 3 und M 4)

Capros, P.; Mantzos, L.; Papandreou, V.; Tasios, N.: European Energy and Transport. Trends to 2030 – Update 2007. Luxemburg 2008, S. 26, online unter http://ec.europa.eu/dgs/energy_transport/figures/trends_2030_update_2007/energy_transport_trends_2030_update_2007_en.pdf (Anlage I.4, M 2)

Dambeck, H.: Forscher wollen Sonnenkraft in Sand zwischenspeichern. Spiegel Online (24. 03. 2010), online unter www.spiegel.de/wissenschaft/technik/0,1518,684965,00.html

Deutsches Zentrum für Luft- und Raumfahrt e. V. (2009): Solarstromimporte aus der Wüste – Fragen und Antworten, S. 5, online unter www.dlr.de/desktopdefault.aspx/tabid-5885/9548_read-18787/

Hirstein, A.: Europas Kraftwerk in der Sahara. NZZ online (26. 07. 2009), online unter www.nzz.ch/nachrichten/wissenschaft/europas_kraftwerk_in_der_sahara_1.3196761.html

International Energy Agency (Hrsg.): World Energy Outlook 2008. Paris 2008, S. 64 und 66, online unter www.iea.org/textbase/nppdf/free/2008/weo 2008.pdf

Jung, A.: Das Internet der Energie. Spiegel Online (10. 05. 2010), online unter www.spiegel.de/spiegel/print/d-70417352.html

Meyer, C.: Jünger des Lichts. Spiegel Online (17. 05. 2010), online unter www.spiegel.de/spiegel/print/d-70500973.html (Anlage I.4, M 1)

Müller, M. J.: Handbuch ausgewählter Klimastationen der Erde. Trier 1987, S. 249, S. 251 und S. 253; eigene Darstellung auf Grundlage von Geoklima 2.1 (Anlage I.1 und I.2)

Puntas-Bernet, D.: Die Sonne ist ein ungehobener Schatz. NZZ online (27. 12. 2009), online unter www.nzz.ch/nachrichten/wirtschaft/aktuell/die_sonne_ist_ein_ungehobener_schatz_1.4369603.html

Schönwiese, Ch.-D.: Klimatologie. Stuttgart 2003, S. 251

Weber, R. E.: Emissionen verringern? Klingt furchtbar. Sueddeutsche.de (11. 06. 2010), online unter www.sueddeutsche.de/wissen/aussenansicht-emissionen-verringern-klingt-furchtbar-1.957737

Lösungsvorschlag

1.1 *Grundlage für die Beantwortung dieser Aufgabe ist ein Niederschlagsprofil, das die täglichen Regenmengen vom Äquator bis zum Pol widerspiegelt. Beachten Sie bei der Auswertung, dass dieses Profil die Niederschlagsverhältnisse der Südhalbkugel und diese wiederum im Nordwinter, also von Dezember bis Februar, abbildet.*
Als zweiten Arbeitsschritt sollte man die Verlaufskurve des Profils in sinnvolle Abschnitte aufteilen. Da Sie die Niederschlagsverteilung mithilfe des Modells der planetarischen Zirkulation erklären sollen, bietet es sich an, den Niederschlagsverlauf nach Klimazonen in innere und äußere Tropen, Mittelbreiten und polare Zone zu gliedern. Legen Sie dann in den einzelnen Klimazonen die Niederschlagsverhältnisse dar. Zur Erklärung ist es sinnvoll, Atlaskarten wie „Erde – Niederschläge im Januar" sowie „Erde – Luftdruck und Winde im Januar" (z. B. Diercke Weltatlas 2008, S. 229.4 und 230.2) zu Hilfe zu nehmen.

Für die hohen Niederschläge in den **inneren Tropen** von 5 – 6 mm/Tag sind ausschließlich die **konvektiven Zenitalregen** maßgebend. Die hohen Temperaturen als Folge der großen Sonneneinstrahlung führen hier zu einer intensiven Aufheizung sowie zu einer starken Vertikalbewegung (Aufsteigen) der Luftmassen. Diese Luftmassen haben zudem aufgrund der hohen Temperaturen und des enormen Wasserangebots in den inneren Tropen eine hohe Sättigung mit Wasserdampf. Kommt es nun infolge der Abkühlung in den hohen Luftschichten zur Kondensation des Wasserdampfs, werden große Mengen latenter Wärme und somit große Niederschlagsmengen freigesetzt, die dann als Zenitalregen fallen. Die **maximale Niederschlagszone** mit 6 mm/Tag liegt im vorliegenden Profil im Bereich von etwa 10° südlicher Breite, da hier im angegebenen Zeitraum (Dezember bis Februar) die **Innertropische Konvergenzzone** (ITC) durchzieht. Im Bereich der ITC liegen nicht nur aufgrund des **Zenitstands der Sonne** die höchsten Temperaturen und somit die stärkste Konvektion vor, sondern hier kommt es auch zur **Konvergenz der Passate**. Diese einströmenden Winde versorgen die ITC mit dem gesamten Wasserdampf aus den Rand- und Subtropen.

In den **wechselfeuchten Tropen** kommt es zu einer steten **Abnahme der täglichen Niederschläge** hin zum südlichen Wendekreis. Dies ist einerseits auf den Rückgang der konvektiven Niederschläge aufgrund der **zunehmend geringeren Sonneneinstrahlung** zurückzuführen. Andererseits nimmt der Wasserdampfgehalt der Luft zum Wendekreis hin ab.

Im **Bereich des Wendekreises** und in den **Subtropen** fallen mit etwa 2 mm/Tag geringe Niederschlagsmengen. Hier wirkt sich der Einfluss des trockenen **subtropischen Hochdruckgürtels** aus. Im Zuge der tropischen Passatzirkulation kommt es zur Inversion durch absteigende Luftmassen. Konvektive Niederschläge finden aufgrund der **Absinkbewegung der Luftmassen** und des **Mangels an Wasserdampf** nicht statt.

Im Bereich der **Mittelbreiten** nehmen die Niederschläge aufgrund des steigenden Einflusses von **Zyklonen der Westwindzone** wieder zu. Durch das Aufeinandertreffen von Warm- und Kaltluft kommt es hier vermehrt zu **Frontalniederschlägen** infolge des Aufsteigens und Kondensierens von Luftmassen.

Die **Polargebiete** der Antarktis sind mit weniger als 1 mm/Tag extrem niederschlagsarm. Wegen der **niedrigen Temperaturen** als Resultat der flachen und damit geringen Einstrahlung der Sonne findet hier **kaum Verdunstung** statt. Zudem haben die sehr kalten **absinkenden Luftmassen** nur eine geringe Kapazität zur Feuchtigkeitsaufnahme.

1.2 *Bei dieser Teilaufgabe müssen Sie den jeweiligen Verlauf der Temperaturkurve beschreiben sowie daraus die charakteristischen Verhältnisse (höchste und niedrigste Temperaturen, Temperaturamplitude) herausarbeiten und begründen. Zuerst bietet es sich an, die Lage der jeweiligen Stationen über das Register im Atlas zu bestimmen, um daraus schon eine erste grobe Zuordnung durchzuführen bzw. regionale Besonderheiten ergründen zu können. Es ist deutlich zu erkennen, dass alle drei Stationen etwa auf der gleichen Breitenlage am südlichen Wendekreis liegen; damit herrschen jeweils die gleichen solaren Einstrahlungsverhältnisse. Jedoch befinden sich die Stationen in verschiedenen Regionen des Kontinents: Antofagasta liegt an der Westküste am Pazifischen Ozean, Asunción in der Mitte des Kontinents und Rio de Janeiro an der Ostküste am Atlantischen Ozean. Diese Lage (Küste oder Kontinentinneres) bzw. der Einfluss von Meeresströmungen müssen daher den entscheidenden Unterschied ausmachen. Um grundsätzliche Informationen zu den jeweiligen klimatischen Bedingungen der Stationen zu erhalten, sollten Sie eine Karte der Temperaturen in Südamerika zurate ziehen. Für die Begründung von Temperaturverhältnissen lohnt immer ein Blick in eine Karte zu den Meeresströmungen. Aufgrund dieser Informationen und deren Auswertung können Sie nun eine Zuordnung der Stationen durchführen.*

Die **Kurve A** spiegelt die Temperaturverhältnisse der Station **Antofagasta** wider. Aufgrund der **Küstenlage am Pazifik** ist die Temperaturamplitude mit etwa 6–7 °C gering ausgeprägt. Wegen der Abkühlung der Luftmassen durch den kalten **Humboldtstrom** herrschen hier die niedrigsten Temperaturen aller drei Stationen.

Die **Kurve B** gibt die Temperaturverhältnisse der Station **Rio de Janeiro** wider. Wegen der ausgleichenden Wirkung des Atlantiks findet man hier mit etwa 5 °C die geringste Temperaturamplitude. Bedeutender und damit der entscheidende Unterschied zu Antofagasta ist der **Einfluss des warmen Brasilstroms**, der im Vergleich zu Antofagasta insgesamt höhere Temperaturen, im Vergleich zu Asunción höhere Wintertemperaturen bewirkt.

Bei der **Kurve C** handelt es sich um die Station **Asunción**. Durch deren **kontinentale Lage** weist diese die höchsten Sommertemperaturen auf, was auf die starke Erwärmung der Landmasse im Sommer zurückzuführen ist. Durch die

Abkühlung des Kontinents im Winter liegen die Wintertemperaturen unter denen von Rio de Janeiro. Dementsprechend hat diese Station mit ca. 12 °C die größte Temperaturamplitude aller drei Stationen.

1.3 *In einem ersten Schritt sollten Sie die sozioökonomischen Auswirkungen bei El Niño-Ereignissen in den westlichen Anden Südamerikas sowie in Südostasien bzw. Australien darlegen. Achten Sie bei der Bearbeitung dieser Aufgabe jedoch darauf, dass Sie für die Erläuterung der Auswirkungen stets die naturgeographischen Hintergründe des El-Niño-Phänomens heranziehen müssen.*

In einem **El-Niño-Jahr** herrschen an der Westabdachung der Anden **extreme Niederschläge** und **Stürme**. Ursache hierfür ist, dass der kalte Humboldtstrom durch die besonders starke Südverlagerung der ITC und die damit verbundene Abschwächung des **Südostpassats** zum Erlahmen kommt. Im Zuge der Umkehr der **Walkerzirkulation** entsteht eine von West nach Ost gerichtete Meeresströmung. Diese führt **sehr warmes Oberflächenwasser** vom Westpazifik heran, das die kalten Auftriebswasser **vor der Küste Südamerikas** überlagert. An der südamerikanischen Westküste bilden sich durch Verdunstung über dem warmen Wasser und das Aufsteigen der erwärmten, feuchten Luftmassen stürmische Tiefdruckwirbel. **Konvektions- und Kondensationsvorgänge** in den Luftmassen über dem nun warmen Pazifik führen bei deren Aufsteigen an den Anden zu sehr heftigen und ergiebigen Niederschlägen. Diese **Starkregen** durchfeuchten den Boden, der dann als **Erdrutsch** oder **Mure** ins Tal hinabgleiten kann. Solche Massenbewegungen verursachen in den Tälern **große Katastrophen**, indem sie Häuser oder Straßen unter ihrer Fracht aus Schlamm und Steinen begraben oder mit sich reißen. Zudem können die Vegetation und der Boden in den Anden nur einen Teil der enormen Regenmenge speichern. Deshalb schwellen die Bergbäche zu unberechenbaren Wildbächen an und reißen mit der Wucht der immensen Wassermassen Steine, Erde und Bäume mit sich ins Tal. Die Flüsse in den Tälern müssen sehr viel mehr Wasser aufnehmen als normalerweise. Sie treten über die Ufer, die daraus resultierenden **Überschwemmungen** gefährden die Siedlungen und die Infrastruktur in den Tälern. Landwirtschaftliche Nutzflächen werden vernichtet bzw. unbrauchbar. Deren Wiederaufbau oder Rekultivierung verursacht sehr **hohe Kosten**, sodass in solchen Gebieten **verstärkte Landflucht** einsetzen kann.

Infolge der **wärmeren Meerestemperatur** an der südamerikanischen Pazifikküste kommt es wegen des Sauerstoffmangels zum **Absterben des Planktons**. Durch den geringeren Nährstoffgehalt wird die Nahrungskette unterbrochen, was einen starken **Rückgang** der **Fischbestände** bzw. das Ausbleiben der Fischschwärme vor der Westküste Südamerikas bewirkt. Diesen Mangel an Meerestieren bekommen nicht nur die Fischer wirtschaftlich zu spüren, sondern auch die gesamte Fischindustrie vom Einzel- und Großhandel über die Fischverarbeitung bis hin zur Gastronomie.

Gleichzeitig leiden die **Ostküsten Australiens** und **Südostasiens** unter **Dürre**. Ursache hierfür sind die Umkehr der warmen Meeresströmung und die damit verbundenen **geringeren Konvektions- und Kondensationsvorgänge**, da hier nun die absinkenden Luftmassen der Walkerzirkulation ein **starkes Hochdruckgebiet** ausbilden. Während dieser Dürreperioden kommt es zum Rückgang der landwirtschaftlichen Produktion, zu sinkenden Einnahmen in der Landwirtschaft sowie zu einem verringerten Nahrungsmittelangebot für die Verbraucher. Die ausbleibenden Niederschläge sowie der verspätet einsetzende Monsun bewirken lang anhaltende Trockenperioden, wodurch es häufig zu verheerenden **Wald- und Buschbränden** kommt. Dies wiederum führt sowohl in der Land- als auch in der Forstwirtschaft zu großen finanziellen Verlusten.

2.1 *Diese Teilaufgabe erfordert von Ihnen, aus der Anlage I.3 Regionen mit gleichen Kraftwerkstypen auszugliedern. Danach müssen Sie dieses Verteilungsmuster anhand der natürlichen Bedingungen erläutern.*

Das Projekt eines interkontinentalen Energieverbundnetzes hat das Ziel, die jeweils **natürliche Standortgunst** zu nutzen, um durch die Überschneidung unterschiedlicher Kraftwerkstypen Wettbewerbsvorteile und Kostenersparnisse (sogenannte **Synergieeffekte**) zu erzielen.

Die **Windkraftwerke** konzentrieren sich überwiegend an der **Atlantikküste** Westeuropas. Hier werden, meist in großtechnischen Anlagen (insbesondere in Offshore-Windparks), die **hohen Geschwindigkeiten** der ganzjährig über dem Meer wehenden **Westwinde** genutzt. Zusätzlich sollen Windkraftwerke an exponierten Standorten in Osteuropa in den Energieverbund einbezogen werden.

Die **Wasserkraftwerksstandorte** befinden sich hauptsächlich in den **Gebirgen** der **Alpen**, **Norwegens** und **Islands**. Hier sollen Speicher- und Laufkraftwerke die hohen Niederschläge infolge des **Steigungsregens** sowie die große **Reliefenergie** zur Energiegewinnung nutzen. Zusätzlich will man die großen **Wassermengen der russischen Ströme** durch Laufkraftwerke zur gemeinsamen Energieerzeugung heranziehen.

Für das Energieverbundnetz sollen zudem in **Südeuropa** und **Nordafrika** sowie auf der **Arabischen Halbinsel** neue **Solarthermie-Kraftwerke** in großtechnischen Anlagen errichtet werden. Ihre Standortgunst ist die **intensive Sonneneinstrahlung** sowie die **geringe Bewölkung** im subtropischen Hochdruckgürtel. Besonders in den Wüsten Nordafrikas stehen für diese Art der Energiegewinnung riesige menschenleere und ungenutzte Flächen zur Verfügung.

In **Island**, **Marokko** und **im Pannonischen Becken**, wo die Schwächezonen der Erdkruste mit Anomalien der geothermischen Tiefenstufe liegen, sollen **Geothermie-Kraftwerke** die gemeinsame Energiegewinnung ergänzen. Jedoch ist die Nutzung stark regional gebunden und auf relativ wenige Standorte in Europa beschränkt.

2.2 *Diese Teilaufgabe ist eine **materialgestützte Aufgabe**. Dabei geht es nicht darum, alle Materialien der beigefügten Anlagen vollständig auszuwerten, sondern eine sinnvolle und der Argumentation dienliche Auswahl exemplarischer sowie aussagekräftiger Daten und Fakten vorzunehmen.*
Gestützt auf diese Auswertung der Materialien und die Zuhilfenahme sinnvoller Atlaskarten sollen Sie die elementaren Aussagen zur „win-win"-Situation für die Länder Europas und Afrikas belegen. Achten Sie darauf, Ihre Ausführungen gut zu strukturieren und Ihre Argumentation schlüssig aufzubauen.

Im Rahmen des Konzepts **Desertec** könnten die **Länder Europas** durch die neuen solarthermischen Kraftwerke ihre **Abhängigkeit von** den **fossilen Energieträgern**, die immer noch über 78 % des **Primärenergieverbrauchs** ausmachen, **reduzieren**. Zudem könnte dieses Konzept den Import fossiler Energieträger und damit die Abhängigkeit von den Herkunftsländern und deren politischen Entscheidungen verringern. Die Errichtung solarthermischer Kraftwerke in der Wüste Nordafrikas würde den **Ausstieg** vieler europäischer Länder aus der negativ belegten **Atomenergieproduktion** forcieren bzw. die Umsetzung des bis spätestens 2022 geplanten völligen Abschieds von der Atomkraft in Deutschland erleichtern. Die Erzeugung von Sonnenenergie in großem Stil (mögliche Stromproduktion von 100–250 Gigawattstunden/km^2) könnte die **CO_2-Emissionen** und damit die Folgen des anthropogen bedingten **Treibhauseffekts verringern**. Im Zuge der Zusammenarbeit europäischer Großkonzerne mit den Staaten Nordafrikas könnten sich auch die wirtschaftlichen und politischen Verhältnisse zwischen Europa und Afrika im Sinne einer beiderseitigen **Entwicklungszusammenarbeit** verbessern.

Für die Länder Nordafrikas würde sich durch die Errichtung solarthermischer Kraftwerke die Möglichkeit eröffnen, die wachsende Bevölkerung mit selbst erzeugter Energie zu versorgen. Im Zuge der forcierten Elektrifizierung könnte nicht nur die **Industrialisierung** in dieser Region vorangetrieben, sondern auch die **infrastrukturelle Ausstattung** der Länder **verbessert** werden. Zudem würden heimische Energieressourcen wie Holz oder Öl, die bisher die Grundlage der Energieversorgung bilden, geschont. Für die derzeit kaum genutzten Wüstenregionen würde dieses Projekt eine **wirtschaftliche Inwertsetzung** bedeuten, da die Standorte der Solarthermie-Kraftwerke als Wachstumspole wohl eine große Anziehungskraft ausüben werden. Aufgrund der Möglichkeit, solarthermische Kraftwerke mit Meerwasserentsalzungsanlagen zu koppeln, ließe sich auch die **Wasserversorgung** in den Trockengebieten Nordafrikas verbessern. Damit könnten landwirtschaftliche Bewässerungsprojekte verwirklicht werden.

Abitur 2011 Geographie Bayern
Aufgabe II: Ressource Wasser

1 Wasser in Hochgebirgsregionen
Die Anlage II.1 zeigt das Industal im indischen Teil des Himalaya bei der Stadt Leh (34° 10' N/77° 35' O).

1.1 Gliedern Sie das Bild in seine wesentlichen Raumeinheiten und beschreiben Sie diese!

1.2 Bewerten und begründen Sie jeweils deren landwirtschaftliches Potenzial! 18 BE

2 Bewässerung in den Randtropen

2.1 Erläutern Sie den in Anlage II.2 ablesbaren Wandel des Ackerbaus im Jemen!

2.2 Zeigen Sie mögliche ökologische und ökonomische Folgen der in Anlage II.2 dargestellten Veränderungen auf! 18 BE

3 Nutzung von Wasserkraft in der kalten Zone

3.1 2008 wurde in Island ein Wasserkraftwerk mit mehreren Staudämmen in Betrieb genommen. Die produzierte Energie wird von einer Aluminiumhütte im Ort Reyðarfjörður (65° 2' N/14° 13' W) abgenommen.
Erörtern Sie ausgehend von Anlage II.3 die für den Bau relevanten naturräumlichen Gunst- und Ungunstfaktoren für das Wasserkraftwerk und die Aluminiumhütte!

3.2 Stellen Sie unter Bezugnahme auf Anlage II.4 die Vorteile der Errichtung der Aluminiumhütte und des Staukraftwerks für Island vor dem Hintergrund der Entwicklung des globalen Aluminiummarktes dar! 24 BE

60 BE

Anlage II.1 Industal nahe der indischen Provinzhauptstadt Leh (Aufnahmezeitpunkt August)

Zur Bearbeitung der Aufgabe 1 ist die farbige Anlage II.1 (siehe Farbseiten am Ende des Buchs) zu verwenden!

Anlage II.2 Ackerbaulich genutzte Flächen im Jemen

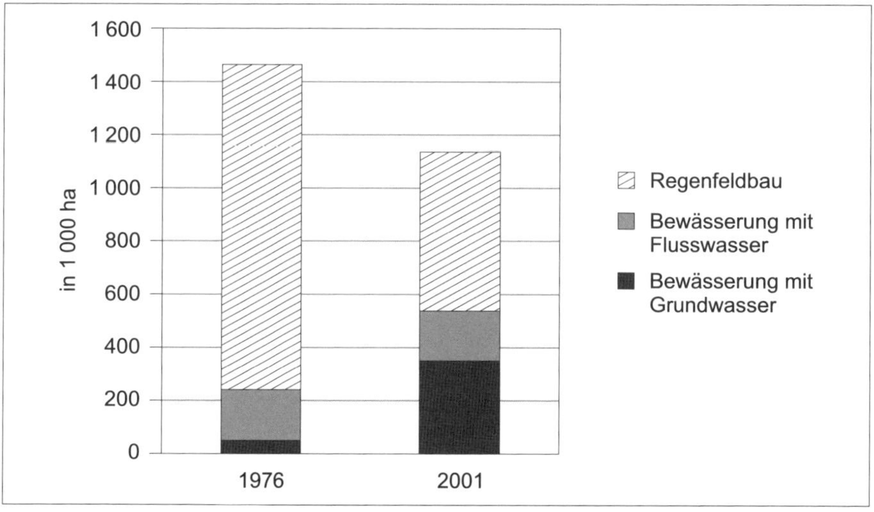

Anlage II.3 Östlicher Teil Islands

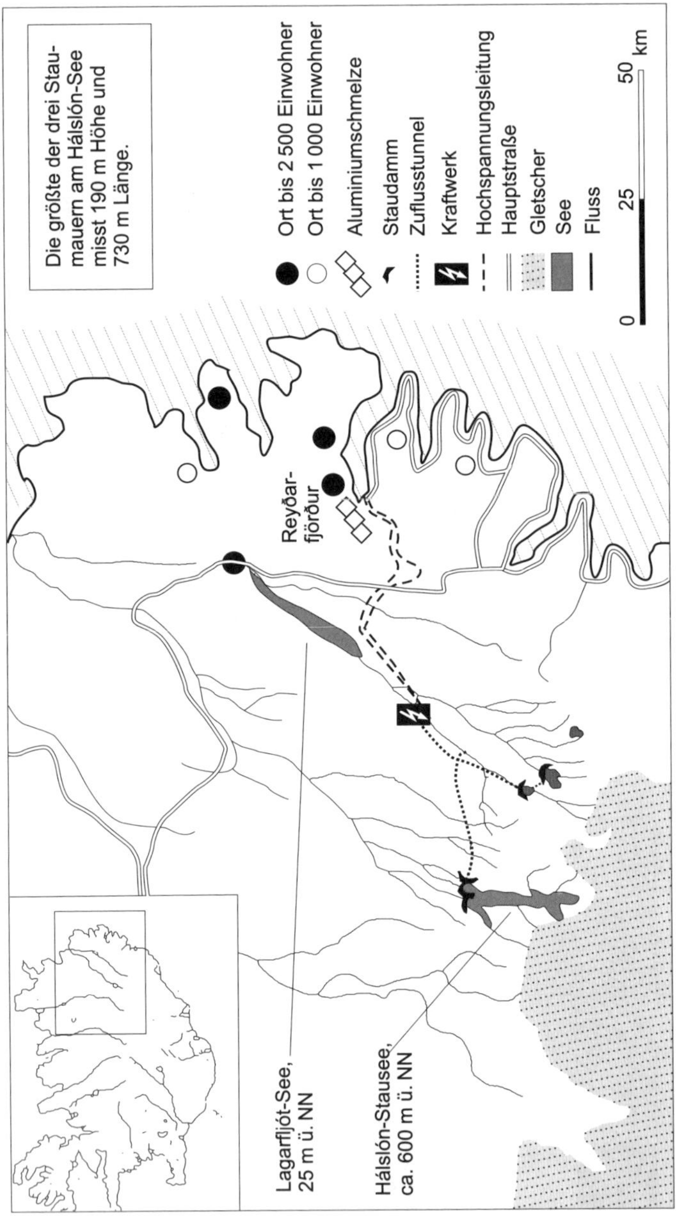

Anlage II.4

M 1 Ein neuer Standort der Aluminiumproduktion in Island

Wegen des hohen Energieverbrauchs und des hohen Kostenanteils der Energie bei der Herstellung von Aluminium wurden in den letzten Jahren zahlreiche Produktionsanlagen in Staaten mit preiswerter Energie zu Lasten älterer Standorte aufgebaut. Neben infrastrukturell gut an den Weltmarkt angebundenen Standorten in Ländern, die den Strom für die Aluminiumproduktion durch die Energieträger Erdöl, Erdgas oder Kohle bereitstellen, wurde auch Reyðarfjörður in Island Standort eines Aluminiumwerks des weltweit zweitgrößten Produzenten von Aluminium, des US-amerikanischen Konzerns *Alcoa*. Dieser setzt Aluminiumprodukte weltweit und hauptsächlich für die Flugzeug-, Automobil- und Verpackungsindustrie sowie für das Bau- und Transportwesen ab und bietet seinen Kunden alle relevanten Produkte und Dienstleistungen in der Aluminiumindustrie aus einer Hand an.
Die mit rund 1,5 Mrd. US-$ größte Investition in der Geschichte des 300 000-Einwohner-Landes wäre nicht durchgeführt worden, hätte Island dem Investor nicht angeboten, ein staatlich betriebenes 690-Megawatt-Wasserkraftwerk in nur 30 km Entfernung zu errichten und dem Konzern dadurch langfristig und günstig Energie zur Verfügung zu stellen. Die Konzernspitze von *Alcoa* teilte mit, darüber hinaus hätten das Potenzial an entsprechend qualifizierten Arbeitskräften, die Investitionen des Landes in die Infrastruktur der peripheren Region sowie die stabilen politischen Verhältnisse den Ausschlag für die Investition des Konzerns gegeben. Man sei zuversichtlich, durch die Wahl Islands als Produktionsstandort eine tragfähige Investition getätigt zu haben und den 650 im Aluminiumwerk Beschäftigten langfristige berufliche Perspektiven bieten zu können.

M 2 Aluminiumproduktion in ausgewählten Ländern 1980 – 2008

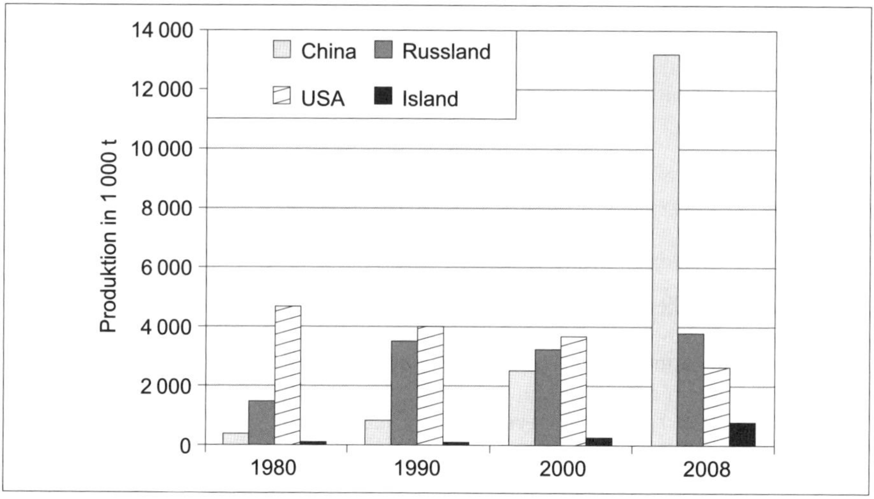

Quellen- und Literaturverzeichnis

Eigene Darstellung (Anlage II.3)

Gross, D.: Iceland has Power to Burn (Auszug). In: Newsweek, 14. 4. 2008, S. 58–62; Übersetzung der Prüfungskommission (Anlage II.4, M 1)

Kopp, H. (Hrsg.): Länderkunde Jemen. Wiesbaden 2005, S. 119 (Anlage II.2)

United States Geological Survey (2010): Aluminum Statistics and Information, online unter http://minerals.usgs.gov/minerals/pubs/commodity/aluminum/ (Anlage II.4, M 2)

Lösungsvorschlag

1.1 *Bitte achten Sie darauf, dass in dieser Teilaufgabe die Raumeinheiten lediglich beschrieben werden sollen. Angesichts der Fragestellung in der folgenden Teilaufgabe empfiehlt es sich allerdings, schon hier entsprechend einer möglichen räumlichen Kategorisierung Nutzungseinheiten auszugliedern.*

Im **Bildvordergrund** (links) lassen sich im Randbereich des Tals (Hochterrasse) Siedlungsflächen mit einfachen, maximal doppelstöckigen Gebäuden auf kargen, nahezu vegetationslosen Grundstücksflächen erkennen. Weiter im Hintergrund zur Talmitte hin schließen sich auf relativ ebenem Gelände im Alluvialbereich des Flusses ausgedehnte, kleinparzellierte Ackerbauflächen an, die zum Fluss und zur Hochterrasse hin durch lichtere Waldbestände gesäumt werden.

In der **Bildmitte** schließt sich eine trockene, steinige Gebirgsfußfläche aus Gesteinsschutt an, die gleichmäßig ansteigend bis an die eigentlichen Gebirgshänge reicht und in wenigen Bereichen einen niedrigen, spärlichen Vegetationsbewuchs aufweist.

Im **Bildhintergrund** erhebt sich eine schroffe Hochgebirgslandschaft mit steil aufragenden, nahezu vegetationslosen, teilweise schneebedeckten Bergrücken und eingeschnittenen Seitentälern.

1.2 *Achten Sie bei dieser Teilfrage besonders auf die verwendeten Operatoren (bewerten/begründen) und auf den Begriff „Potenzial" – dieser deutet darauf hin, dass neben der im Bild tatsächlich sichtbaren landwirtschaftlichen Nutzung auch die möglichen Inwertsetzungen erarbeitet und begründet werden müssen.*

Bereich der Siedlungsflächen im Randbereich des Talbodens (Hochterrasse): Hier ist allenfalls ein sehr geringes landwirtschaftliches Nutzungspotenzial auf kargen, nährstoffarmen Böden erkennbar. Teile der Siedlungsfläche werden ansatzweise in geringem Maße genutzt, wahrscheinlich für den Anbau von Gemüse und Obst zur **Eigenversorgung**. Unter Einsatz von Grundwasserpumpen wäre potenziell eine intensivere landwirtschaftliche Nutzung denkbar.

Bereich des zentralen Talbodens (Alluvialflächen):
Infolge der **Verfügbarkeit von Wasser zur künstlichen Bewässerung** aus dem Fluss- und Grundwasserbereich herrscht hier ein hohes Potenzial z. B. für den **Ackerbau** vor. Begünstigend wirken sich die **nährstoffreichen Schwemmlandböden** (Alluvialflächen) aus. Zudem verbessern die umsäumenden, Wasserdampf speichernden und Schatten spendenden Wald- und Gebüschareale das **Mikroklima** (Erhöhung des Bodenwassergehalts durch verminderte Verdunstung). Darüber hinaus fungieren diese als eine Art **Windschutz**.

Bereich der trockenen, steinigen Gebirgsfußfläche:
Hier ist das Nutzungspotenzial als äußerst gering zu bewerten; allenfalls eine spärliche **extensive Weidewirtschaft** ist denkbar. Fehlende Vegetationsbedeckung, schnelle Versickerungs- und hohe Verdunstungsraten sowie der Humusmangel infolge **nahezu fehlender Bodenbildungsprozesse** zeichnen hierfür verantwortlich. In einigen kleineren Gebieten nahe der Gebirgshänge deuten grünlich gefärbte Flächen möglicherweise das Vorhandensein von artesischen Brunnen an. In diesen Teilbereichen ist mitunter eine stärkere **extensive Weidewirtschaft** möglich. Für die ackerbauliche Nutzung scheint die Entfernung zu den Siedlungsbereichen jedoch zu groß zu sein.

Bereich des Gebirgsrückens:
Eine landwirtschaftliche Nutzung auf der Grundlage **extensiver Weidewirtschaft** ist allenfalls in den **unteren Hanglagen** und in den unteren **Seitentälern des Gebirgsmassivs** denkbar.
Die mittleren und höheren Lagen sind infolge der extremen Klimabedingungen (zu tiefe Lufttemperaturen, zu kurze Vegetationsperioden) für eine landwirtschaftliche Nutzung ungeeignet.

2.1 *Der Operator „erläutern“ fordert von Ihnen eine Beschreibung mit anschließender Begründung. Diese Fragestellung bezieht sich in erster Linie auf die beigefügte Anlage (gestapeltes Säulendiagramm). Achten Sie beim Lesen dieses Diagramms auf die Grundregeln der Interpretation: Behandeln Sie zunächst allgemeine Tendenzen, dann erst Details, beachten Sie die einzelnen Stapelhöhen und lesen Sie diese richtig (auf die Grundlinie projiziert) ab.*

Das Diagramm in Anlage II.2 zeigt einen **Rückgang der ackerbaulich genutzten Fläche** im Jemen zwischen 1976 und 2001 von etwa 1,45 Mio. ha auf etwa 1,15 Mio. ha. Dies entspricht einer relativen Abnahme um ungefähr 20 Prozent. Dieser generelle Rückgang lässt sich vermutlich auf mehrere Entwicklungen zurückführen: Zum einen haben die ländlich genutzten Räume im Jemen infolge der **Landflucht** (Aufgabe von unrentablen Flächen) und der **Auswanderung** in die wirtschaftlich aufstrebenden Golfstaaten (Arbeitsmigration) an Bevölkerung verloren. Zum anderen kann der Rückgang der Flächengröße im Ackerbau durch **landwirtschaftliche Intensivierungsmaßnahmen** und die daraus möglicherweise resultierenden höheren Hektar-Erträge erklärt werden.

Die Entwicklung der **einzelnen Flächenanteile** (Regenfeldbau, Bewässerung/Flusswasser und Bewässerung/Grundwasser) zeigt, dass insbesondere der **Anteil der Regenfeldbauflächen deutlich reduziert** wurde (Rückgang um nahezu die Hälfte). Diese Entwicklung ist vermutlich durch die Aufgabe wirtschaftlich weniger rentabler Flächen und durch die Umwandlung in Flächen mit künstlicher Bewässerung begründet.
Im Bereich der **Bewässerungsflächen mit Flusswasser** ist keine relevante Veränderung des Flächenanteils festzustellen. Hier sind die **Wasserentnahmekapazitäten** aus den Flüssen wohl **maximal ausgeschöpft**.
Einen signifikanten Zuwachs zeigen die **Flächenanteile mit Bewässerung aus Grundwasser**. Sie haben sich im Untersuchungszeitraum etwa versiebenfacht. Eine solche Ausweitung ist sicherlich auf den **Ausbau der Grundwasserförderung** unter Einsatz moderner Technologie (Pumpen- und Verteilersysteme) mit dem Ziel einer **Intensivierung des Anbaus** zurückzuführen.

2.2 *Greifen Sie in dieser Teilaufgabe systematisch die Ergebnisse aus 2.1 auf und gehen Sie dann am besten in einer jeweils zweigeteilten Beantwortung auf die möglichen ökologischen und ökonomischen Folgen ein.*

Mögliche **ökologische Folgen:**
Es kann davon ausgegangen werden, dass der Rückgang der jemenitischen Ackerbaufläche hauptsächlich die Gebiete im Bereich der **agronomischen Trockengrenze** umfasst. Hier ist die landwirtschaftliche Tätigkeit infolge des ständigen **Wassermangels** als riskant zu bezeichnen. Demzufolge könnten durch eine Nutzungsaufgabe auf diesen Flächen typische Erscheinungen der **anthropogen bedingten Desertifikation** eingedämmt werden.
Allerdings birgt die Ausweitung der Bewässerungslandwirtschaft, für semiaride Räume grundsätzlich typisch, auch erhebliche ökologische Risiken. Zum einen können durch unsachgemäße Bewässerung **Bodenversalzungserscheinungen** infolge eines gestiegenen Grundwasserspiegels und kapillarem Bodenwasseraufstieg auftreten. Andererseits würde eine übermäßige Ausweitung der pumpengestützten Grundwasserförderung zur Schaffung neuer Bewässerungsflächen zu einer **Reduzierung der größtenteils fossilen Grundwasservorräte** führen. Verknappung und Verteuerung des Trinkwassers wären mögliche Folgen.

Mögliche **ökonomische Folgen:**
Grundsätzlich werden durch die Ausweitung der Bewässerungsflächen die landwirtschaftliche **Produktivität** und die wirtschaftliche **Wertschöpfung** gesteigert. Allerdings muss bedacht werden, dass die aufgegebenen Ackerflächen zumindest zum Teil ursprünglich der subsistenzwirtschaftlichen Nutzung dienten, jetzt aber auch für den Anbau von cash crops (z. B. Kaffee) genutzt werden. Hieraus kann unter Umständen eine **Reduzierung der Nahrungsmittelproduktion für den regionalen Binnenmarkt** resultieren. Im ungünstigsten Fall führt dies zu Engpässen in der heimischen Nahrungsmittelversorgung und zwingt zu kostenintensiven Importen.

Der agrartechnische Ausbau der Bewässerungslandwirtschaft erfordert außerdem hohe Investitionen, die womöglich in eine **hohe Verschuldung** und eine hieraus folgende starke **wirtschaftliche Abhängigkeit** münden.
Außerdem ist mit der **Verstärkung sozialer und wirtschaftsräumlicher Disparitäten** zu rechnen: Die Unterschiede zwischen den Gebieten mit erfolgreichen Intensivierungsmaßnahmen und wirtschaftlichem Aufschwung sowie jenen mit traditioneller Bewirtschaftung und grenzwertiger Ertragslage verschärfen sich.

3.1 *Die Formulierung „ausgehend von Anlage II.3" in dieser Teilaufgabe weist darauf hin, dass neben der Anlage auch weiteres Kartenmaterial (aus dem Atlas) benutzt werden sollte. Beschränken Sie sich auf jeden Fall, wie in der Fragestellung angegeben, auf die naturräumlichen Gunst- und Ungunstfaktoren.*
Der Operator „erörtern" erfordert ein dialektisches Vorgehen (Abwägen von Pro- und Kontra-Argumenten) bei der Beantwortung.

Grundsätzlich eignet sich das **steile, relativ engtalige Relief** gut für die Anlage von Talsperren, **Wasserkraftwerken** und andere wasserbautechnische Maßnahmen. Allerdings erfordern die **Lage im subarktischen Klimabereich** sowie die hohe Reliefenergie aufwendige und damit **kostenintensive bauliche Maßnahmen**. Zudem kommt es infolge des Aufstauens der Flüsse zur Störung und **Vernichtung hochsensibler Teile des Gesamtökosystems** und zur Schädigung heimischer Fauna und Flora. Als weiterer Ungunstfaktor müssen die **tektonischen Aktivitäten** auf Island genannt werden, die unter Umständen zu Dammbeschädigungen bzw. -brüchen führen können.

Im Allgemeinen herrscht durch den Zufluss von Regen- und Gletscherschmelzwasser ein **hohes Wasserkraftpotenzial** vor, aus dem für das Aluminiumwerk standortnah elektrische Energie erzeugt werden kann. Infolge der **starken Erosionskraft der Flüsse** (relativ kurze, steile Läufe) und der hieraus resultierenden **hohen Sedimentfracht** ist andererseits aber auch mit einer stetigen **Verringerung des Stauwasservolumens** zu rechnen.
Die **geschützte Fjordlage** ist grundsätzlich ein positiver Standortfaktor für den Bau von Hafenanlagen zur Verschiffung von Rohaluminium.

3.2 *Beziehen Sie in dieser Teilaufgabe Ihre Ausführungen zur isländischen Aluminiumproduktion deutlich auf die Situation am globalen Aluminiummarkt. Stellen Sie also die volkswirtschaftlichen Vorteile für Island dar und vermeiden Sie dabei unbedingt Überlappungen mit der vorangegangenen Fragestellung.*

Ein Standort der Aluminiumproduktion wie der in Reyðarfjörður stellt zunächst einmal eine **Erweiterung des Arbeitsplatzangebots** für die isländische Wirtschaft dar. Die dabei neu geschaffenen Arbeitsplätze weisen ein breites Spektrum unterschiedlicher Qualifikationsstufen auf. Darüber hinaus sind sie infolge der Zugehörigkeit zu einem den Weltmarkt anführenden, wirtschaftlich florierenden, kapital- und investitionskräftigen US-Aluminiumhersteller relativ bestandssicher. Dieser versucht durch Kostenoptimierung im Wettbewerb um die Aluminiumherstellung der rasanten Entwicklung Chinas (siehe M 2) entgegenzuwirken.

Für die isländische Wirtschaft ist der **hohe Anteil der ausländischen (US-) Direktinvestitionen** eine wertvolle Quelle für Deviseneinnahmen, mit deren Hilfe die eigene Wirtschaft weiterentwickelt werden kann.

Außerdem garantieren die **günstigen Energiekosten** für Island eine relativ langfristige Standortsicherheit. Dies ist vor dem Hintergrund eines sich verschärfenden Preiswettbewerbs besonders wichtig. Der Ausbau des isländischen Energiesektors verspricht zudem auch eine **Absatzgarantie kostengünstiger und umweltfreundlicher Energie an andere Abnehmer**, deren wirtschaftliche Entfaltung im Umkreis des Aluminiumwerks vorangetrieben werden kann.

Die **regionalökonomischen Effekte** infolge der Bautätigkeiten im Bereich der Aluminiumanlage und des Wasserkraftwerks beleben außerdem die regionale isländische Wirtschaft, da vorwiegend einheimische Unternehmen in diesem Bereich tätig werden.

Schließlich bieten die zusätzlich erwirtschafteten Steuereinnahmen ein wertvolles Investitionspotenzial für den Ausbau der isländischen Infrastruktur.

Abitur 2011 Geographie Bayern
Aufgabe III: Bevölkerung und Wirtschaft

1 Bevölkerungsentwicklung

1.1 Erläutern Sie die in Anlage III.1 dargestellte Entwicklung der Bevölkerung von Afrika, Asien und Europa!

1.2 In China wird nach aktuellen Prognosen die Verstädterungsquote von etwa 40 % im Jahre 2005 auf einen Wert von circa 60 % im Jahre 2030 ansteigen.
Legen Sie jeweils drei Chancen und mögliche Probleme einer solchen Entwicklung für die Zuwanderer in die städtischen Räume in China dar! 22 BE

2 Klimawandel und Naturkatastrophen in Ostasien

2.1 Erklären Sie anhand von Anlage III.2 das steigende Risiko von Überschwemmungen in den Mündungsbereichen der großen Flüsse Ostasiens!

2.2 Zeigen Sie unter Zuhilfenahme geeigneter Atlaskarten das Schadenspotenzial in der Großen Ebene (VR China) bei großflächigen Überschwemmungen auf! 16 BE

3 Wirtschaftliche Entwicklung in der VR China

3.1 Die südchinesische Provinz Guangdong (Hauptstadt Kanton; 23° 8' N/113° 15' O) und die benachbarte Sonderverwaltungsregion Hongkong (22° 18' N/114° 10' O) gelten als bedeutende Wirtschaftsräume in der VR China.
Beschreiben Sie die in Anlage III.3 abgebildeten Organisationsformen der Konsumgüterproduktion und diskutieren Sie Konsequenzen für die Unternehmen in der Provinz Guangdong!

3.2 Die Deutsche Bahn will künftig Container zwischen der VR China und Deutschland auf der Schiene transportieren. Langfristig soll in beide Richtungen täglich ein Containerzug verkehren und dabei die Strecke in 10 Tagen bewältigen.
Erörtern Sie die Vor- und Nachteile dieses Projekts! 22 BE

60 BE

Anlage III.1 Bevölkerungsentwicklung in Afrika, Asien und Europa – Veränderung in je 25 Jahren (ab 2001 Prognose)

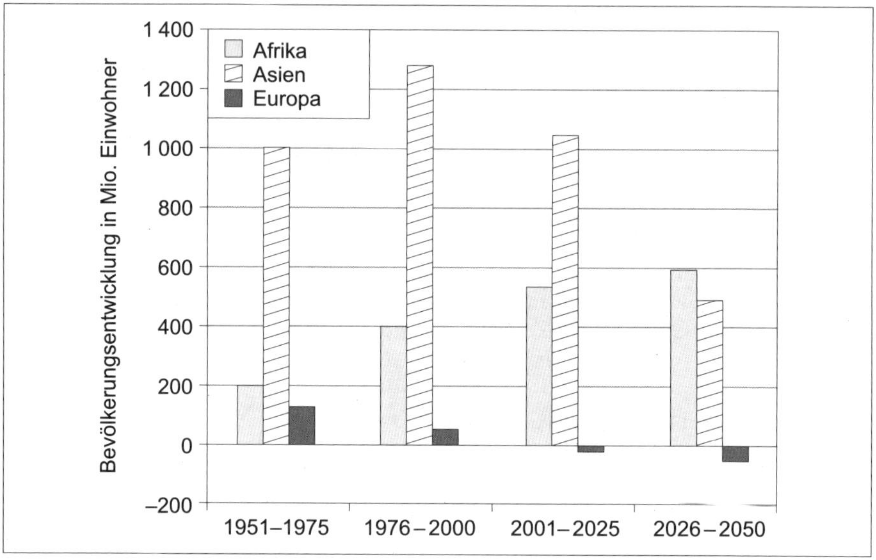

Anlage III.2 Für Ostasien prognostizierte Veränderungen durch den Klimawandel

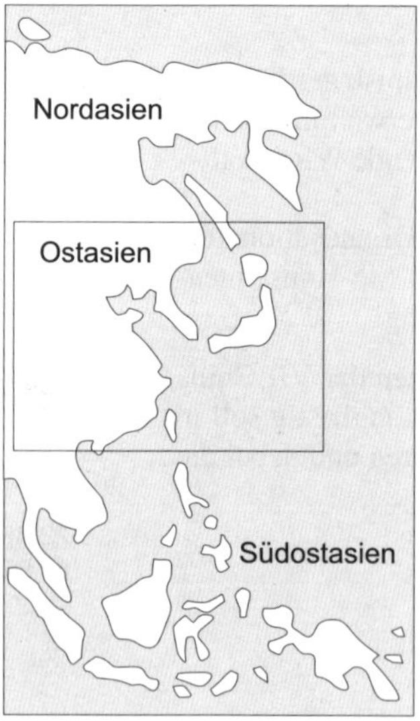

	Veränderungen bis zum Jahr 2100
Jahresmitteltemperatur	+3,3 °C
Jahresniederschlag	+9,0 %
maximale Dauer von Perioden mit weniger als 1 mm Niederschlag pro Tag	+10 bis +30 %
maximaler Niederschlag innerhalb von 5 Tagen	+10 bis +30 %
Höhe des Meeresspiegels	+31 bis +74 cm

* Grundlage: Bericht des Intergovernmental Panel on Climate Change (IPCC) 2007

Anlage III.3 Modell ausgewählter räumlicher Organisationsformen der Konsumgüterproduktion

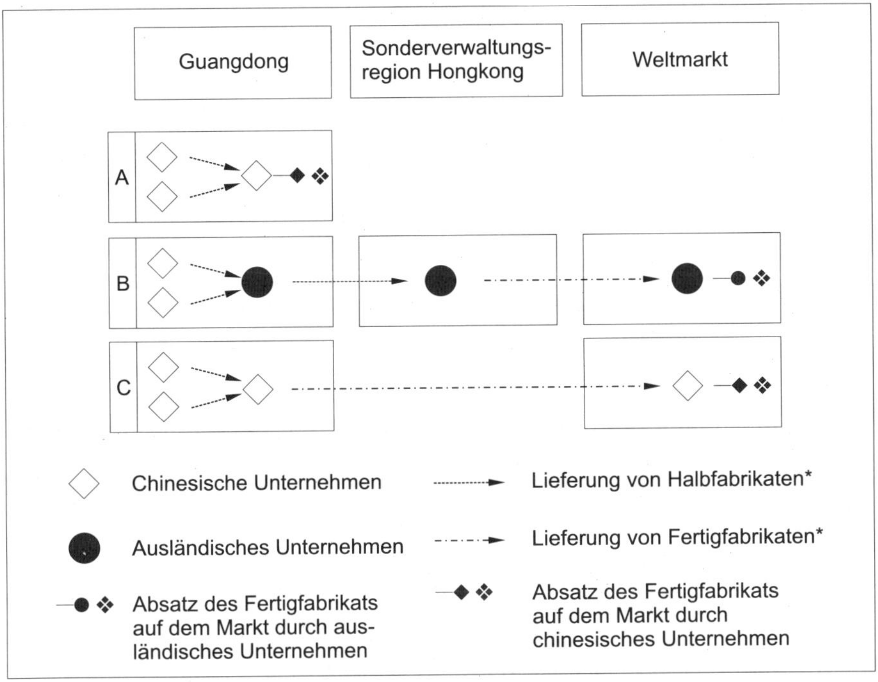

* Halbfabrikate – hier: teilweise fertig erzeugte Vorprodukte, welche zur späteren Verarbeitung an andere Unternehmen geliefert und dort zu verkaufsfähigen → * Fertigfabrikaten weiterverarbeitet werden.

Quellen- und Literaturverzeichnis

Darstellung nach Daten des UN World Population Prospects, The 2010 Revision (Anlage III.1)

Eigene Darstellung nach Schiller, D.; Meyer, S. (2008): Agile Unternehmensorganisation und Wirtschaftsnetzwerke im Perlflussdelta. In: Geographische Rundschau 60 (5), S. 36–43; stark verändert und vereinfacht (Anlage III.3)

Heberer, Th. (2005): Gesellschaft im Umbruch. In: Bundeszentrale für politische Bildung: Dossier – China, online unter www.bpb.de/themen/29HVZA,0,0,Gesellschaft_im_Umbruch.html

IPCC: Climate Change 2007. Working Group I: The Science of Climate Change Cambridge, S. 855ff., online unter www.ipcc-wg1.unibe.ch/publications/wg1-ar4/ar4-wg1-chapter11.pdf (Anlage III.2)

Jahnke, J.: Chinas Industrieleistung gegenüber dem Vorjahr (04. 02. 2009), online unter www.jjanke.net/china.html (verändert)

Jahnke, J.: Jährliche Veränderung des Energieverbrauchs und des realen BIP (04. 02. 2009), online unter www.jjanke.net/ china.html (verändert)

Max-Planck-Institut für Meteorologie (Hrsg.): Klimaprojektionen für das 21. Jahrhundert. Hamburg 2006, S. 20/21

Lösungsvorschlag

1.1 *Sie sollen die in Anlage III.1 dargestellte Bevölkerungsentwicklung in Afrika, Asien und Europa erläutern, d. h., Sachverhalte im Zusammenhang beschreiben und anschaulich mit Beispielen oder Belegen erklären.*
Beachten Sie, dass in Anlage III.1 nicht die absolute Bevölkerungszahl der drei Kontinente angegeben ist, sondern nur die Veränderungen in jeweils 25 Jahre umfassenden Zeitabschnitten, beginnend 1951. Die Daten für die Zeiträume 2001–2025 bzw. 2026–2050 sind Prognosen und damit spekulativ.
Bei Ihrer Antwort ist es sinnvoll, wenn Sie sich an der in der Aufgabenstellung vorgegebenen Gliederung orientieren und die Bevölkerungsentwicklung entsprechend geordnet für die drei Kontinente darstellen.

Afrika
Die Bevölkerung in Afrika steigt von 1951–2050 stetig an, von 200 Mio. im Zeitraum 1951–1975 auf 600 Mio. im Zeitraum 2026–2050. Allerdings ist festzustellen, dass sich vom ersten zum zweiten Viertel des Beobachtungszeitraums das Wachstum verdoppelt, dass sich in den folgenden Zeitabschnitten der Anstieg des **Bevölkerungswachstums** aber abschwächt bis zu einer fast konstanten Zunahme im Zeitraum 2026–2050 im Vergleich mit dem von 2001–2025.
Ein Grund für das starke Wachstum ist die nach wie vor hohe Geburtenrate in Afrika. Besonders in traditionellen Gesellschaften gilt, dass die Kinder für die soziale Absicherung der Eltern sorgen, eine große Nachkommenschaft das Ansehen der Familie steigert und Frauen keine gleichwertige Rolle in der sozialen Hierarchie einnehmen. Geringe Bildung und medizinische Versorgung sowie der eingeschränkte Zugang zu Verhütungsmitteln sind ebenfalls für die hohe Kinderzahl verantwortlich.
Die Abschwächung der Wachstumsdynamik kann eine Folge der in einigen Teilen Afrikas besonders hohen Sterblichkeit durch HIV oder des demographischen Wandels in den wirtschaftlich sich positiv entwickelnden Staaten des Kontinents sein.

Asien
Asien besitzt im Vergleich mit Afrika und Europa das stärkste Bevölkerungswachstum mit einer Zunahme von jeweils einer Milliarde Menschen und mehr in 25 Jahren bis 2025. Der deutlichste Anstieg erfolgt zwischen 1976–2000 mit über 1,2 Mrd., in der Prognose bis 2050 schwächt sich dieses Wachstum aber deutlich auf weniger als die Hälfte ab.

Der außergewöhnlich hohe Zuwachs in der zweiten Hälfte des 20. Jahrhunderts hat die gleichen Ursachen wie in Afrika. Die Abschwächung der Bevölkerungszunahme ist hingegen eine Folge des Wirtschaftsbooms in vielen Staaten Südost- und Ostasiens und natürlich besonders in China und Indien. Dieser Wirtschaftsaufschwung hat im Zuge einer gleichzeitigen Modernisierung der Gesellschaft zum Aufbau staatlicher Sicherungssysteme, zu höherem Lebensstandard sowie zu besserer Bildung, medizinischer Versorgung und Hygiene geführt. Der resultierende deutliche Rückgang der Geburtenrate ist teilweise auch eine Folge **bevölkerungspolitischer Maßnahmen** wie etwa die allgegenwärtige Werbung in Indien für die **Familienplanung** oder die staatlich verordnete Geburtenkontrolle der „**Ein-Kind-Politik**" in China.

Europa

Wies Europa noch bis 2000 ein sich abschwächendes Bevölkerungswachstum auf, so stellt die Prognose bis 2050 ein negatives Wachstum, d. h. eine Abnahme der absoluten Bevölkerungszahl, in Aussicht.

Das Wachstum in der Phase 1951–1975 kann mit der hohen Geburtenzahl in den ersten Nachkriegsjahren und der hohen Kinderzahl in den vielerorts traditionellen Gesellschaften vor allem Südeuropas begründet werden. Dagegen zeigt sich bis zur Jahrhundertwende und darüber hinaus der grundlegende wirtschaftliche und demographische Wandel in der postindustriellen bzw. Dienstleistungsgesellschaft. Die Emanzipation der Frauen, lange Ausbildungszeiten und die Einschätzung von Kindern als „Kostenfaktor" fördern die Abkehr von der traditionellen Groß- zur Kleinfamilie oder noch extremer zum Ein-Personen- oder **Single-Haushalt** ohne Kinder. Dies bedeutet in vielen europäischen Staaten ein **negatives natürliches Bevölkerungswachstum**, da selbst die Sterberate noch höher ist als die Geburtenrate.

1.2 *Der Anstieg der Verstädterungsquote in China ist die Grundlage für die Frage nach den Chancen und Problemen, die sich für Zuwanderer in die städtischen Gebiete Chinas ergeben können. Unbedingt zu beachten ist die Vorgabe, dass jeweils nur drei Chancen und Probleme darzulegen sind. Sie erhalten nicht mehr Punkte, wenn Sie mehr Chancen und Probleme anführen oder ausführlich erläutern bzw. begründen!*

Die Zuwanderer erwartet in den Zielgebieten mit Sicherheit ein größeres und stark diversifiziertes **Arbeitsplatzangebot** im sekundären und tertiären Sektor. Damit ergeben sich bessere Verdienst- und in der Folge bessere **Aufstiegsmöglichkeiten** durch die größere soziale Durchlässigkeit in der städtischen Gesellschaft. Letzteres wird gefördert durch einen erleichterten Zugang zu dem breiten Bildungsangebot und den modernen Kommunikationstechnologien in den Städten. Ein sozialer Aufstieg erhöht auch die **Lebensqualität** und öffnet die Möglichkeit zur Teilhabe am städtischen Konsum- und Kulturangebot.

Auf den Zuwanderer warten aber auch zahlreiche Probleme, so etwa die Suche nach einer bezahlbaren Unterkunft und die Finanzierung der deutlich **höheren Lebenshaltungskosten** in den Städten. Gleichzeitig führt die steigende Zahl von Zuwanderern zu einem höheren **Konkurrenzdruck** bei der Suche nach einem Arbeitsplatz, der einerseits ein Absinken der Reallöhne, andererseits eine **Ausweitung der informellen Beschäftigung** bewirken kann.

Die sinkende Umweltqualität durch Zunahme des motorisierten Verkehrs und Verdichtung der Bebauung sowie die Marginalisierung großer Bevölkerungsteile durch Verstärkung der Segregation sind im Sinne der Fragestellung keine Problemfelder für den einzelnen Zuwanderer, sondern stellen Aufgaben und Handlungsfelder für die Stadtverwaltung und die Stadtplanung dar.

2.1 *Sie sollen das steigende Risiko von Überschwemmungen in den Mündungsbereichen der großen Flüsse Ostasiens erklären. Hierzu wird in der Anlage III.2 der Raum „Ostasien" kartographisch abgegrenzt. Der Blick in den Atlas zeigt, dass nur die die Große Ebene Chinas querenden Flüsse Gegenstand der Frage sein können.*
Beachten Sie, dass nur die Anlage den Hinweis auf die Richtung der Antwort gibt – es sind keine „man-made-facts" als mögliche Ursachen zu benennen, sondern lediglich klimatologisch bedingte Veränderungen infolge eines nicht näher beschriebenen Klimawandels bis zum Jahr 2100.

Das steigende Risiko von Überflutungen im Mündungsbereich des **Huang He** oder des **Jangtsekiang** wird durch um 9 % höhere monsunale Niederschläge und **Starkregen** verursacht. Diese sind Folgen des steigenden Wasserdampfgehalts der Luftmassen und der durch den **Klimawandel** um 3,3 °C höheren Globaltemperaturen. Fallen diese Starkregen auf die nach den bis zu 30 % längeren Trockenperioden verkrusteten Böden, so erhöht sich der Oberflächenabfluss und die Flusspegel steigen rasch an.
Die Temperaturzunahme des tropischen Pazifiks vergrößert die Wahrscheinlichkeit, dass **Taifune** mit extrem hohen Windgeschwindigkeiten und Niederschlägen entstehen. Sturzfluten sowie Überschwemmungen im Küstenbereich sind die Folge.
Das Risiko von **Überschwemmungen** in den Flussdeltas wird verstärkt durch den Anstieg des Meeresspiegels um bis zu 74 cm, etwa als Folge des Abschmelzens polarer Eismassen. Dies führt zu einem Rückstau in den Flussunterläufen und zum Überspülen der Deiche vor allem entlang der Dammuferflüsse, die vielfach höher liegen als das sie umgebende Niveau der angrenzenden Flächen.
Mögliche Gründe wären auch z. B. die zunehmende Entwaldung und **Bodenerosion** im Einzugsbereich der Flüsse oder Maßnahmen zur Flussregulierung, wodurch sich die Fließgeschwindigkeit der Flüsse erhöht.

2.2 *In dieser Teilaufgabe sollen Sie unter Einbeziehung geeigneter Atlaskarten das Schadenspotenzial großflächiger Überschwemmungen in der chinesischen Großen Ebene aufzeigen. Kartengrundlage sind physische und thematische Karten, etwa zur Bevölkerung und Wirtschaft Ostasiens oder Chinas, z. B. Diercke Weltatlas 2008, S. 146.2 und S. 170/171.*

In der **Großen Ebene** Chinas beträgt die Bevölkerungsdichte über 200 Einwohner/km^2. Bei großflächigen **Überschwemmungen** der Ballungsräume entlang der großen Flüsse kann es unmittelbar zu vielen Todesopfern kommen, aber auch nachfolgend können durch den Ausbruch von Seuchen nach dem Trinken von verunreinigtem Wasser zahlreiche Menschen erkranken und sterben. In der Landwirtschaft sind massive Ernte- und Einnahmeausfälle der betroffenen Bauern und steigende Preise für Nahrungsmittel die Folge. Die Überflutung und Beschädigung von Infrastruktureinrichtungen wie Verkehrswegen, der Strom- und Wasserversorgung sowie Industrieanlagen führen zu unter Umständen langfristigen Produktionsminderungen und Versorgungsengpässen im sekundären und tertiären Sektor. Diese wirtschaftlichen Schäden können auch ein geringeres Wachstum des chinesischen Bruttoinlandsprodukts verursachen und den chinesischen Wirtschaftsaufschwung bremsen. Darüber hinaus besteht die Gefahr, dass bedeutende Kulturgüter beschädigt oder zerstört werden können.

3.1 *Die Beschreibung wirtschaftlicher Organisationsformen zwischen der südchinesischen Provinz Guangdong und der nach der Eingliederung nach China 1999 privilegierten Sonderverwaltungsregion Hongkong steht im Mittelpunkt dieser Teilaufgabe. Zusätzlich sollen die möglichen Konsequenzen für die Unternehmen in der Provinz Guangdong diskutiert werden. Die Gliederung der Antwort ist durch die Analyse der drei vorgegebenen Organisationsformen A, B und C in Anlage III.3 vorgegeben.*

Organisationsform A
Die Produktion von Halbfertigwaren, deren Weiterverarbeitung und der Absatz erfolgen durch chinesische Unternehmen ausschließlich in der Provinz Guangdong. Vorteile sind geringe **Produktionskosten** durch niedrige Lohn- und Transportkosten sowie die Möglichkeit zur Anpassung der Produktion an die Bedürfnisse des regionalen Marktes. Nachteilig ist der geringe Konkurrenzdruck beim heimischen Absatz und somit die geringe Konkurrenzfähigkeit der Produkte auf dem chinesischen Markt.

Organisationsform B
In Guangdong werden Halbfertigprodukte von lokalen chinesischen Unternehmen gefertigt, ausländische Firmen verarbeiten diese dann in **Hongkong** weiter und verkaufen das Endprodukt auf dem Weltmarkt.
Durch die Einbindung in die **globale Arbeitsteilung** und die Kooperation mit ausländischen Unternehmen fließt modernes Know-how in die Provinz Guangdong. Die einheimischen Unternehmen können ihren Absatz steigern und gewinnen durch ihre Präsenz auf dem Weltmarkt an Einfluss und Bedeutung. Allerdings schöpfen die ausländischen Unternehmen einen Großteil der Gewinne ab. Auch die Abhängigkeit von ausländischen Vertragspartnern kann etwa durch den Konkurrenzdruck anderer Anbieter zu Lohndumping oder Produktionsverlagerungen in andere chinesische Provinzen oder **Niedriglohnländer** führen.

Organisationsform C
Die Produktion von Halbfertig- und Fertigwaren erfolgt durch lokale Unternehmen in der Provinz Guangdong, der Absatz auf dem Weltmarkt durch chinesische Firmen. Alle Gewinne bei der Veredelung der Produkte verbleiben in der Provinz bzw. in China, diese können für weitere Investitionen, Schaffung neuer Arbeitsplätze und die Steigerung der Löhne genutzt werden. Ein Nachteil ist die **Abhängigkeit vom** zum Teil unvorhersehbaren Geschehen auf dem **Weltmarkt**. So haben Umsatzeinbußen und nachlassende Nachfrage unmittelbaren Einfluss auf die Beschäftigung und den Arbeitsmarkt in der Provinz Guangdong. Betriebsschließungen und Arbeitslosigkeit sind eine mögliche Folge.

3.2 *Die abschließende Frage greift erneut einen Teilaspekt der Globalisierung auf. Der weltweite Ausbau der Verkehrsinfrastruktur in Form leistungsfähiger Verkehrswege und Verkehrsträger ist eine Voraussetzung für die zunehmenden globalen Handelsverflechtungen. Die Deutsche Bahn plant in diesem Zusammenhang die Einrichtung einer ständigen Bahnverbindung für den Containerverkehr zwischen Deutschland und China, mit der die Transportdauer lediglich zehn Tage betragen soll. Sie sollen die Vor- und Nachteile dieses Projekts erörtern, d. h., durch Abwägen von Pro- und Kontra-Argumenten ein begründetes Urteil fällen.*

Mit einer Transportdauer von zehn Tagen wäre der Bahnverkehr deutlich kürzer als der Schiffstransport. Allerdings lägen die **Transportkosten** wegen der geringen Kapazitäten der Bahn mit Sicherheit deutlich höher.
Der Landverkehr vor allem durch Russland bedeutet ein größeres **Sicherheitsrisiko** als der Seeverkehr, z. B. durch die Gefahr von Anschlägen terroristischer Gruppen.
Auch kann es durch klimatisch bedingte Beschädigungen der Eisenbahnstrecken (in strengen Wintern z. B. durch Schneebruch der Oberleitungen, in milden Wintern z. B. durch auftauenden **Permafrost**) zu unvorhergesehenen **Verzögerungen** beim Bahntransport kommen.
Gleichzeitig erzielen Lieferanten und Abnehmer, die weit im chinesischen Binnenland ihren Sitz haben, durch den Bahnverkehr Kostenvorteile aufgrund der kürzeren Transportwege. Das Angebot eines weiteren **interkontinentalen Transportwegs** führt zu steigendem Konkurrenzdruck in der Logistikbranche und in der Folge zu einer Senkung der Transportkosten. Dies birgt aber auch die Gefahr einer geringeren Rentabilität des Güterverkehrs für die Speditionsunternehmen, was sich in Lohndumping, Entlassungen oder einem geringeren Transportangebot äußern kann.

Mit Sicherheit wird der Bahntransport von Massengütern wegen der hohen Kosten keine Alternative zum Seeverkehr darstellen.

Abitur 2011 Geographie Bayern
Aufgabe IV: Raumstrukturen, Naturgefahren und Tourismus

1 Bevölkerung und Wirtschaft

1.1 Legen Sie mögliche Gründe der in Anlage IV.1 für Leipzig dargestellten Wanderungsgewinne und -verluste dar!

1.2 Leipzig verfolgt als Entwicklungskonzept den Ausbau von besonders eng vernetzten Wirtschaftsbereichen, sogenannten Clustern. Bewerten Sie ausgehend von Anlage IV.2 die Zukunftsfähigkeit solcher Konzepte für die Regionalentwicklung! 18 BE

2 Ländliche Räume

2.1 In zahlreichen Regionen Bayerns wird die Vermarktung von Lebensmitteln unter dem Motto „Aus der Region für die Region" ausgebaut. Legen Sie Entwicklungschancen dar, die sich dadurch für den ländlichen Raum ergeben!

2.2 Viele bayerische Landwirte stellen ihren Betrieb auf die Erzeugung von Mais als Energierohstoff für ihre Biogasanlagen um. Stellen Sie ausgehend von Anlage IV.3 ökonomische und ökologische Risiken dieser Entwicklung dar! 20 BE

3 Naturgefahren und Tourismus

3.1 Beobachtbare natürliche Prozesse, die in einem Raum ohne Einfluss des Menschen stattfinden, werden als Naturereignisse bezeichnet. Erläutern Sie, wie sich die in Anlage IV.4 prognostizierten Veränderungen der Niederschläge auf Naturereignisse in den Alpen auswirken!

3.2 In jüngerer Zeit veranstalten viele Tourismusorte in den Alpen in zunehmendem Maße Großereignisse mit Erlebnischarakter, sogenannte Events.
Erklären Sie ausgehend von Anlage IV.5 mögliche Zielsetzungen dieser Strategie und nehmen Sie kritisch Stellung zu einer möglichen flächendeckenden Ausbreitung des Eventtourismus im Alpenraum! 22 BE

60 BE

Anlage IV.1 Wanderungsgewinne und -verluste für die Stadt Leipzig, aufgeschlüsselt nach Herkunfts- und Zielgebieten

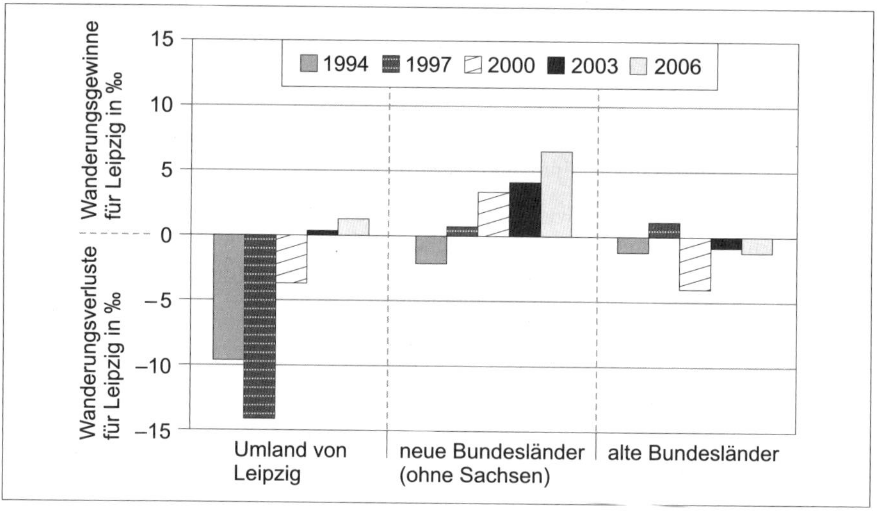

Anlage IV.2

M 1 „Investieren in Leipzig!" – Aus einer PR-Kampagne für den Standort Leipzig

Leipzig zeichnet sich durch Weltoffenheit und Flexibilität aus. Die Stadt verfügt über gute miteinander vernetzte Verkehrsträger. Im Umkreis von 100 km leben 6,8 Mio. Einwohner, davon in Leipzig etwa 500 000.

Gemäß dem Motto „Die Stärken stärken" findet eine Reihe von Wirtschaftsbereichen eine besondere Beachtung. Folgende Cluster werden von der Stadt gefördert und weisen ein ausbaufähiges Potenzial auf:

- Automobil- und Zulieferindustrie
- Medien- und Kommunikationstechnik
- Gesundheit/Biotechnologie/Medizintechnik
- Energie und Umwelttechnik

Laut eines Standortvergleichs schätzen viele Unternehmen die Entwicklung in der Region Halle/Leipzig als dynamisch oder sehr dynamisch ein.

M 2 Beispiel für einen Cluster: Automobil- und Zulieferindustrie

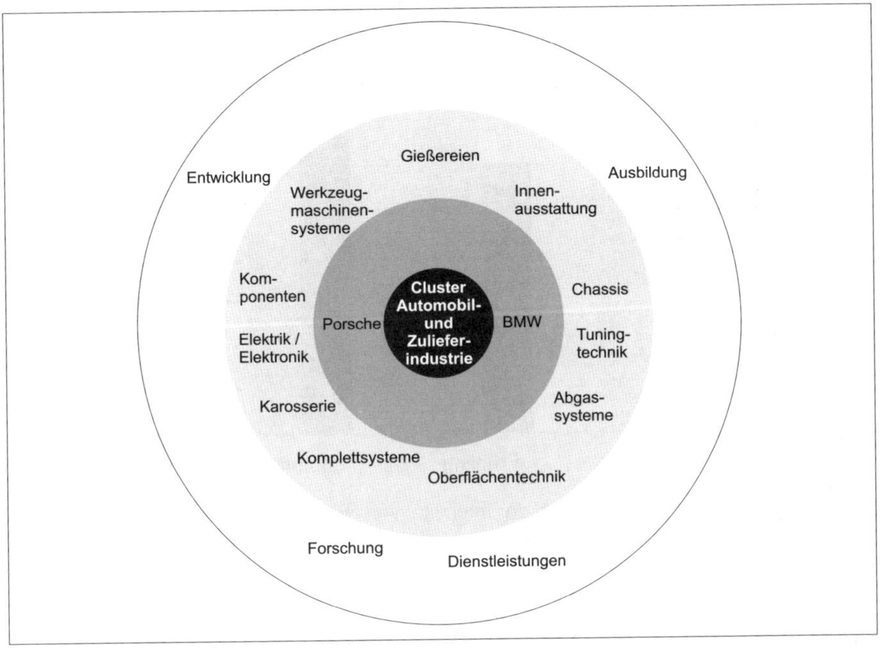

Anlage IV.3 Anzahl der neu errichteten Biogasanlagen pro Jahr in Bayern

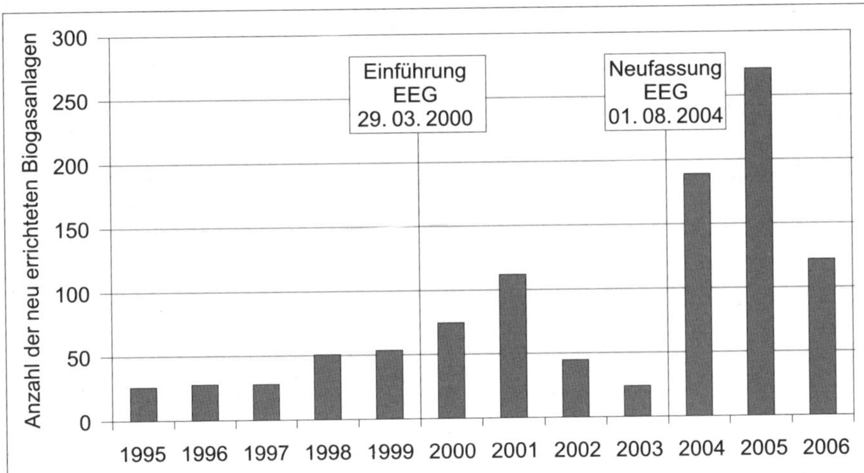

Hinweis:
EEG bezeichnet das „Erneuerbare Energien Gesetz", das u. a. die Vergütung des in Biogasanlagen erzeugten und in das öffentliche Leitungsnetz eingespeisten Stromes regelt.

Anlage IV.4 Prognose der Niederschlagsverhältnisse in den Alpen

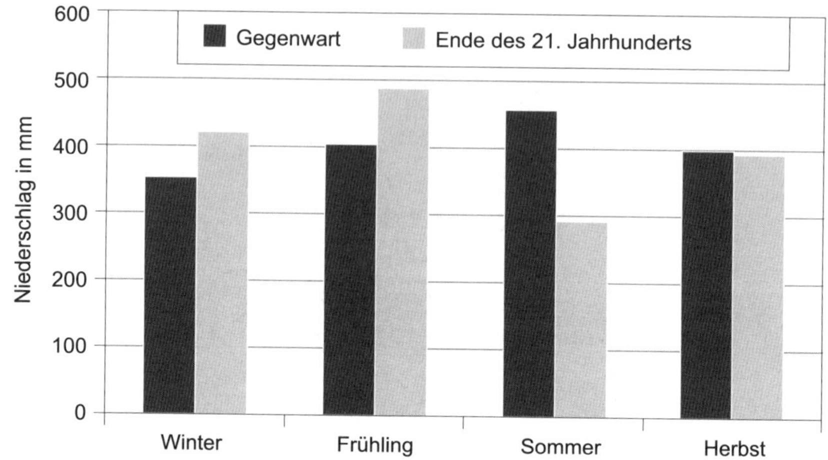

Darüber hinaus ist eine Zunahme der Intensität von Niederschlagsereignissen prognostiziert.

Anlage IV.5 Eventtourismus am Beispiel von Ischgl, Tirol

M 1 Ischgl

Einwohner (Stand 2009): 1 631
Lage: Paznauntal, Tirol, 47° 0' N/10° 17' O

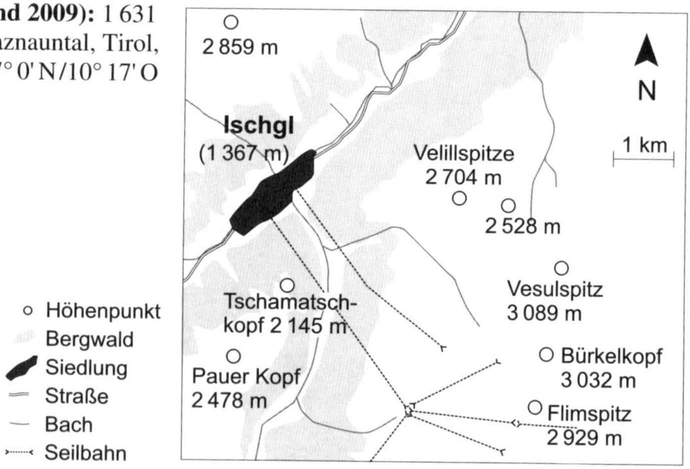

M 2 Auszug aus dem Eventkalender von Ischgl 2010/11

25.–27.06.2010	***Art of Cart Trophy*** (Gokart-Rennen)
04.07.–05.09.2010	***Kulinarischer Jakobsweg*** (Spitzenköche kochen in Alpenvereinshütten)
18.–19.07.2010	***Craft Bike Transalp*** (von schwedischer Sportbekleidungsfirma und japanischem Autohersteller gesponsertes internationales Mountainbike-Geländerennen)
31.07.2010	***Open Air Konzert*** Rainhard Fendrich (österreichischer Popstar)
07.08.2010	***1. Iron Run*** (von Schweizer Uhrenhersteller gesponserter Berglauf)
13.08.2010	***Kids Club Spielfeste***
14.08.2010	***16. Ironbike*** (Mountainbike-Marathon, gesponsert von Getränkefirmen)
21.–22.08.2010	***1. Ballon Festival*** (Start von Heißluftballons früh morgens und nach Einbruch der Dunkelheit)
September 2010	***Almabtrieb***
27.11.2010	***Top of the Mountain Opening Concert*** (Skisaisoneröffnung und Konzert mit internationalen Stars im Skigebiet)
26.12.2010	***Bergweihnacht***
31.12.2010	***Silvester mit Feuerwerk und Klangwolke***
10.–14.01.2011	***Formen in Weiß*** (Schneeskulpturenwettbewerb von internationalen Künstlern)
11.04.2011	***Cup der Sterne-Köche*** (Kochwettbewerb und Skirennen)
13.–14.04.2011	***Gastro Ski WM*** (internationales Skirennen der Gastronomen)
17.04.2011	***Frühlingsschneefest*** (im Skigebiet)
30.04.2011	***Top of the Mountain Concert*** (Konzert auf Seilbahn-Bergstation mit internationalen Stars)

Quellen- und Literaturverzeichnis

Barkmann, T.: Vom Landwirt zum Energiewirt? In: Popp, H.; Obermaier, G. (Hrsg.): Raumstrukturen und aktuelle Entwicklungsprozesse in Deutschland (= Bayreuther Kontaktstudium Geographie, Bd. 5). Bayreuth 2009, S. 249–263

Eigene Darstellung (Anlage IV.5, M 1)

Eigene Zusammenstellung nach www.leipzig.de (Anlage IV.2, M 1)

Ermann, U.: Ein weiter Weg zu kurzen Wegen? In: Popp, H.; Obermaier, G. (Hrsg.): Raumstrukturen und aktuelle Entwicklungsprozesse in Deutschland (= Bayreuther Kontaktstudium Geographie, Bd. 5), Bayreuth 2009, S. 265–283

Event-Kalender Ischgl 2010, online unter www.ischgl.com/de-events-kalender.htm (Anlage IV.5, M 2)

Herfert, G.: Ostdeutschland – Von der Suburbanisierung zur Reurbanisierung, S. 16, online unter http://www.demographie-online.de/downl/herfert_dgd-bbr_061207.pdf (Anlage IV.1)

Stadt Leipzig: Cluster: Automobil- und Zulieferbetriebe. Leipzig 2008; online unter http://www.leipzig.de/imperia/md/content/80_wirtschaftsfoerderung/10_cl_auto-zuliefer/cl_auto_08-2008.pdf (Anlage IV.2, M 2)

Röhling, I.: Biogasanlagen in Bayern 2006 – Ergebnisse einer Umfrage. LfL-Information, Freising 2007, S. 9, www.lfl.bayern.de/publikationen/daten/schriftenreihe/p_38045.pdf (Anlage IV.3)

Prof. Benisto, M.: Climatic change in the Alps; Wengen 2006; www.oecd.org/dataoecd/1/13/37805798.pdf, S. 13 (Anlage IV.4)

Lösungsvorschlag

1.1 *Ihre Aufgabe besteht bei dieser Frage darin, Wanderungsgewinne und -verluste für die Stadt Leipzig begründet darzulegen. Wenn Sie die zugehörige Anlage genauer betrachten, werden Sie erkennen, dass Sie die Wanderungen mit folgenden Herkunfts- und Zielgebieten untersuchen sollen: dem Umland von Leipzig, den neuen Bundesländern (ohne Sachsen) und den alten Bundesländern. Dadurch ist für Ihre Beantwortung schon eine klare innere Gliederung bzw. logische Struktur vorgegeben. Bei Ihren Ausführungen beschreiben Sie demnach zuerst die Entwicklungen im jeweiligen Raum und begründen diese auf der Grundlage Ihres Wissens zu den Ursachen von Migrationen. Achten Sie aber bei der Begründung darauf, die Ursachen nicht für jede der fünf Jahreszahlen darzulegen, sondern fassen Sie bei gleicher Tendenz die Gründe in einer Region für mehrere Jahre zusammen.*

In den Jahren 1994, 1997 und 2000 verzeichnete Leipzig hohe **Wanderungsverluste ins Umland**, wobei diese mit 14,5 ‰ der Bevölkerung im Jahr 1997 am stärksten ausgeprägt waren, im Jahr 2000 auf 4 ‰ abnahmen. **Ursache** für die Verluste ist sicherlich der **Prozess der Suburbanisierung**. Einerseits bestand nach der Wende die Möglichkeit des Erwerbs von privatem Wohneigentum. Andererseits war die politische Zielsetzung der DDR, durch städtische Großwohnsiedlungen das Modell einer sozialistischen Stadt zu verwirklichen, nicht mehr aktuell. Im privaten Bereich ermöglichte der gestiegene Wohlstand, sich den Wunsch nach einem Eigenheim mit Garten in schöner und ruhiger Umgebung, nach unbelasteter Natur und nach der Nähe zu Freizeit- und Erholungseinrichtungen zu verwirklichen. Der Wohnwert in der Kernstadt Leipzig hingegen war in dieser Zeit aufgrund der DDR-Altlasten sehr gering: Die Ausstattung der Wohnungen war unzureichend, die städtische Infrastruktur mangelhaft ausgebildet und die Umweltbedingungen ungünstig. Hinzu kam die für den Boom der privaten Mobilisierung nach der Wende schlecht ausgebaute Verkehrsinfrastruktur, die große Umweltbelastungen zur Folge hatte.

In den Jahren 2003 und 2006 verzeichnete die Stadt **geringe Wanderungsgewinne** bis zu 1 ‰. Dies ist auf den **Prozess der Reurbanisierung** zurückzuführen. Die alte Bausubstanz konnte grundlegend saniert und den modernen Ansprüchen an Wohnen angepasst werden. Neubauten ergänzten und erweiterten das Wohnangebot. Durch den sogenannten Solidaritätszuschlag, aber auch durch höhere Steuereinnahmen konnte die Stadt Leipzig gezielt in die städtische Infrastruktur, Freizeiteinrichtungen und den Umweltschutz investieren, was die Kernstadt aufwertete. Zudem ist seit einigen Jahren eine Tendenz zur Höherbewertung städtischer Lebensstile zu beobachten, was in bestimmten Bevölkerungsgruppen (v. a. Alleinstehende und Besserverdienende) den Wunsch nach einem Leben in der Stadt weckt. Man möchte die Annehmlichkeiten nutzen, die die Innenstadt durch die zunehmende Tertiärisierung bietet, ohne auf das Auto angewiesen zu sein. Denn die hohen Benzinpreise machen in Relation das Leben in der Stadt wieder günstiger.

Bei den **Wanderungsbewegungen** in Richtung der **neuen Bundesländer** (ohne Sachsen) ist nur im Jahr 1994 mit 2 ‰ ein relativ **geringer Wanderungsverlust** zu verzeichnen. Als Gründe hierfür sind die **fehlenden Arbeitsplätze** in Leipzig bzw. die Schaffung neuer Arbeitsplätze in den anderen neuen Bundesländern im Zuge der Reorganisation der wirtschaftlichen Strukturen nach der Wende **(Transformationsprozess)** anzuführen. Ab dem Jahr 1997 bis ins Jahr 2006 ist eine stetige Zunahme der Zuwanderung bis auf 6 ‰ zu erkennen. Diese positive Wanderungsbilanz hat ihre Ursache im wachsenden **Arbeitsplatzangebot im sekundären** und **tertiären Sektor**, da in den Großstädten der Transformationsprozess am schnellsten abgeschlossen war bzw. viele Investitionen großer Unternehmen gezielt in den ostdeutschen Großstädten getätigt wurden.

Die **Wanderungsbilanz mit den alten Bundesländern** war mit Ausnahme des Jahres 1997 **negativ**, jedoch mit abnehmender Tendenz. Die Gründe hierfür sind die im Osten nur langsam vollzogene wirtschaftliche **Transformation** und Reorganisation, wodurch nicht so rasch neue Arbeitsplätze geschaffen werden konnten. Andererseits wirkten sich als **Pull-Faktoren** der **Fachkräftemangel**, das vielfältige **Arbeitsplatzangebot** und das höhere **Lohnniveau** in den westdeutschen Aktivräumen fördernd auf die Migration aus. Zudem sind als weiche Faktoren die höhere Wohn- und Lebensqualität in den alten Bundesländern anzuführen.

1.2 *Bei dieser Teilaufgabe müssen Sie sich zuerst mithilfe der Anlage IV.2 einen ersten Eindruck über die PR-Kampagne der Stadt Leipzig verschaffen sowie sich über die Cluster im Allgemeinen und in Leipzig informieren. Da die Materialien zur Beantwortung der Frage nur wenige Informationen enthalten und die Fragestellung mit „Zukunftsfähigkeit solcher Konzepte" eine grundsätzliche bzw. regional unspezifische Beantwortung vorgibt, sollten Sie Ihre Ausführungen auf das Ihnen bekannte Wissen folgender Lehrplaninhalte stützen: Neuorientierung altindustrieller Räume (Strukturwandel), Wirtschaftsdynamik in Wachstumsräumen bzw. Entwicklung durch Wachstumspole. Der Operator „bewerten" wiederum verlangt von Ihnen, die dargelegten positiven Folgen dieses Konzepts kritisch zu hinterfragen.*

Konzepte eng vernetzter Wirtschaftsbereiche wie der **Cluster** „Automobil- und Zulieferindustrie" setzen zuerst einmal auf dynamische Wirtschaftsbranchen wie Medien- und Kommunikationstechnik oder Energie und Umwelttechnik. Hierdurch sollen zukunftsträchtige, moderne **Schlüsselindustrien** angesiedelt werden, die Leipzig zu einem wirtschaftlichen Wachstumspol machen. Diese Schlüsselindustrien wiederum ziehen **Zulieferer** und **Nachfolgeindustrien** nach sich. Konzentriert sich Leipzig bei der Umsetzung des Konzepts jedoch zu sehr auf ein einziges Cluster, besteht die **Gefahr einer Monostruktur** und der Abhängigkeit von diesen Industrien.

Mit der Industrieansiedlung schafft Leipzig ein breitgefächertes **Arbeitsplatzangebot** mit hohem Gehaltsniveau. So vergrößert sich auch das städtische **Steueraufkommen**, was wiederum zur Verbesserung der Wirtschafts-, Infra-, Freizeit- und Wohnstruktur beiträgt. Dadurch steigert sich die **Lebensqualität** und somit die Standortgunst Leipzigs. Durch die höheren Gehälter und das wahrscheinlich steigende Preisniveau bei gleichzeitig hoher Arbeitslosigkeit als Altlast können sich **Disparitäten** verstärken, was zu sozialen Konflikten führen kann.

Von dieser Wirtschaftsdynamik, die durch das Konzept der Cluster ausgelöst wird, profitiert auch der **tertiäre Sektor**. Dadurch verbessert sich einerseits die Versorgung der Bevölkerung in den Bereichen Einzelhandel, Gesundheits- und Bildungswesen. Andererseits sieht das Konzept vor, in jedem Cluster eine enge **Verknüpfung von Ausbildung**, **Forschung** und **Entwicklung** mit den Schlüsselindustrien zu schaffen, was sowohl die Qualifikation der Arbeitskräfte als auch die **Technologieentwicklung** befruchten kann. Jedoch ist Leipzig nicht der einzige Standort, der dieses Konzept verfolgt. Daher herrscht ein hoher **Konkurrenzdruck** zu anderen Standorten, sodass die Gefahr einer raschen Verlagerung z. B. in der IT-Entwicklung besteht, da diese „Footlose"-Branchen keine ausgeprägte Standortbindung haben. Zudem hängt dieses Konzept stark von Fördergeldern der Stadt Leipzig und des Landes Sachsen ab.

Mit einer Clusterbildung können die Unternehmen die **Kostenvorteile** einer **horizontalen** und **vertikalen Vernetzung** optimal nutzen. Eine **Gefahr** besteht darin, dass bei einer **Standortverlagerung der zentralen Betriebe** (wenn z. B. die städtische oder staatliche Förderung ausläuft) der gesamte Cluster zusammenbricht.

2.1 *In dieser Teilaufgabe sollen Sie die Entwicklungschancen darlegen, die sich durch die Vermarktung regionaler Lebensmittel für den ländlichen Raum ergeben. Beachten Sie, dass sich diese Frage nicht nur auf die Landwirtschaft, sondern auch auf die Vermarktung der Produkte im Einzelhandel bzw. der Gastronomie sowie deren Verarbeitung im Handwerk und in der Industrie des ländlichen Raumes bezieht.*

Durch die Vermarktung von im ländlichen Raum angebauten bzw. dort verarbeiteten Lebensmitteln kann die **Wertschöpfung** innerhalb der Region **gesteigert** sowie der **Abfluss von Kapital** nach außen **verhindert** werden. Zudem erhöht sich das Einkommen der Landwirte, da durch eine Direktvermarktung sowie den Verkauf hochwertiger Lebensmittel **größere Gewinnspannen** entstehen. Das Gleiche gilt auch für den Einzelhandel sowie die verarbeitende Industrie, da der Zwischenhandel ausgeschaltet wird. Zusätzlich können die Betriebe durch gezieltes Marketing regionaler Qualitätsprodukte das **Image** der **Region** aufbessern.

In der Gastronomie kann man z. B. den neuen Trend zu sogenanntem **„Slow Food"** als Ausdruck für genussvolles, bewusstes und regionales Essen nutzen. Damit erhält die regionale Küche mit heimischen pflanzlichen und tierischen Produkten ein Alleinstellungsmerkmal. Die Vermarktung von Lebensmitteln aus der Region stärkt zudem die regionale Identität, **erhält** die bäuerliche **Kulturlandschaft** und lokale **Traditionen**, was wiederum dem Tourismus förderlich sein kann. Die im Heimatraum produzierten und verkauften Lebensmittel verringern durch die Reduzierung des überregionalen Transportverkehrs die **Umweltbelastungen**.

Insgesamt **sichern** Produktion, Vermarktung sowie Verarbeitung von regionalen Lebensmitteln die **Arbeitsplätze** in der Landwirtschaft, im Einzelhandel, in der Gastronomie, im Handwerk und in der Industrie des ländlichen Raumes. Der Bevölkerung wird die Möglichkeit eröffnet, **höhere Einkommen** zu erzielen, was wiederum die **Steuereinnahmen** der öffentlichen Haushalte verbessert. Diese haben dann mehr Geld für **Investitionen** in Bildung, Infrastruktur, Umwelt, Kultur und Freizeiteinrichtungen, was den Abwanderungstendenzen ländlicher Räume entgegenwirkt.

2.2 *Gliedern Sie die Darstellung der möglichen Risiken, die durch die Umstellung der Landwirte auf Maisproduktion als Energierohstoff für Biogasanlagen entstehen können, entsprechend der Fragestellung in zwei Teile: zuerst in ökonomische und dann in ökologische Risiken.*

Durch die Umstellung vieler Betriebe auf Maisanbau steigt der Bedarf an geeigneten Anbauflächen, was **erhöhte Pachtpreise** zur Folge haben könnte. Infolge der Umstellung auf Maisanbau und der damit verbundenen **hohen Investitionskosten** besteht die Gefahr der langfristigen **Verschuldung** einzelner Bauern, da sich die getätigten Investitionen durch die sehr lange Amortisierungszeit nur langsam abbauen. Ebenso besteht die Gefahr, dass sich die Umstellung auf Maisanbau als **Fehlinvestition** erweist, da die **Konkurrenzfähigkeit der Biogasanlagen gegenüber anderen erneuerbaren Energien**, die derzeit große politische Beachtung sowie eine dynamische technologische Entwicklung erfahren, nicht absehbar ist. Ein weiteres Risiko ist die **Abhängigkeit** der Biogasanlagen **von staatlichen Fördermaßnahmen**, Gesetzen und politischen Entscheidungen. Dies lässt sich am „Erneuerbare Energien Gesetz" erkennen, das die Höhe der Einspeisung sowie die Einspeisevergütung ins öffentliche Netz regelt. Wie Anlage IV.3 zeigt, ist nach Einführung bzw. Neufassung des EEG die Anzahl neu errichteter Biogasanlagen jeweils sprunghaft angestiegen, in den Folgejahren jedoch stets wieder gesunken.

Als **ökologische Risiken** sind **Bodenauslaugung** und Gefahr der **Bodendegradation** durch die Ausweitung des Anbaus von Mais in Monokultur anzuführen. Der verstärkte Einsatz von Pestiziden, Herbiziden, Insektiziden und Kunstdünger in solchen **Monokulturen** wiederum belastet den Boden, das Grundwasser und die Oberflächengewässer. Ebenso bewirkt die Ausweitung des intensiven und großflächigen Maisanbaus auf brachliegende oder bisher vielfältig genutzte Bereiche einen **Rückgang der Biodiversität**.

3.1 *Bei der Auswertung des Diagramms in Anlage IV.4 erkennen Sie, dass gemäß der Prognose die Niederschläge in den Alpen im Winter und Frühjahr zu- und im Sommer abnehmen werden. Die Auswirkungen dieser Entwicklung sollen Sie nun anhand der durch den Niederschlag ausgelösten natürlichen Prozesse, der sogenannten Naturereignisse, erläutern.*

Im Alpenraum sind die Niederschlagsmengen schon in der Gegenwart insgesamt sehr hoch. Kommt es nun am Ende des 21. Jahrhunderts **im Winter** zu stärkeren Niederschlägen, bildet sich eine **mächtigere Schneedecke.** Dies erhöht die Wahrscheinlichkeit von Lawinenabgängen in den Höhenlagen. Denn wenn in kurzer Zeit viel Schnee auf alte, feste Schneeschichten fällt, entstehen **Staublawinen**. Deren Gefahr besteht darin, dass der Neuschnee schon bei der geringsten Berührung oder sogar bei Lärm in der Umgebung auf dem alten Schnee abgleitet. Die Zunahme der Niederschläge bewirkt zudem eine längere Schneebedeckung. Bei Tauwetter im Frühling rutscht dann der nasse und schwere Schnee als **Festschnee-** oder **Grundlawine** auf dem Untergrund ab.

Vor allem **im Frühjahr** lösen die hohen Niederschläge Massenbewegungen wie **Erdrutsche** und **Muren** aus. Die Pflanzendecke kann die enormen **Niederschlagsmengen** bei **Starkregen** sowie die **Schmelzwasser des Schnees** nicht gänzlich aufnehmen, diese durchweichen dann den Boden. Das stark durchfeuchtete Substrat kann sich an den steilen Hängen nicht mehr halten und rutscht dann ganz plötzlich als Brei aus Wasser, Erdreich und Gestein auf der darunter liegenden Gesteinsschicht ins Tal. Dieser Prozess kann noch verstärkt werden, wenn durch die Trockenheit im Sommer die Vegetation geschädigt bzw. der Boden aufgerissen ist.

Aufgrund steigender Abflussmengen im Zuge der höheren Frühjahrsniederschläge sowie erhöhter Schmelzwassermengen durch größere winterliche Schneemengen in den Hochlagen nimmt auch die Gefahr von **Überschwemmungen** in den Talbereichen der Alpen zu. Die Flüsse in den Alpen und dem Alpenvorland werden dann häufiger über die Ufer treten.

Im **Sommer** erhöht sich durch die deutliche Abnahme der Niederschläge das **Waldbrandrisiko** in den inneralpinen **Leelagen**, die schon in der Gegenwart geringere Niederschlagsmengen erhalten.

Bei den zu allen Jahreszeiten zunehmenden **Starkregenereignissen** können Bergwald und Boden nur einen Teil der Regenmenge speichern. Dann schwellen die Bergbäche zu unberechenbaren **Wildbächen** an und reißen mit der Wucht der immensen Wassermassen Steine, Erde und Bäume mit sich ins Tal.

3.2 *In einem ersten Schritt sollen Sie bei dieser Aufgabe auf der Grundlage Ihres Wissens die Zielsetzungen von Großereignissen mit Erlebnischarakter erklären. Bei der anschließenden kritischen Stellungnahme hinsichtlich der flächendeckenden Ausbreitung des Eventtourismus wird von Ihnen eine Transferleistung vom Fallbeispiel Ischgl (Tirol) auf andere Bereiche der Alpen erwartet. Zur Beantwortung der Frage bietet es sich an, unter Tourismus in den Alpen im Atlas nach weiteren Fallbeispielen zu suchen, z. B. „St. Ulrich (Italien) – Tourismus und Umweltbelastungen" (Diercke Weltatlas 2008, S. 103.4) oder „Saas Fee im Wallis" (Haack Weltatlas 2008, S. 118.1).*

Seit den 1980er-Jahren zeigte sich ein Rückgang der Gäste im sommerlichen Erholungstourismus. In den 1990er-Jahren gab es dann kaum Zuwächse im Skitourismus, obwohl sich das Spektrum der Wintersportarten z. B. durch Carving und Snowboarding erweiterte. Mit neuartigen Konzepten wie **Großereignissen mit Eventcharakter** versuchen alpine Tourismusregionen, im internationalen Vergleich **konkurrenzfähig** zu bleiben. Eventtourismus hat das ökonomische Hauptziel, durch Erhöhung der Besucherzahlen den **Umsatz der Fremdenverkehrswirtschaft** zu **steigern**. Die Tourismusorte versuchen, durch die Ankurbelung des Konsums materieller, aber auch immaterieller Güter beim Eventtourismus den Trend zum wenig gewinnbringenden **Tages- und Wochenendtourismus** bzw. **Kurzurlaub** bei gleichzeitig extrem sinkenden Übernachtungen **finanziell besser auszuschöpfen**.

Events wie Marathons oder Kochwettbewerbe mit Sterneköchen befriedigen das Bedürfnis der Urlauber nach **Außergewöhnlichem**, Spaß, Abwechslung und Spannung als Gegenpol zum Alltag und zur Arbeitswelt. Sie zielen vor allem auf **jüngeres Publikum** ab, wodurch **zusätzliche Gästepotenziale** bzw. neue Zielgruppen erschlossen werden können. Da die klassische Klientel des Wandertourismus altert, ist dies besonders wichtig. Mit der Marketingstrategie, international bekannte Persönlichkeiten in das Event einzubeziehen, **erhöhen** die Fremdenverkehrsorte ihren **Bekanntheitsgrad**.

Besonders die **schneearmen Winter** in den 1990er-Jahren haben die bereits bestehende Konkurrenzsituation zwischen den Wintersportorten verschärft. Events sind eine gute **Alternative zum klassischen Wintersport**, auch im Vorgriff auf eine zu erwartende abnehmende Schneesicherheit.

Großereignisse in der **Nebensaison** – im Beispiel in Anlage IV.5, M 2 Konzerte im November und April – führen auch zu einer **besseren Auslastung** der kostspieligen touristischen **Infrastruktur**. So lassen sich die Sommer- und Wintersaison verlängern und damit der ausgeprägten Saisonalität entgegenwirken sowie die hohen Investitionskosten für die Hauptsaison durch längere Nutzung tilgen.

Kritisch zu hinterfragen ist jedoch, ob sich die **hohen Investitionen** rentieren, da sich infolge der flächenhaften Ausbreitung von gleichartigen Events die **Konkurrenzsituation** erhöht und sich damit die **Einnahmen verringern**. Um die Ausgaben zu reduzieren, versuchen viele Tourismusorte, für ihre Events Sponsoren und auswärtige Investoren zu gewinnen, was wiederum zu einer verstärkten **Abhängigkeit** führen kann.

Mit der Zunahme lärmintensiver Events kann ein **Verlust der zahlungskräftigen traditionellen Gästegruppen** mit Ruhe- und Erholungsbedürfnis einhergehen.

Durch die hohen kurzzeitigen Besucherzahlen sowie die Verlängerung der Saison kommt es zu einer intensiveren **Belastung des alpinen Ökosystems**, wo schon kleine Störungen zu nachhaltigen Schäden führen können.

Der Ansturm von bis zu tausend Touristen bereitet in den Höhenlagen der Alpen große Probleme bei der Entsorgung des übermäßigen Müll- und Abwasseraufkommens. Durch Ausbau der Verkehrsinfrastruktur für die zeitlich konzentrierte An- und Abreise der Besucher von Events kommt es zu einer zusätzlichen **Flächenversiegelung**. Die An- und Abreise der Eventurlauber führt zudem zu erhöhten **Abgas- und Lärmemissionen**.

Abitur 2012 Geographie Bayern
Aufgabe I: Grundlagen der atmosphärischen Zirkulation, Geozonen und Umweltrisiken in Pakistan und Bangladesch

1 Klima und Umweltrisiken

1.1 Erläutern Sie anhand des Modells der planetarischen Zirkulation den in Anlage I.1 dargestellten Bewölkungsgrad im Januar und Juli für 10°, 40° und 70° nördlicher Breite!

1.2 Im Sommer 2010 setzte ein Hochwasser etwa 20 % der Landesfläche Pakistans, insbesondere im Industal, unter Wasser.
Arbeiten Sie anhand der Anlage I.2 und geeigneter Atlaskarten die natürlichen Voraussetzungen heraus, unter denen dieses Naturereignis eintreten konnte!

1.3 Stellen Sie drei Maßnahmen dar, die katastrophale Folgen von Überschwemmungen in Pakistan künftig verringern können, und beurteilen Sie diese Maßnahmen! 30 BE

2 Nutzungsformen in den Tropen

2.1 Plantagen in den immerfeuchten Tropen erzielen dauerhaft deutlich höhere Erträge als die dort Subsistenzwirtschaft betreibenden Kleinbauern. Erklären Sie diesen Sachverhalt!

2.2 Garnelen und Krabben aus Aquakulturen sind ein wichtiges Exportprodukt für Bangladesch.
Erläutern Sie ausgehend von Anlage I.3 die Entwicklung der Garnelen- und Krabbenproduktion in Bangladesch!

2.3 Legen Sie ausgehend von Anlage I.4 ökonomische Chancen und ökologische Risiken dar, die sich aus der Garnelenzucht für Bangladesch ergeben! 30 BE

60 BE

Anlage I.1
Durchschnittlicher Bewölkungsgrad im Januar und Juli abhängig von der geographischen Breite

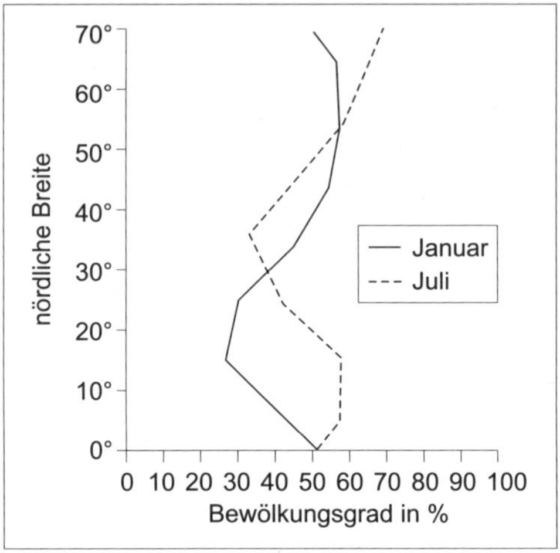

Anlage I.2 Klimatische Sondersituation im Juli 2010 über dem indischen Subkontinent

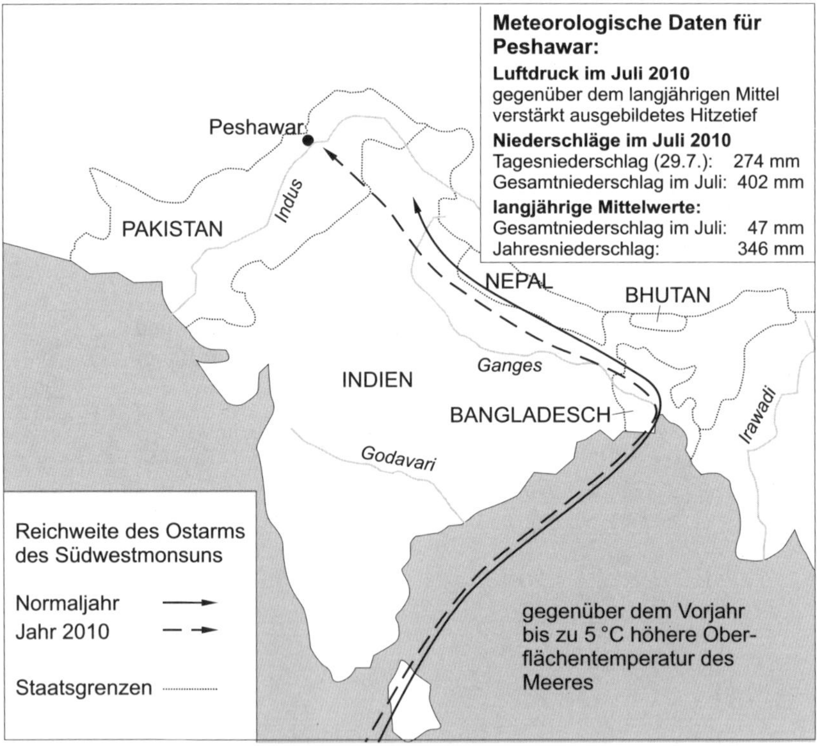

Anlage I.3 Entwicklung der Garnelen- und Krabbenproduktion in Bangladesch

* mehrmonatiges EU-weites Importverbot aufgrund hoher Antibiotikabelastung

Anlage I.4 Steckbrief zur Garnelenzucht in Bangladesch

Arten:	*Black Tiger Prawns,* Salzwassergarnelen, Zucht v. a. in flachen Küstenregionen, bevorzugt in zu Aquakulturen umgewandelten Mangrovengebieten
	Giant River Prawns, Süßwassergarnelen, Zucht v. a. in Flussnähe auf Feldern, die abwechselnd auch als Reisanbauflächen genutzt werden
Methode:	Bewirtschaftung in Aquakulturen
Entwicklung der Aquakulturfläche:	1980: ca. 20 000 ha 1995: ca. 140 000 ha 2003: ca. 200 000 ha

Quellen- und Literaturverzeichnis

Deutscher Wetterdienst (2010): Pressemitteilung vom 12. 08. 2010, online unter URL: www.dwd.de/bvbw/appmanager/bvbw/dwdwwwDesktop?_nfpb=true&_pageLabel=dwdwww_result_page&gsbSearchDocId=844972 (Anlage I.1)

Dietsche, C. (2010): Garnelen aus Bangladesch im Weltmarkt, In: Geographische Rundschau, 62 (4), S. 38 (Anlage I.2)

Eigene Zusammenstellung nach: FAO: National Aquaculture Sector Overview. Bangladesh. URL: www.fao.org/fishery/countrysector/naso_bangladesh/en (Anlage I.4)

Falk, G. C. (2011): Deltawachstum trotz Meeresspiegelanstieg – Entwarnung für Bangladesh?, online unter URL: www2.klett.de/sixcms/media.php/229/beitrag_3a.pdf (Anlage I.3)

Gerber, M. (2010): La Niña verwüstet Pakistan mit einem Super-Monsun. Welt Online (17. 08. 2010), online unter URL: www.welt.de/wissenschaft/umwelt/ article 9038236/La-Nina-verwuestet-Pakistan-mit-einem-Super-Monsun.html

Heyer, E. (1977): Witterung und Klima. Eine allgemeine Klimatologie, 4., durchgesehene Auflage, Leipzig, S. 196

Institut für Meteorologie und Frühwarnung (2010): Bodendruckanalysen vom 26. bis 28. 07. 2010, online unter URL: www.wettergefahren-fruehwarnung.de/Ereignis/20100801_e.html

Pakistan Meteorological Department (o. J.), online unter URL: www.pakmet.com.pk/cdpc/Climate/Peshawar_Climate_Data.txt

Titz, S. (2010): Blockierter Jet-Stream fördert Feuer und Flut. Zeit Online (13. 08. 2010), online unter URL: www.zeit.de/wissen/umwelt/2010-08/luftstrom-extremwetter-russland-pakistan

---

Lösungsvorschlag

1.1 *Grundlage für die Beantwortung dieser Aufgabe ist das Diagramm in Anlage I.1, das den durchschnittlichen prozentualen Bewölkungsgrad im Januar und Juli auf der Nordhalbkugel widerspiegelt. Mithilfe der jeweiligen Werte sollen Sie anhand des Modells der planetarischen Zirkulation den unterschiedlichen Bewölkungsgrad für 10 °, 40 ° und 70 ° nördlicher Breite erklären.*
Um die Unterschiede zwischen Sommer und Winter sowie zwischen den einzelnen Breitengraden besser herauszuarbeiten, bietet es sich an, die einzelnen Sommer- und Winterwerte im Diagramm durch unterschiedlich farbige Punkte zu markieren. Wenn Sie bei 10 °, 40 ° und 70 ° jeweils eine waagrechte Linie nach rechts ziehen, können Sie die Werte gut ablesen.
Ergänzend sollten Sie Atlaskarten zu Rate ziehen (z. B. Diercke Weltatlas 2008, S. 228.2/229.4, S. 230/231).

Für den mit ca. 58 % hohen **Bewölkungsgrad** im Juli bei **10 ° nördlicher Breite** gibt es folgende Erklärung: Im Juli verschiebt sich die **innertropische Konvergenzzone (ITC)** im Zuge der Wanderung des **Zenitstands** der Sonne nach Norden. Deshalb herrscht im Bereich des 10. Breitengrades zu diesem Zeitpunkt eine starke Sonneneinstrahlung, wodurch die bodennahen feuchtwarmen Luftmassen aufsteigen. Beim Aufsteigen kühlen diese Luftmassen ab; erreichen sie dann das Kondensationsniveau, kommt es zu starker **Wolkenbildung**.
Im Januar hingegen verlagern sich der **Zenitstand** der Sonne und in diesem Zuge die ITC auf die **Südhalbkugel**. Daher kommt es im Bereich von 10° nördlicher Breite in geringem Maße zum Aufsteigen bzw. zur Kondensation der Luftmassen, was der mit ca. 35 % geringe Bewölkungsgrad belegt.

Bei **40 ° nördlicher Breite** herrscht im Juli mit 37 % ebenfalls ein recht geringer Bewölkungsgrad. Ursache hierfür ist der Einfluss des **subtropischen Hochdruckgürtels**, der sich zu dieser Zeit im absteigenden Ast des **Passatkreislaufs** ausbildet. In diesen Hochdruckzellen sinken relativ trockene Luftmassen ab, erwärmen sich und führen zur **Wolkenauflösung**, da die erwärmte Luft mehr Wasserdampf aufnehmen kann.
Im Januar geraten diese Regionen im Zuge der **Südverlagerung** der **Wind**- und **Druckgürtel** unter den Einfluss meist **feuchter Luftmassen** der **Westwindzone**. Der Durchzug von **Zyklonen** führt an deren Warm- und Kaltfronten zum Aufsteigen von Luftmassen und zur Kondensation, was den mit ca. 50 % relativ hohen Bewölkungsgrad bewirkt.

Bei **70 ° nördlicher Breite** herrscht im Juli mit ca. 70 % der höchste Bewölkungsgrad. Dies ist auf den Einfluss der **Zyklonen** der atlantischen Polarfront der **Westwindzone** zurückzuführen, die vor allem über Sibirien wirksam werden. Zudem **kühlt** sich im Sommer **feuchte Warmluft** aus dem Süden **über den kalten polaren Meeren ab**, kondensiert und führt zur Wolkenbildung.
Im Januar herrscht trotz des polaren **Kältehochs** und der damit verbundenen geringen Verdunstung mit 50 % ein relativ hoher Bewölkungsgrad vor. Die Wolken bilden sich hier vorwiegend entlang einer **Arktikfront** über Alaska und dem Atlantik. Die winterliche Bewölkung der Regionen dieser Breitenlage kommt auch dadurch zustande, dass relativ warmes Meerwasser in die darüberliegende extrem kalte und trockene Luft verdampft und anschließend zu tief liegenden **Nebelwolken** kondensiert.

1.2 *Sowohl die Aufgabenstellung als auch die Anlage I.2 – „Klimatische Sondersituation im Juli 2010 über dem indischen Subkontinent" – geben Ihnen bereits einige wichtige Hintergrundinformationen zur Beantwortung dieser Frage. Sie müssen die besonderen naturräumlichen Voraussetzungen und meteorologischen Daten des Sommers 2010 im Vergleich zu einem Normaljahr berücksichtigen. Ergänzend liefert Ihnen der Atlas wichtige Fakten zu den Luftdruckverhältnissen über dem indischen Subkontinent.*

Im Sommer 2010 herrschte gegenüber dem Vorjahr eine bis zu 5 °C höhere **Oberflächentemperatur des Meeres**. Dies führte zu einer intensiveren **Verdunstung** und daher zu einer stärkeren Wasserdampfaufnahme des **Monsuns** über dem Golf von Bengalen. Durch die im Vergleich zum Mittelwert starke Ausprägung des **Hitzetiefs** über dem nördlichen Südasien – hier über Peshawar – stieß der Monsun im Vergleich zu Normaljahren weit nach Nordosten vor. Dadurch drangen die feuchtwarmen Luftmassen des Monsuns tief bis in den Nordwesten Pakistans vor, was in diesen Regionen zu deutlich erhöhten Niederschlägen führte. Zudem verstärkten sich durch das Aufsteigen der Luftmassen im Luv des Sulaimangebirges, des Hindukusch und des Himalaya die Niederschlagsmengen in dieser Region durch den **Steigungsregen** enorm. Insbesondere die extremen **Tagesniederschläge**, die auf dem ausgetrockneten Boden kaum versickern konnten, bewirkten einen starken **Oberflächenabfluss** und damit einen raschen Anstieg der Flusspegel. Da der Indus diese ungeheuren Wassermassen in so kurzer Zeit nicht abtransportieren konnte, führte dies in den **flachen Talbereichen** dieses Dammflusses zu großräumigen **Überschwemmungen**. Außerdem hat der Indus in seinem Mittel- und Unterlauf nur ein geringes Gefälle, was großflächige Überschwemmungen fördert.

1.3 *Bei dieser Aufgabe sollen Sie aus vielen möglichen Maßnahmen zur Verringerung von katastrophalen Überschwemmungen nur drei darstellen. Richten Sie Ihr Augenmerk deswegen auf solche Maßnahmen, die es Ihnen erlauben, die geforderten Sachverhalte umfassend darzustellen, um dann deren Erfolg in der anschließenden Beurteilung kritisch bewerten zu können.*

Eine Abmilderung von Hochwasserspitzen und damit auch von Überschwemmungen könnte durch den **Bau von zusätzlichen oder größeren Staudämmen** ermöglicht werden. Dadurch würden die temporär auftretenden Wassermassen in den Stauseen zurückgehalten. Jedoch stellen die **hohen Kosten** einer solchen Maßnahme für ein Entwicklungsland wie Pakistan ein großes Hindernis dar. Auch die Umsetzung der Bauvorhaben wäre langwierig und schwierig. Zudem bedeutet der Bau solcher Staudämme sowohl einen massiven **Eingriff** sowohl in das regionale **Ökosystem** als auch in die Siedlungs- und **Agrarstruktur** der ansässigen Bevölkerung.

Als weitere Maßnahme könnte man die Siedlungstätigkeit in den Überschwemmungsgebieten einschränken und somit auch mehr Retentionsflächen schaffen. Jedoch ist der Bevölkerungsdruck in Pakistan hoch und Landwirtschafts- bzw. Siedlungsflächen sind knapp. Außerdem fehlen staatliche Kontroll- und Überwachungsmöglichkeiten.

Des Weiteren könnte die Errichtung von **Frühwarnsystemen** durch den Staat die katastrophalen Folgen von Überschwemmungen minimieren. Maßnahmen wie die Evakuierung gefährdeter Gebiete wären gezielt und schnell durchführbar. **Unzureichende Infrastruktur** und **mangelnde Bildung** erschweren jedoch im Katastrophenfall die Warnung und Evakuierung der Menschen in diesen

Gebieten. Zudem scheut die Regierung des Entwicklungslands Pakistan die mit dem hohen technischen Aufwand verbundenen Kosten. Da Wirtschaft und Infrastruktur in diesen Gebieten nicht so stark entwickelt und zudem „nur" kleine Teile des Landes betroffen sind, bringen solche Überschwemmungen zwar großes persönliche Leid mit sich, richten aber vergleichsweise geringe volkswirtschaftliche Schäden an.

2.1 *Bei dieser Aufgabe sollen Sie die Annahme belegen, dass in den immerfeuchten Tropen Plantagen höhere Erträge erzielen als die Subsistenzwirtschaften der Kleinbauern. Zu beachten ist hierbei, dass angenommen wird, dass es sich bei der Subsistenzwirtschaft nicht um eine Form der Landwechselwirtschaft, sondern um den kleinbäuerlichen Dauerfeldbau handelt.*
Um Ihre Antworten zu strukturieren, bietet sich ein Vergleich hinsichtlich der unterschiedlichen naturräumlichen Voraussetzungen, der kultivierten Anbauprodukte sowie der Art der Bewirtschaftung bei diesen beiden Landnutzungsformen in den Tropen an.

Plantagen liegen aufgrund ihrer volkswirtschaftlichen Bedeutung und der höheren Kapitalausstattung vorwiegend in den **Gunsträumen** der immerfeuchten Tropen, z. B. im Schwemmlandbereich von Flüssen bzw. im Bereich junger Faltengebirge oder Vulkanlandschaften. Die Böden **der Schwemmländer** sind aufgrund der Ablagerung von **mineralischen Schweb- und Humusstoffen** sehr fruchtbar und daher sehr leistungsfähig. Ebenso sind die Böden im Bereich junger **Faltengebirge** und die **vulkanischen Ascheböden** aufgrund ihrer jungen Genese noch sehr mineralstoff- und daher auch ertragreich.
Der kleinbäuerliche Dauerfeldbau hingegen wird zum Großteil in den traditionellen Siedlungsgebieten bzw. im Zuge von Agrarkolonisation in den **Binnenräumen** mit tropischen Regenwäldern als natürlicher Vegetation betrieben. In diesen Gebieten liegen sehr alte und **stark chemisch verwitterte bzw. ausgewaschene Böden** vor, z. B. Latosole und Ferralite. Durch den geringen Bestand an Restmineralien können diese Böden den Pflanzen **kaum Mineralstoffe** liefern. Zudem bestehen diese Böden aus Zweischichttonmineralien, bei denen die Ionen nur in geringer Zahl an den Außenflächen angelagert werden können. Außerdem besitzen sie nur eine extrem **geringe Kationenaustauschkapazität**, d. h. es können nur wenige Nährstoffe in austauschbarer Form im Boden gespeichert und den Pflanzen zur Verfügung gestellt werden. Darum ist der kleinbäuerliche Dauerfeldbau auf solchen Böden **nur wenig ertragreich**.

In Plantagen werden **tropische Baum- und Strauchkulturen** wie Bananen, Kaffee, Kakao, aber auch pflanzliche Rohstoffe wie Kautschuk oder Palmöl kultiviert. Die Nutzung dieser **mehrjährigen Pflanzen** greift nur geringfügig in den tropischen **Mineralstoffkreislauf** ein, da sie im Aufbau dem **tropischen Regenwald** ähneln. Ihr dichtes Blätterdach dämpft den Aufprall des Regens, ihre Wurzeln schützen den Boden vor **Auswaschung** und Auslaugung. Zudem ermöglichen die Bestands- und Ernteabfälle die Ausbildung einer dünnen **Humusschicht**,

die auch Dünger speichern kann. Somit bleiben die tropischen Böden unter den Baum- und Strauchkulturen der Plantagen länger ertragreich.
Beim bäuerlichen Dauerfeldbau findet vorwiegend der Anbau **einjähriger Kulturen** wie Trockenreis, Mais, Patate oder Maniok in Mischkultur statt. Da hierfür der schützende Regenwald gerodet wurde, ist der Boden besonders nach der Ernte weitgehend ungeschützt. Die **Sonnenstrahlung** trifft direkt auf den Oberboden, der austrocknet und **verkrustet**. Auch die kräftigen und **hohen tropischen Niederschläge** gelangen nun ungehindert auf die Erdoberfläche, zerstören die Bodenstruktur und spülen die verbliebenen Mineralstoffe weg. Die ohnehin schon geringe **Ertragsfähigkeit** der Böden wird dadurch **schnell reduziert**.

Plantagen sind in der Regel kapitalkräftige, agroindustrielle Großbetriebe. Daher können ihre Besitzer viele **kapitalintensive** Formen der Bodenerhaltung und -bewirtschaftung betreiben. Gezielte **Düngung** sowie der Einsatz von **Pestiziden**, **Insektiziden** und **Fungiziden** führen in den Plantagen zu konstant hohen Erträgen. Allerdings sind die Plantagenböden meist nach ca. zwanzig Jahren erschöpft.
Beim bäuerlichen Dauerfeldbau werden der tropische Regenwald durch Brandrodung entfernt und damit der **kurzgeschlossene Mineralstoffkreislauf** sowie die Wurzelpilze, sogenannte Mykorrhizae, **zerstört**. Denn die in der Biomasse enthaltenen Mineralstoffe des tropischen Regenwalds werden nicht im Boden gespeichert, sondern über diese Wurzelpilze in einem dichten Geflecht den Pflanzen zugeführt. Somit liefern die durch Brandrodung gewonnene Asche und die Verwitterung von Holzresten dem Boden nur **kurzfristig Mineralstoffe**. Im ersten Jahr ist der Ertrag noch hoch, danach nimmt er aber rapide ab. Denn da der Boden die Mineralien nicht speichern kann und die Nutzfläche ungeschützt ist, werden die Mineralien von den häufigen **Starkregen** schnell ausgewaschen. Dies gilt auch für künstliche, in Form von Mineraldünger zugeführte Nährstoffe, die großteils aufgrund der geringen Austauschkapazität ungenutzt vom Regenwasser weggespült werden. Die **Ernteerträge** gehen wegen der falschen Einschätzung des natürlichen Potenzials, aber auch wegen Kapitalmangels und fehlender Kenntnisse schnell zurück. Eine Brache und das Nachwachsen des Sekundärwalds zur Regeneration der Mineralstoffe sind hier kaum noch möglich.

2.2 *Um die Entwicklung der Garnelen- und Krabbenproduktion in Bangladesch erläutern zu können, müssen Sie zunächst in der Anlage I.3 die Kurven des Produktionswerts und der Produktionsmenge in Phasen gleicher bzw. abweichender Entwicklung aufgliedern. Bei der anschließenden Erläuterung der einzelnen Entwicklungsabschnitte bietet es sich an, aus dem Steckbrief zur Garnelenzucht in Bangladesch (Anlage I.4) Informationen zur Entwicklung der Aquakulturfläche heranzuziehen.*

Zwischen 1986 und 1998 konnte die Garnelen- und Krabbenproduktion Bangladeschs erheblich gesteigert werden, nämlich von 15 000 auf über 55 000 Tonnen. Auch der Produktionswert stieg im gleichen Zeitraum von 50 auf ca. 300 Mio.

US-$. Ursache hierfür war die **globale Nachfrage** nach tropischen Garnelen auf dem Weltmarkt. Die veränderten **Konsumgewohnheiten** in den Industrieländern haben dazu geführt, dass Garnelen vom Nischenprodukt zur Massenware geworden sind und mittlerweile auch über große Supermärkte und Discounter vertrieben werden. Dies führte zu einer erheblichen **Ausweitung** der **Aquakulturflächen** für die Garnelenzucht und damit auch der Produktionsmenge. Ein weiterer Grund für den Anstieg sind die **Liberalisierung** und **Deregulierung** des globalen **Agrarhandels** im Zuge der **Globalisierung** bzw. Internationalisierung. Zudem räumte der Staat der Ausweitung der Garnelenzucht politische Priorität ein und förderte diese finanziell. Auch der Internationale Währungsfonds und die Weltbank forcierten in dieser Zeit im Rahmen von **Strukturanpassungsprogrammen** den Ausbau dieses Exportsektors.

Von 1998 bis 2002 stagnierte die Produktionsmenge bei ca. 55 000 Tonnen, der Produktionswert hingegen sank von 300 Mio. auf 200 Mio. US-$. In dieser Zeit wurde die Öffentlichkeit in den Industrieländern durch Medien, aber auch durch Verbraucherinformationen für die Umwelt- und Schadensproblematik der Garnelenzucht sowie die **gesundheitlichen Gefahren** des Garnelenkonsums für den Menschen sensibilisiert. Denn tropische Garnelen können bei mangelhaften Zuchtbedingungen und unsachgemäßem Umgang durch **mikrobiologische** und **chemische Belastungen** verunreinigt sein. Zudem führten Rückstände von **Antibiotika** in Garnelen aus Bangladesch zu einem mehrmonatigen EU-weiten **Importverbot**. Um die anfallenden Produktionsmengen dennoch vermarkten zu können, musste der Verkaufspreis gesenkt werden, was einen deutlichen Abfall des Produktionswerts zur Folge hatte.

Ab 2002 kam es wieder zu einer leichten Zunahme von Produktionsmenge (ca. 65 000 Tonnen) und -wert (ca. 225 Mio. US-$). Ein Grund hierfür ist sicherlich, dass Bangladesch versuchte, über **Zertifizierungsprogramme**, **Produktionsstandards und -kontrollen** die problematischen Erscheinungen der Garnelenzucht zu reduzieren und vermehrt schadstofffreie, hochwertige Produkte aus Bio-Aquakulturen anzubieten. Der Produktionswert erreichte mit 225 Mio. US-$ jedoch nur ein niedrigeres Niveau. Ursache hierfür sind die extrem **niedrigen Weltmarktpreise** durch zunehmend **internationale Konkurrenz**.

2.3 *Diese Teilaufgabe verlangt von Ihnen, zunächst die ökonomischen Chancen der Garnelenzucht für den Staat Bangladesch, seine Bewohner und die Wirtschaft darzulegen. Im zweiten Teil Ihrer Antwort sollen Sie die ökologischen Risiken aufzeigen, die sich aus der Garnelenzucht einerseits für das Produkt selbst, andererseits für die Umwelt in Bangladesch ergeben.*

Die Ausweitung der Garnelenzucht in Bangladesch und der weltweite Export garantierten den Produzenten beständige und sichere **Einnahmen**. Außerdem wurden durch den Anstieg der Garnelenproduktion neue **Arbeitsplätze** geschaffen. Insbesondere der Bedarf an „Erntehelfern“ brachte vielen unqualifizierten Arbeitskräften ein **Einkommen**, was in einem Entwicklungsland wie Bangladesch von großer Bedeutung ist. Von diesen steigenden Einkommen und dem damit verbundenen höheren Lebensstandard profitierten in Folge der örtliche Einzelhandel, das Handwerk, die Investitions-, Verbrauchs- und Konsumgüterindustrie sowie der Dienstleistungssektor. Zudem konnte sich durch die Weiterverarbeitung der Garnelen ein weiterer Wirtschaftszweig etablieren.

Durch die Zucht und Weiterverarbeitung von Garnelen ergab sich für Bangladesch, das stark von der Textilproduktion abhängig ist, die Chance, seine **Wirtschaft** zu **diversifizieren** und damit eine größere **Krisenfestigkeit** zu erlangen. Die Einnahmen aus dem Export von Garnelen eröffneten zudem die Möglichkeit, in andere wirtschaftliche Projekte zur Entwicklung des Landes zu investieren. Durch die erhöhten (Steuer-)Einnahmen konnte der Staat z. B. **infrastrukturelle Projekte** initiieren.

Letztendlich bewirkte die Entwicklung der Garnelenproduktion an der Küste und der Deltaregion Bangladeschs die Erschließung bis dahin rückständiger, **peripherer Regionen**.

Ein bedeutendes **ökologisches Problem** in Bangladesch ist die Belastung der Zuchtgarnelen mit **Antibiotika**, die in Aufzuchtanlagen und Farmen zur Krankheitsbekämpfung eingesetzt oder durch Tierfutter eingetragen werden. Da die Zucht von Süßwassergarnelen meist auf Feldern erfolgt, die außerhalb der Zuchtperioden auch zum **Reisanbau** genutzt werden, sind diese „Giant River Prawns“ häufig mit **Pestiziden** belastet.

Weiterhin wird durch die rasante flächenmäßige Ausweitung des Zuchtgebiets immer mehr Ackerland mit salzhaltigem Fluss- und Meerwasser des Deltas geflutet, wodurch eine **Versalzung** des Bodens droht und eine agrarische Nutzung des Kulturlands unmöglich wird.

Eine weitere Folge der Garnelenproduktion ist die **Rodung** der an der Küste gelegenen **Mangrovenwälder**, die in Zuchtgebiete der Salzwassergarnelen umgewandelt werden. Durch den daraus resultierenden reduzierten Küstenschutz erhöht sich die **Erosionsgefahr** an der Küste.

Der steigende Bedarf der Farmen an Garnelenlarven wird durch den Wildfang solcher in ihren natürlichen Brutgebieten in küstennahen Flussläufen gedeckt. Durch den **Beifang** von anderen Larven und Jungfischen nimmt der Bestand vieler Tierarten ab. Zusammen mit der Verkleinerung des Ökosystems Mangrove führt dies zur Gefährdung zahlreicher Tier- und Pflanzenarten und damit zum **Rückgang** der **Biodiversität**.

Abitur 2012 Geographie Bayern
Aufgabe II: Ressourcen und Energieversorgung in Australien und der Welt

1 Ressourcen in Australien

1.1 In den australischen Bundesstaaten (siehe Anlage II.1) wird Solarenergie in unterschiedlichem Umfang genutzt. In Western Australia (auch: Westaustralien) sind es 21,8 % der Haushalte, in Tasmania (auch: Tasmanien) dagegen nur 3,3 %.
Zeigen Sie ausschlaggebende Faktoren für diesen Unterschied auf!

1.2 Legen Sie mithilfe von geeigneten Atlaskarten wesentliche Herausforderungen bei der Erschließung und Nutzung von Erdgas in Mereenie (24° 00' S/131° 30' O) dar! 20 BE

2 Entwicklungsstand und Rohstoffexport

2.1 Anlage II.2 zeigt ausgewählte Strukturdaten dreier rohstoffexportierender Staaten.
Ordnen Sie diese Australien, Burkina Faso und Kuwait zu, indem Sie jeweils zwei geeignete Indikatoren erläutern!

2.2 Zeigen Sie mögliche Gründe für die in Anlage II.3 dargestellte Entwicklung des Eisenerzexports von Australien auf! 18 BE

3 Gas und Gashydrat

3.1 Arbeiten Sie auf der Grundlage von Verteilung, Förderung und Verbrauch von konventionellem Erdgas drei Kategorien von Regionen mit jeweils vergleichbarer Charakteristik heraus!

3.2 Erörtern Sie anschließend mögliche Vor- und Nachteile einer Förderung von Gashydrat!
Argumentieren Sie jeweils mithilfe von Materialien in Anlage II.4! 22 BE

60 BE

Anlage II.1 Administrative Gliederung Australiens

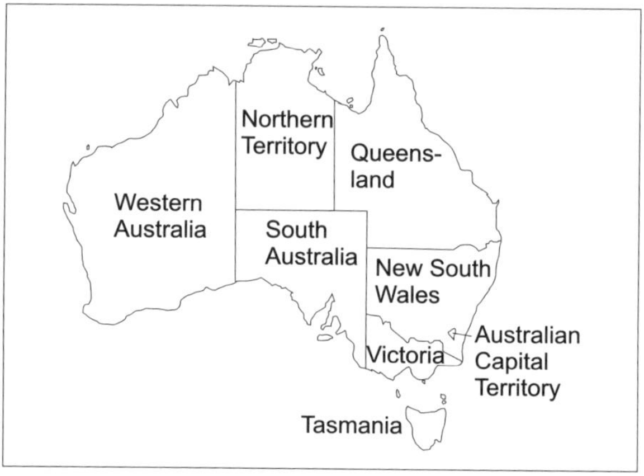

Anlage II.2 Ausgewählte Strukturdaten von Australien, Burkina Faso und Kuwait (2010)

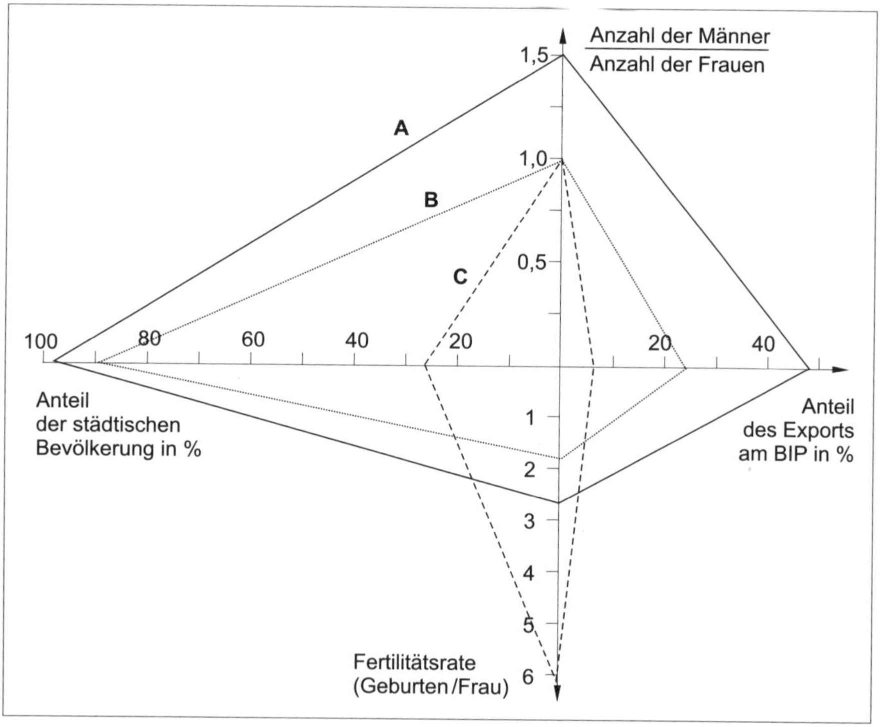

Anlage II.3 Eisenerzexporte Australiens 2002 und 2009 nach Zielländern und -regionen

	2002 (in 1 000 t)	2009 (in 1 000 t)
China	44 018	266 779
Taiwan	9 347	8 332
Japan	70 492	59 071
Südkorea	25 120	27 869
Westeuropa	14 450	671
sonstige Länder	2 442	198
Gesamt	**165 869**	**362 920**
Weltmarktpreis (in US-$/t)	17,04	65,77

Anlage II.4 Erdgas und Gashydrat

M 1 Verteilung der potenziellen Verfügbarkeit von konventionellem Erdgas 2007 nach Regionen (in 10^{12} m^3)

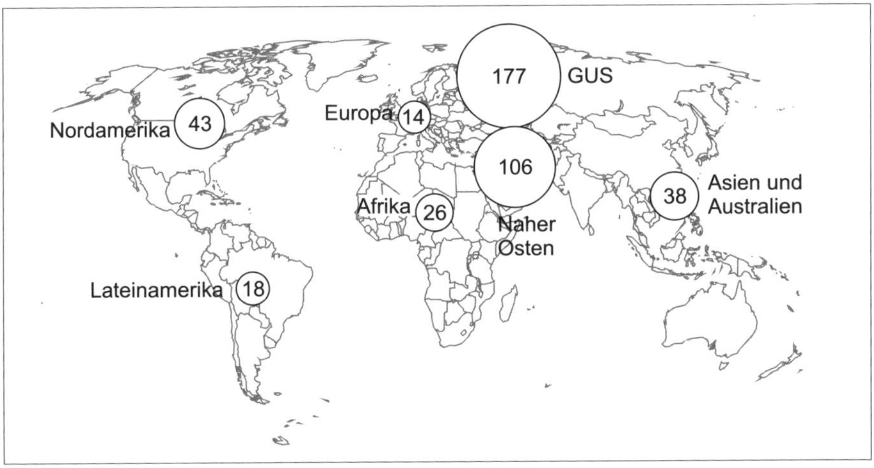

M 2 Förderung und Verbrauch von konventionellem Erdgas 2007 nach Regionen

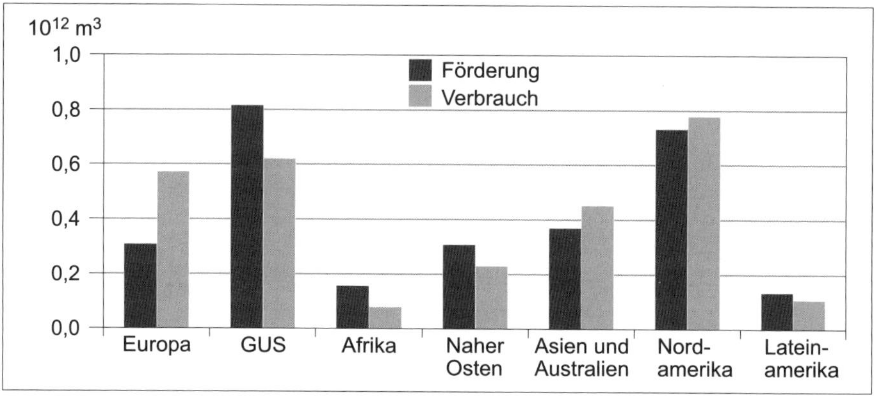

M 3 Gashydrat: das „gefrorene Erdgas"

Der fossile Energieträger Erdgas stellt einen der Grundpfeiler der weltweiten Energieversorgung dar. Auf der Suche nach neuen Energiequellen nehmen manche Länder und Konzerne neben den bekannten konventionellen Erdgaslagerstätten nun zunehmend das nicht-konventionelle Gashydrat ins Visier. Enthält Gashydrat wie das klassische Erdgas hauptsächlich Methan (CH_4), so wird es Methanhydrat genannt. Die Methanhydratbildung ist von vier Grundfaktoren abhängig: hoher Druck, niedrige Temperatur und ausreichende Verfügbarkeit von Methan und Wasser. Bei hohem Druck und niedrigen Temperaturen können Wasser und Methan einen stabilen Zustand bilden, wobei die Methanmoleküle in die Hohlräume der gefrorenen Wassermoleküle eingeschlossen werden. Schmilzt ein Kubikmeter Methanhydrat, so können daraus bis zu 164 Kubikmeter Methangas entweichen. Im globalen Kohlenstoffkreislauf stellen Gashydrate daher einen wichtigen langfristigen Kohlenstoffspeicher dar.

Aufgrund der besonderen Entstehungsbedingungen treten größere Gashydratvorkommen nur in bestimmten Ozeanregionen und im Permafrost auf. In den Meeren befinden sich die Lagerstätten bevorzugt entlang der Kontinentalränder in größeren Tiefen (über 500 m) auf dem und im Meeresboden. Dort wirkt das gefrorene Gashydrat wie Zement, denn es lagert im Porenraum mariner Sedimente in den oberen Schichten des lockeren Meeresbodens und erhöht dort die Bodenfestigkeit. Kontinentales Gashydrat ist an die Verbreitung des Permafrostes gebunden und kommt aufgrund der niedrigen Temperaturen und des hohen Drucks in Tiefen zwischen 200 m und 2 000 m vor. Einmal gefördert, könnte es in Pipelines oder Tankschiffen weitertransportiert werden, denn es wird an der Oberfläche aufgrund der starken Verringerung des Drucks wieder gasförmig. Aktuell hat eine kommerzielle Förderung noch nicht begonnen, aber einige Staaten forcieren ihre Anstrengungen, um eine baldige Gashydratnutzung zu erreichen. Die Entwicklung Erfolg versprechender Fördertechniken ist weltweit Gegenstand teurer Forschungsprojekte.

M 4 Modellhafte Darstellung der potenziellen Verfügbarkeit von Erdgas aus Gashydrat und konventionellem Erdgas

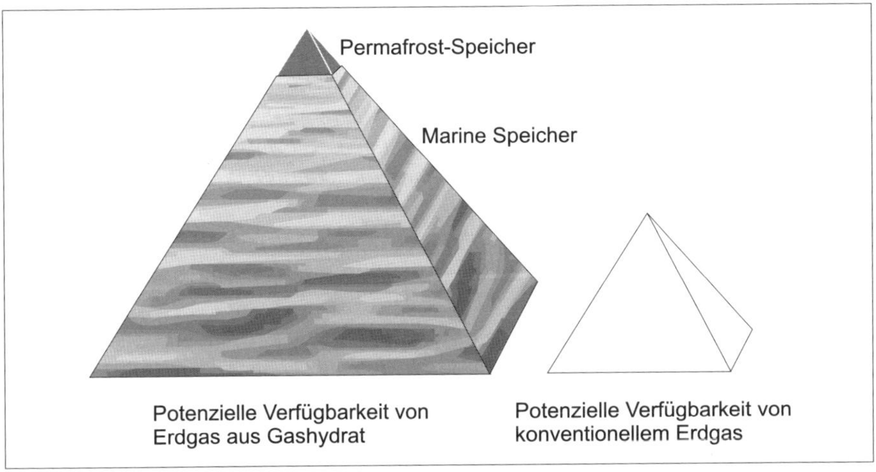

M 5 Nachgewiesene Gashydrat-Lagerstätten weltweit

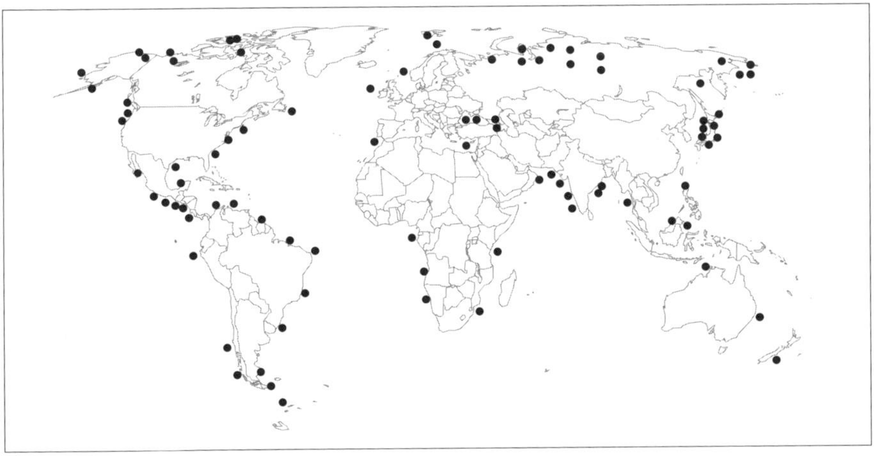

Quellen- und Literaturverzeichnis

Bundesanstalt für Geowissenschaften und Rohstoffe (BGR): Energierohstoffe 2009. Reserven, Ressourcen, Verfügbarkeit. Hannover 2009, S. 74 (Anlage II.4, M 2)

Clean Energy Council (2009): Clean Energy Australia 2009, S. 29, online unter URL: www.cleanenergycouncil.org.au/resourcecentre/reports.html

Eigene Zusammenstellung nach: Australian Bureau of Agricultural and Resource Economics (Hg.): Australian commodity statistics. Canberra 2010, S. 284, 288. URL: http://adl.brs.gov.au/data/warehouse/pe_abares99001762/ACS_2010_part2.pdf (Anlage II.3)

Eigene Darstellung nach: Bundesanstalt für Geowissenschaften und Rohstoffe (BGR): Energierohstoffe 2009. Reserven, Ressourcen, Verfügbarkeit. Hannover 2009, S. 108 (Anlage II.4, M 1, M 4, M 5)

Eigene Zusammenstellung nach: CIA: The World Factbook. URL: https://www.cia.gov/library/publications/the-world-factbook/index.html (Anlage II.2)

National Library of Australia (o. J.): Maps of Australia, online unter URL: http://mapsearch.nla.gov.au (Anlage II.1)

Oehme, I. (2010): Meeresbergbau. In: Praxis Geographie, 40 (4), S. 27–29

Suess, Erwin/Haeckel, Matthias: Gashydrate im Meeresboden. In: Geographische Rundschau, Heft 5/2010, S. 22–29 (Anlage II.4, M 3)

Lösungsvorschlag

1.1 *Die Beantwortung dieser Teilaufgabe läuft auf einen Vergleich der Solarnutzung privater Haushalte in zwei unterschiedlichen australischen Bundesstaaten hinaus. Denken Sie daran, dass nicht nur die naturgeographischen Gegebenheiten (hier die solaren Strahlungsverhältnisse), sondern auch infrastrukturelle Gegebenheiten für die unterschiedlichen Nutzungsgrade ausschlaggebend sind.*

Der Blick auf verschiedene Atlaskarten lässt vermuten, dass in erster Linie die unterschiedlichen klimatischen Bedingungen in den beiden Untersuchungsräumen für den unterschiedlichen Grad der **Solarenergienutzung** verantwortlich sind.

Der Bundesstaat Western Australia liegt mit seiner nördlichen Begrenzung bei etwa 15° südlicher Breite und seiner südlichen Begrenzung bei etwa 35° südlicher Breite im Bereich der **rand-** und **subtropischen Zonen**. Gemäß der effektiven Klimaklassifikation nach Köppen/Geiger herrschen hier vorwiegend **Trockenklimate** (BWh- und BSh-Klimate). In den südwestlichen küstennahen Regionen ist das Klima **warmgemäßigt** (Csb) und im Norden **tropisch** (Aw-Klima).

Aus der überwiegenden Zugehörigkeit zu den **(Sub-)Tropen** resultiert grundsätzlich ein hoher solarer Energieeintrag. Dieser ist unmittelbare Folge eines über das Jahr gerechnet geringeren **Bewölkungsgrades** im Bereich des **subtropischen Hochdruckgürtels**. Wegen der nördlicheren Lage Westaustraliens im

Vergleich zu Tasmanien ist der Einfallswinkel der Sonnenstrahlen deutlich steiler, was ebenfalls zu einem höheren Solarenergieeintrag führt. Somit sind im westaustralischen Raum grundsätzlich hervorragende Bedingungen für die Nutzung von **Solarenergie** gegeben.

Der Bundesstaat Tasmanien zeigt im Vergleich hierzu ganz andere klimatische Verhältnisse. Nahezu die gesamte Insel (mit Ausnahme von Nordtasmanien im Südsommer) befindet sich ganzjährig im Bereich der **Westwindzone** der Südhalbkugel, deren Tiefdruckgebiete einen relativ hohen **Bewölkungsgrad** erzeugen und somit die Solareinstrahlung mindern. Verstärkt wird dies zudem durch das hügelige bis gebirgige Relief Tasmaniens und die daraus resultierenden Stau- und Steigungsregeneffekte. Die südlichere, also polwärtigere Lage der Insel führt außerdem zu einem im Vergleich zu Westaustralien weniger steilen Sonneneinfallswinkel und damit zu einer geringeren solaren Energieeinstrahlung.

Western Australia ist nur sehr **dünn besiedelt**. Zur flächendeckenden Versorgung der verhältnismäßig wenigen Haushalte mit Energie müssen ungeheure Streckenlängen abgedeckt werden, was wirtschaftlich wenig rentabel ist. Hier kann die dezentralisierte, haushaltsautarke Energieversorgung aus der Solarstromgewinnung eine echte Alternative darstellen.

Im Vergleich hierzu bieten die kompakten Dimensionen Tasmaniens eher Standortvorteile für ein konventionelles Energieversorgungsnetz auf der Basis **fossiler Energieträger**.

Schließlich ist der höhere Anteil der aus Solarenergie gewonnenen Elektrizität in Westaustralien durchaus auch als Folge möglicher öffentlicher Förderprogramme zum Ausbau der Solarenergie und der **Photovoltaik** zurückzuführen.

1.2 *Das Hauptaugenmerk bei der Beantwortung dieser Teilaufgabe muss auf der Beschreibung der extrem peripheren Lage eines Wirtschaftsstandortes liegen, der allein infolge seiner gewaltigen Erdgas- und Erdölvorkommen existiert. Eine geeignete Atlaskarte (z. B. Diercke Weltatlas 2008, S. 186.1) zeigt hierbei, dass es sich gar nicht um eine städtische Siedlung im eigentlichen Sinn handelt, denn es fehlt eine Gemeindesignatur.*

Der Standort Mereenie liegt im südlichen Bereich des Northern Territory am Fuße der Macdonnellkette Zentralaustraliens, also mitten im australischen Outback. Geeignete Atlaskarten zeigen für dieses Gebiet monatliche Niederschlagswerte im Bereich von unter 25 bis max. 50 mm und weisen die Region somit als **voll- bis semiarid** aus. Es handelt sich hier um ein Gebiet mit **Wassermangel**. Die Flüsse führen allenfalls **periodisch Wasser** (z. B. Finke River), was bei der Bereitstellung von ausreichenden Trink- und Brauchwassermengen extreme Probleme verursachen kann. Hierfür wäre die kostenintensive Durchführung von wasserbautechnischen Maßnahmen (z. B. Anlage von Rückhalte- und Speicherbecken, Tiefbrunnen etc.) zur Gewinnung der benötigten Wassermengen nötig.

Die Erschließung der **Erdgas**vorkommen in der Region Mereenie bedarf hoch spezialisierter Arbeitskräfte. Infolge der geringen **Bevölkerungsdichte** im Zentrum Australiens können diese wohl nicht aus der näheren und weiteren Umgebung rekrutiert, sondern müssen aus weit entfernten Städten „importiert" werden. Die Lage Mereenies im peripheren Outback bietet für diese Arbeitskräfte jedoch kaum attraktive Wohn- und Lebensstandortfaktoren. Darüber hinaus stellen die extremen klimatischen Bedingungen (hohe sommerliche Lufttemperaturen) eine große körperliche Belastung für die Arbeitskräfte dar.

Aus der extrem **peripheren Lage** resultiert ein Mangel an **weichen Standortfaktoren** wie Freizeitangeboten oder Bildungseinrichtungen. Für die Fördergesellschaften entstehen so höhere Kosten: Auf der einen Seite sind höhere Gehaltszahlungen notwendig, um überhaupt Arbeitskräfte zu gewinnen bzw. zu halten. Auf der anderen Seite müssen die Firmen zumindest grundlegende **Lebens- und Freizeitinfrastrukturen** schaffen.

Auch die Versorgung mit **Investitions- und Konsumgütern** ist eine große Herausforderung. Die Küstenabschnitte Australiens mit ihren wirtschaftlichen Ballungszentren liegen zwischen 1 500 und 3 000 km entfernt. Lange und nur wenige Transportwege, so etwa die Nord-Süd-gerichtete Eisenbahnstrecke zwischen der Nordküste und der Adelaide-Perth-Transversale im Süden sowie die ähnlich verlaufende einzige Hauptautostrecke, verdeutlichen die extrem periphere Lage und die hieraus resultierenden Versorgungs- und infrastrukturellen Probleme.

Geeignete Atlaskarten zeigen darüber hinaus, dass das geförderte Erdgas über eine nahezu 1 500 km lange **Pipeline** an die Nordküste bei Darwin transportiert werden muss. Deren Bau und Instandhaltung sind ebenfalls sehr teuer.

Alles in allem stellt dieser Standort mit seiner extremen, einzig aus den Erdgas- und Erdölvorkommen zu rechtfertigenden Lage enorme Anforderungen bezüglich einer dauerhaften, infrastrukturell gesicherten Existenz.

2.1 *Gehen Sie bei der Beantwortung dieser Teilfrage systematisch vor: Suchen Sie sich Indikatoren, die eine eindeutige Zuordnung zu einem der drei Staaten ermöglichen. Beachten Sie zudem, dass der Operator „erläutern" Beschreibung und Begründung beinhaltet.*

Die Daten des **Landes A** weisen eindeutig auf Kuwait hin. Der sehr hohe Anteil an **städtischer Bevölkerung**, fast 100 %, legt diesen Schluss nahe, da hier nahezu die gesamte Bevölkerung in lediglich einer Stadt lebt, nämlich Kuwait City. Eine sichere Zuordnung ermöglicht zudem der Indikator „Männerüberschuss". In Kuwait leben 50 % mehr Männer als Frauen. Dieses Verhältnis lässt sich aus dem hohen Fremdarbeiteranteil ableiten, den die **Erdöl- und Erdgaswirtschaft** erfordert. Als weiteren Indikator kann man den Anteil des Exports am **BIP** heranziehen. Der im Diagramm höchste Wert von etwa 48 % resultiert aus den enormen **Exportquoten** der weltweit immer begehrteren **fossilen Energieträger** Erdöl und Erdgas.

Die **Fertilitätsrate** (Geburten pro Frau) in **Staat C** weist einen extrem hohen Wert auf, sowohl absolut als auch im Vergleich zu den anderen beiden Staaten. Dies kann als typisch für ein afrikanisches Land mit großen **Entwicklungsdefiziten** betrachtet werden, was auf Burkina Faso hindeutet. Außerdem weist der geringe Anteil des Exports am BIP (ca. 7 %) auf eine geringe wirtschaftliche Entwicklung bzw. weltwirtschaftliche Verflechtung und somit auf ein Entwicklungsland hin: Es werden nur wenige Güter des **primären Sektors** ausgeführt, andere höherwertige Exportprodukte fehlen. Des Weiteren kann der niedrige Anteil der städtischen Bevölkerung durch den **agrargesellschaftlich** geprägten Charakter des Landes begründet werden.

Bei **Staat B** muss es sich also, im Ausschlussverfahren gefolgert, um Australien handeln. Der hohe Anteil an städtischer Bevölkerung ist zum einen mit der Besiedlungsgeschichte Australiens (Konzentration auf wenige städtische Agglomerationen in Küstenlage), zum anderen mit dem fast **menschenleeren Landesinneren** zu erklären. Außerdem spricht die geringe Fertilitätsrate von 1,8 Geburten je Frau für eine **städtische Gesellschaft**, wie sie für die nach westlichem Muster entwickelten Industriestaaten typisch ist. Das Verhältnis aus männlicher und weiblicher Bevölkerung (1 : 1) im Staat B schließt Kuwait aus.

2.2 *Bevor Sie die Gründe für die Entwicklung aufzeigen, müssen Sie die Entwicklung zunächst beschreiben, d. h. die Aussage der Anlage II.3 in Worte fassen. Arbeiten Sie möglichst nach folgenden beiden Prinzipien: Vom Allgemeinen zum Detaillierten und von der Betrachtung absoluter Zahlenwerte zur Betrachtung relativer.*

Der Vergleich der Exportvolumina 2002 und 2009 zeigt zunächst einmal mehr als eine Verdoppelung der Exporttonnagen von ca. 166 auf ca. 363 Mio. Tonnen. Dies ist in erster Linie auf die immens gestiegene **Nachfrage nach Eisenerz** durch die sich rasant entwickelnde chinesische Wirtschaft zurückzuführen. Der Nettozuwachs der Exporte nach China betrug in diesem Zeitraum ca. 223 Mio. Tonnen. Dies bedeutet für Australien enorm gestiegene Einnahmen aus dem Exportgeschäft, zumal die steigende Nachfrage in China und auf dem Weltmarkt allgemein fast zu einer Vervierfachung der Preise geführt hat.

Zweitgrößter Abnehmer für Eisenerz im Jahr 2009 war das nach wie vor stark industriebetonte Japan. Allerdings ist dort ein Rückgang um etwa 15 % zu verzeichnen, was auf eine gewisse Sättigung der japanischen Nachfrage bzw. eine räumliche Umorientierung bezüglich der Lieferländer zurückzuführen ist.
Deutliche **Sättigungseffekte** sind in den klassischen ehemaligen „**Kleine-Tiger-Staaten**" Südkorea und Taiwan erkennbar. Diese ehemaligen **Schwellenländer** verzeichneten bereits im Jahre 2002 ein hohes Ausgangsniveau der **Eisen- und Stahlproduktion**. Mittlerweile haben sie sich auf die Herstellung anderer, zum Teil höherwertiger Produktgruppen spezialisiert, sodass die Nachfrage nach Eisenerz zurückgegangen ist.

Der starke Rückgang der australischen Eisenerzexporte nach Westeuropa und in die sonstigen Länder ist auf die dortigen hohen **Produktionskosten** zurückzuführen. Gegenüber der Konkurrenz, v. a. aus China, ist man längst nicht mehr wettbewerbsfähig und somit sinkt auch der Eisenerz-Bedarf. Ein Teil dieses Rückgangs kann auch auf die relativ hohen **Recyclingquoten** in diesen Staaten zurückgeführt werden. Des Weiteren könnte es sein, dass vermehrt Eisenerz aus anderen Staaten als aus Australien importiert wird.

3.1 *Bei dieser mit viel Material gestützten Teilaufgabe müssen Sie gezielt auswählen: Es ist nicht nötig (und in der Kürze der zur Verfügung stehenden Zeit auch nicht möglich), alle Daten vollständig auszuwerten. Geben Sie also acht, dass Sie sich nicht verzetteln!*
Die drei Messkriterien (Verteilung, Förderung und Verbrauch) werden durch die Fragestellung bereits vorgegeben. Halten Sie sich deshalb streng an diese Vorgabe und versuchen Sie, Ähnlichkeiten in gemeinsame Kategorien zusammenzufassen.

Als erste einigermaßen homogene Gruppe können die **GUS** und die Staaten des **Nahen Ostens** ausgewiesen werden. Gemeinsame Merkmale für diese Gruppe sind die sehr hohe **potenzielle Verfügbarkeit** an konventionellem Erdgas und die den Eigenverbrauch deutlich übersteigenden Fördermengen. In den GUS-Staaten war im Jahr 2007 mit 177×10^{12} m^3 die potenzielle Verfügbarkeit von konventionellem Erdgas weltweit am größten. Die GUS und die Staaten des Nahen Ostens verfügten zusammen über mehr als zwei Drittel der **globalen Reserven** (M 1).

Die zweite Gruppe umfasst grob betrachtet die Staaten **Afrikas** und **Lateinamerikas**. Hier ist die potenzielle Verfügbarkeit an konventionellem Erdgas gering (zusammen nur rund 10 % der globalen Reserven). Auch die Fördermengen sind gering (im Jahr 2007 zusammen ca. $0{,}3 \times 10^{12}$ m^3), doch immer noch höher als der gemeinsame Eigenverbrauch (leicht unter $0{,}2 \times 10^{12}$ m^3; M 2).

Die dritte Gruppe, zu der **Nordamerika, Europa, Asien** und **Australien** gehören, zeigt eine vergleichsweise geringe potenzielle Verfügbarkeit im Erdgassektor bei hohen, die Eigenförderung weit übersteigenden Verbrauchswerten. So betrug der Anteil der potenziellen Verfügbarkeit an Erdgas im Jahre 2007 dort insgesamt knapp ein Viertel, gemessen an der weltweiten Verfügbarkeit. Die Fördermengen lagen 2007 bei etwa $1{,}4 \times 10^{12}$ m^3 und werden vom Verbrauch in diesen Staaten (ca. $1{,}75 \times 10^{12}$ m^3) deutlich überstiegen.

3.2 *Es gibt grundsätzlich zwei Arten der Beantwortung einer solchen Aufgabe: Bei der ersten Methode stellen Sie jeweils einen Vorteil dialektisch einem Nachteil – sofern vorhanden – gegenüber. Meistens ist es aber unverfänglicher und einfacher, zunächst alle Vorteile, anschließend alle Nachteile gesammelt anzuführen.*

Die potenzielle Förderung von **Gashydraten** bringt eine ganze Reihe von **Vorteilen** mit sich:
- Sie könnte die Vorräte an konventionellem Erdgas entlasten und somit einen wichtigen Beitrag zur Sicherung der zukünftigen Energieversorgung leisten.
- Bisher konzentrierte sich die Erdgasförderung auf wenige Staaten des Nahen Ostens und der ehemaligen UdSSR. Wenn Länder in Nordamerika, Europa und Japan ihre Gashydratlagerstätten nutzen, mindern sie ihre wirtschaftliche Abhängigkeit von den GUS- und Nahost-Staaten.
- Die Entwicklung eines neuen Investitionsgüterbereichs auf dem Gebiet moderner **Tiefseefördertechniken** kann als wirtschaftlicher Wachstumsimpuls fungieren. Dies könnte v. a. für Entwicklungs- und Schwellenländer mit Gashydratreserven, z. B. Indien, Guatemala oder Honduras, einen Entwicklungsschub mit sich bringen.
- Infolge der sehr großen potenziellen globalen Verfügbarkeit von Gashydraten könnten langfristig für die Förderländer weitere wirtschaftliche Entwicklungsimpulse geschaffen werden.
- Gerade im **Offshore-Bereich** und in **Permafrostgebieten** – und damit in wirtschaftlich eher peripher gelegenen Regionen – ließen sich auf Dauer Arbeitsplätze für hoch spezialisierte Arbeitskräfte sichern.

Die Förderung von Gashydraten hat aber auch entscheidende **Nachteile:**
- Durch den Abbau und die anschließende Nutzung der Gashydrate wird viel CO_2 aus einem bisher statischen **CO_2-Speicher** freigesetzt. Dies führt zu einer Verstärkung des **anthropogenen Treibhauseffekts**.
- Die technischen Maßnahmen beim Abbau belasten äußerst **sensible Ökosysteme**, wie sie im marinen und subpolaren/polaren Bereich zu finden sind.
- Durch den Gashydratabbau im marinen Bereich können die **Kontinentalabhänge** destabilisiert werden. Dies stellt ein unkalkulierbares Risiko hinsichtlich der Entstehung von submarinen Rutschungen und deren Folgen (z. B. Tsunamigefahr) dar.
- Zur Entwicklung von Tiefseebohr- und Fördertechniken sowie für deren Instandhaltung sind enorm hohe **(Vor-)Investitionen** notwendig. Diese Kosten stellen ein großes wirtschaftliches Risiko für die Fördergesellschaften dar. Der äußerst hohe Investitionsaufwand würde zudem Finanzvolumina erfordern, die wahrscheinlich nur über Aktienkapitalgesellschaften beschaffbar und damit einem hohen Spekulationsrisiko unterworfen wären.

Abitur 2012 Geographie Bayern
Aufgabe III: USA und Mexiko –
Regionale Strukturen und globale Vernetzung

1 Strukturen im mexikanisch-amerikanischen Grenzraum

1.1 Gliedern Sie das Bild in Anlage III.1 mithilfe einer beschrifteten Skizze in die erkennbaren Raumeinheiten und beschreiben Sie diese!

1.2 Legen Sie drei Maßnahmen dar, um dem Wassermangel im semiariden Grenzraum zwischen Mexiko und den USA zu begegnen, und zeigen Sie mögliche Schwierigkeiten bei der Umsetzung auf!

1.3 Erläutern Sie die in Anlage III.2 modellhaft dargestellte Verteilung von Bodenwert und Bevölkerungsdichte in lateinamerikanischen Metropolen! 30 BE

2 Globalisierung: Ausprägung und Auswirkungen

2.1 Charakterisieren Sie die in Anlage III.3 erkennbaren Unterschiede und stellen Sie die Bedeutung der Emigration für die wirtschaftliche Entwicklung der beiden Länder dar!

2.2 Anlage III.4 zeigt den Index der globalen ökonomischen Verflechtungen der Staaten USA, Niger und Singapur.
Erläutern Sie die jeweilige Entwicklung!

2.3 In zunehmendem Maße sichern sich private Investoren, auch aus den USA, mittels langfristiger Pacht- oder Kaufverträge große Flächen in Entwicklungsländern, um sie landwirtschaftlich zu nutzen. Erörtern Sie die Auswirkungen dieses auch als *land grabbing* bezeichneten Prozesses in den Entwicklungsländern! 30 BE

60 BE

Anlage III.1 Satellitenbildaufnahme des Grenzraumes zwischen USA und Mexiko bei der mexikanischen Stadt Tijuana

Zur Bearbeitung der Aufgabe 1 ist die farbige Anlage III.1 (siehe Farbseiten am Ende des Buchs) zu verwenden!

Anlage III.2 Modellhafter Aufriss der lateinamerikanischen Stadt

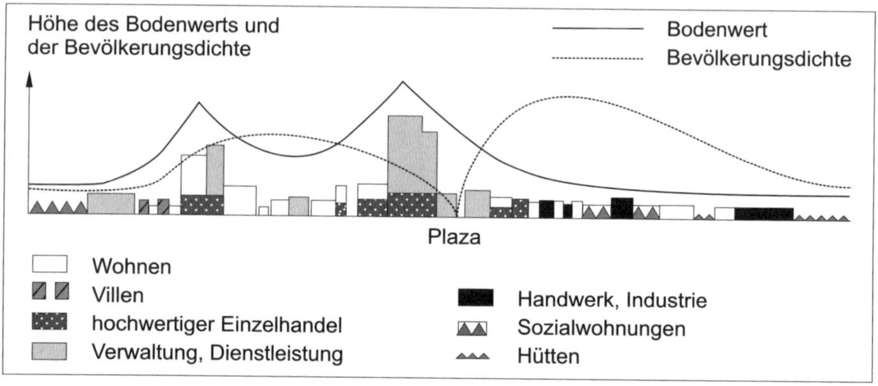

Anlage III.3 Mexiko und El Salvador: Daten zur Emigration (2009/2010)

	Mexiko	El Salvador
Gesamtbevölkerung (in Mio.)	107,4	6,2
Zahl der im Ausland lebenden Emigranten (in Mio.)	11,9	1,3
Geldrücksendungen in das Heimatland (in Mrd. US-$)	22,6	3,6
Anteil der Geldrücksendung in das Heimatland am BIP (in %)	2,1	15,7
HDI	0,767	0,672

Anlage III.4 Index der globalen ökonomischen Verflechtung

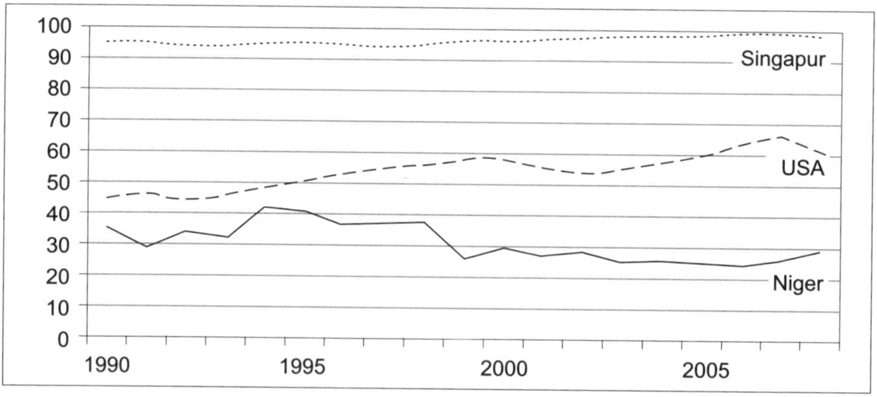

100 = höchstmöglicher Grad der Verflechtung

In den Index gehen u. a. der Anteil des Außenhandels am BIP, ausländische Direktinvestitionen und der Grad der globalen Verflechtung der Unternehmen ein.

Quellen- und Literaturverzeichnis

Eidgenössische Technische Hochschule Zürich (2011): KOF Globalisierungsindex, online unter URL: http://globalization.kof.ethz.ch/query/ (Anlage III.4)

Eigene Darstellung nach: Köck, Helmuth (Hg.): Handbuch des Geographieunterrichts. Band 4. Städte und Stadtsysteme. Hallbergmoos: Aulis Verlag in der Stark Verlagsgesellschaft mbH & Co. KG 1992, S. 179 (Anlage III.2)

Eigene Zusammenstellung nach: The World Bank (Hg.): Migration and Remittances Factbook 2011. 2. Aufl. Washington 2011 (Anlage III.3)

UNDP: Human Development Reports, online unter URL: http://hdrstats.undp.org/en/countries/profiles/SLV.hmtl,
http://hdrstats.undp.org/en/countries/profiles/MEX.html

© 2012 Chula Vista, Cnes/Spot Image, Digital Globe, Geo Eye, Sanborn, U.S. Geological Survey, USDA Farm. Service Agency (Anlage III.1)

Lösungsvorschlag

1.1 *Sie sollen das Bild in Anlage III.1 mithilfe einer beschrifteten Skizze in erkennbare Raumeinheiten gliedern und diese anschließend beschreiben. Für deren Beschriftung bieten sich zwei Möglichkeiten an: In der Skizze werden die unterschiedlichen Raumeinheiten etwa mit Großbuchstaben A, B, C, … bezeichnet und diese anschließend in einem Fließtext beschrieben oder die Beschreibung der Raumeinheiten erfolgt sogleich – bei entsprechender Schriftgröße – direkt in der Skizze.*

Das **Satellitenbild** wurde im Grenzraum zwischen den USA und Mexiko bei der mexikanischen Stadt Tijuana aufgenommen. Folgende Raumeinheiten lassen sich deutlich unterscheiden:

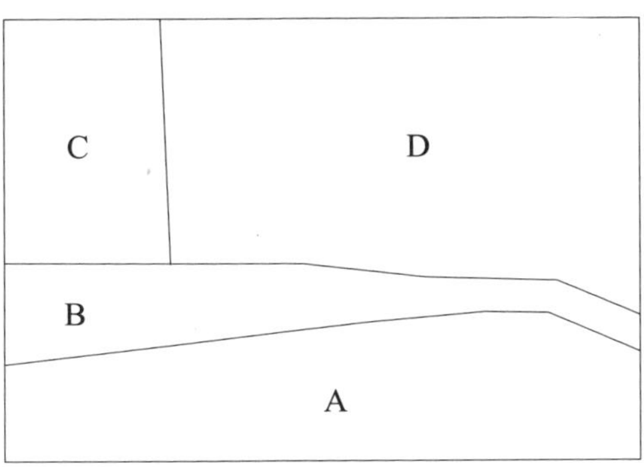

- In der unteren Bildhälfte (Bereich A in der Skizze) erstreckt sich südlich der Grenzlinie auf mexikanischem Staatsgebiet ein dicht bebautes, gemischt-funktionales Wohn- und Gewerbegebiet, das im überwiegenden Teil den typischen **Schachbrettgrundriss** einer lateinamerikanischen Stadt besitzt.
- In der Bildmitte (B) ist fast parallel zum Grenzverlauf bereits auf US-amerikanischem Territorium trocken gefallenes **Brachland** entlang eines kleinen Flusses zu erkennen, wobei nur im unmittelbaren Uferbereich Vegetation zu vermuten ist.
- In der linken oberen Bildhälfte (C) liegen große, rechteckige, landwirtschaftliche **Bewässerungsflächen**.
- Den größeren oberen Teil des Bildes (D) nimmt eine typische US-amerikanische **Stadtrandsiedlung** mit Einzelhausbebauung, Grünflächen und einem großflächigen Gewerbegebiet ein, die sehr wahrscheinlich durch die am äußeren rechten Bildrand noch erkennbaren Highways eine gute Verkehrsanbindung an die Kernstadt und das US-amerikanische Fernstraßennetz besitzt.

1.2 *In dieser Aufgabe müssen Sie auf Ihr Grundwissen über Maßnahmen zur Linderung des Wassermangels in semiariden Räumen zurückgreifen. Drei Maßnahmen sind zu beschreiben (der folgende Lösungsvorschlag gibt zum Training für Sie vier mögliche Beispiele an). Anschließend sollen Sie mögliche Schwierigkeiten bei deren Umsetzung im Grenzraum zwischen den USA und Mexiko aufzeigen.*
Da diese Teilaufgabe nicht durch ein Material gestützt wird, ist es sinnvoll, zusätzlich eine physische Atlaskarte des Grenzraums USA-Mexiko heranzuziehen, z. B. Diercke Weltatlas 2008, S. 196/197.

Zur Linderung des **Wassermangels** können an den grenznahen Flüssen wie dem Colorado, dem Rio Grande oder dem Rio Bravo del Morte **Staudämme** und **Stauseen** errichtet werden, wie dies bereits beim Falcon-Stausee geschehen ist. Auf diese Weise kann der Niederschlag der humiden Monate oberflächlich gespeichert und die stark schwankende Wasserführung der Flüsse ausgeglichen werden. Problematisch sind aber die damit verbundenen hohen Kosten und mögliche Konflikte zwischen den unterschiedlichen Nutzergruppen des verfügbaren Flusswassers, z. B. Landwirtschaft, Industrie oder öffentliche Wasserversorgung. Auch müssten zuerst die Wasserbesitzverhältnisse im Grenzgebiet USA-Mexiko geklärt werden.

Eine weitere Möglichkeit zur Steigerung des Wasserdargebots ist der Bau von **Tiefbrunnen**. Das geförderte Grundwasser kann für die Landwirtschaft oder als Trinkwasser bereitgestellt werden. Problematisch ist die damit verbundene Absenkung des **Grundwasserspiegels**. Bei übermäßiger Wasserentnahme besteht die Gefahr einer **Versalzung** des Grundwasserkörpers, in küstennahen Gebieten kann Meerwasser eindringen.

Eine Möglichkeit zur Bekämpfung des Wassermangels sind Ressourcen schonende Bewässerungstechniken besonders in der Landwirtschaft wie etwa die **Trickle Irrigation**, wofür aber hohe Investitions- und Unterhaltskosten sowie die Bereitstellung des notwendigen Know-how erforderlich sind.

Staatliche Verordnungen und Gesetze können zum Beispiel wasserintensive Nutzungen im privaten und gewerblichen Bereich verbieten oder einschränken und so zu einer Reduzierung des Wasserverbrauchs beitragen. Dies ist allerdings nur dann sinnvoll, wenn in beiden Staaten die gleichen gesetzlichen Vorschriften gelten und diese kontrolliert werden. Ansonsten droht die grenzüberschreitende Verlagerung wasserintensiver Nutzungen in das Land mit den geringeren Auflagen.

1.3 *In der Anlage III.2 wird modellhaft der zentral-periphere Wandel der Gebäudehöhen, der Bevölkerungsdichte und des Bodenwertes in lateinamerikanischen Städten bzw. Metropolen qualitativ dargestellt. Die Aufgabe fordert eine Erläuterung der Veränderungen der Bevölkerungsdichte und der Höhe des Bodenwerts in den verschiedenen Bereichen des Stadtgebietes.*

Den höchsten **Bodenwert** weisen **lateinamerikanische Städte bzw. Metropolen** im Stadtzentrum im Bereich der historischen Plaza auf. Hier konzentrieren sich – vergleichbar der US-amerikanischen Stadt – im **Central Business District** die höchstwertigen privaten und öffentlichen Verwaltungen, Dienstleistungen und der Einzelhandel. In der angrenzenden **Übergangszone** sinkt der Bodenwert in den durch Wohn- und Gewerbenutzung gemischt-funktionalen Stadtteilen. Im Bereich der **Sekundärzentren**, die neben hochwertigem Einzelhandel auch Verwaltungs- und Dienstleistungseinrichtungen aufweisen, steigt der Bodenwert entsprechend wieder. In den Außenbezirken der Städte sinkt der **Bodenpreis** zum Stadtrand hin auf ein Minimum. Hier dominieren Wohnnutzung mit unterschiedlicher qualitativer Infrastruktur sowie Handwerk, Kleingewerbe und auch großflächige Industrieareale, was die Gegend wenig attraktiv macht.

Eine qualitativ andere Verteilung als der Bodenwert zeigt die **Bevölkerungsdichte** in lateinamerikanischen Metropolen. So weist das Stadtzentrum die geringsten Dichtewerte auf, da hier die Wohnnutzung durch die **Tertiärisierung** fast vollständig verdrängt wurde. Abseits des Hauptgeschäftszentrums steigt die Bevölkerungsdichte in Richtung der Sekundärzentren deutlich an. Hier finden sich sowohl Wohnbebauung mit hochwertiger Ausstattung für die Mittelschicht als auch Villenviertel, teils in räumlicher Nähe zu Wohngebieten mit eher mangelhafter Gebäudesubstanz, wo die Unterschicht mit geringen Einkommen eine Unterkunft findet. Die höchsten Bevölkerungsdichten finden sich in Stadtteilen mit einem hohen Anteil von Sozialwohnungen und marginalisiertem älteren Wohnungsbestand mit niedrigen Mietpreisen. In den randstädtischen **Marginalsiedlungen** mit vorwiegend einfachen Hütten ist die Bevölkerungsdichte wegen der relativ geringen Bebauungsdichte vergleichsweise gering.

2.1 *Die Tabelle in Anlage III.3 enthält statistische Angaben für die Jahre 2009/10 zur Gesamtbevölkerung und zur Emigration für die Staaten Mexiko und El Salvador. Die Aufgabe fordert zunächst eine Charakterisierung der erkennbaren Unterschiede. In einem zweiten Teil soll die Bedeutung der Emigration für die wirtschaftliche Entwicklung der beiden Staaten dargestellt werden. Als Hilfsmittel empfiehlt sich die Nutzung eines Taschenrechners für die Berechnung weitergehender Daten.*

Die Zahl der im Ausland lebenden Mexikaner ist ungefähr neunmal so hoch wie die Zahl der im Ausland lebenden Salvadorianer. Allerdings ist der Anteil der Emigranten aus El Salvador mit 21 % der Gesamtbevölkerung im Vergleich zu Mexiko fast doppelt so hoch. Ein ähnliches Bild ergibt sich bei den **Geldrücksendungen** der Emigranten in ihr Heimatland: Obwohl die im Ausland lebenden Mexikaner mehr als sechsmal höhere Transferleistungen in ihr Herkunftsland schicken als die emigrierten Salvadorianer, beträgt der Anteil der Geldrücksendungen am mexikanischen BIP lediglich 2,1 %. Für die wirtschaftliche Leistungskraft von El Salvador besitzt der Anteil von fast 16 % der Geldrücksendungen am BIP eine ungleich größere Bedeutung. Diese Abhängigkeit und der deutlich niedrigere Wert des **HDI-Indexes** für El Salvador unterstreichen die geringere sozioökonomische Entwicklung des Landes im Vergleich mit Mexiko. Die statistischen Angaben – etwa der Anteil der Geldrücksendungen in das Heimatland am BIP – belegen, dass die **Emigration** für El Salvador eine deutlich größere sozioökonomische Bedeutung besitzt als für Mexiko.

Die hohen Geldrücküberweisungen der Emigranten sind positiv zu bewerten. Auf diese Weise können die im Heimatland verbliebenen Familien ihren Lebensstandard steigern; gleichzeitig erhöhen sich die Kaufkraft und somit die Wirtschaftskraft in den Quellregionen der Emigranten.

Die Geldüberweisungen verbessern durch den Zufluss von Devisen die Zahlungsbilanz der Empfängerländer und erhöhen möglicherweise auch die internationale Kreditwürdigkeit von Mexiko und El Salvador. Die Auswanderung von Arbeitskräften entlastet die Arbeitsmärkte in den Herkunftsländern, die durch hohe Arbeitslosigkeit und Unterbeschäftigung vor allem in ländlichen Räumen geprägt werden.

Eine negative Erscheinung der Emigration ist die Tatsache, dass vor allem junge, leistungsfähige und auch qualifizierte Arbeitskräfte ins Ausland abwandern, da ihnen in ihren Heimatländern keine entsprechenden Arbeitsplätze angeboten werden. Dies kann aber auch einen wirtschaftlichen Aufschwung erschweren, da hierfür gerade solche Leistungsträger benötigt werden. Darüber hinaus trifft die Auswanderung hochqualifizierter Arbeitskräfte, der sogenannte **Braindrain**, die Entwicklungsländer besonders hart: Deren Mangel kann sich als zentraler Standortnachteil bei dem Werben um Investitionen ausländischer Industrieunternehmen erweisen.

2.2 *Anlage III.4 spiegelt in einer Verlaufskurve die Entwicklung des „Index der globalen ökonomischen Verflechtungen" im Zeitraum 1990 bis 2008 für unterschiedlich entwickelte Staaten wider. Für die Staaten Niger, USA und Singapur sollen die aufgezeigten Entwicklungen erläutert werden.*

Singapur besitzt von allen drei Staaten den höchsten (fast konstant über 95 von möglichen 100 Punkten liegenden) Indexwert der **globalen Verflechtung**. Ursache hierfür ist die sehr große Bedeutung von Singapur als internationales Drehkreuz im interkontinentalen Schiffs- und Flugverkehr. Diese Funktion ist auch die Grundlage für die weltweite Bedeutung Singapurs als Handelsplatz sowie wichtiges Finanz- und Börsenzentrum für den gesamten asiatischen Raum und darüber hinaus. Hervorzuheben ist auch die Stellung Singapurs als Standort für Verwaltungs- und Forschungszentren der bedeutendsten multinationalen Unternehmen. Hier sind auch viele deutsche und europäische Firmen vertreten, für die die Präsenz auf dem asiatischen Kontinent, der zu den wachstumsstärksten Wirtschaftsregionen weltweit zählt, sehr wichtig ist.

Die **USA** zeigen einen mittleren, trotz der Abnahmen 2002 und 2008 zunehmenden Grad der **globalen** ökonomischen **Verflechtung**. Für die US-amerikanische Wirtschaft besitzt der große einheimische **Binnenmarkt** eine Vorrangstellung für die wirtschaftliche Entwicklung. Dies gilt auch für die Vielzahl der amerikanischen Großkonzerne, die ihre Produkte primär auf dem heimischen Markt anbieten und erst in zweiter Linie exportorientiert ausgerichtet sind.

Das in Zentralafrika gelegene Binnenland **Niger** ist durch seine **Meerferne** von den globalen Handelsströmen weitgehend abgeschnitten. Die einzigen wichtigen Exportprodukte für den Weltmarkt sind Uran und Eisenerz. Auch die Landwirtschaft ist wenig marktorientiert, hier dominiert traditionell die **Subsistenzwirtschaft**. Der Index der **globalen Verflechtungen** zeigt eine schwankende und insgesamt eher abnehmende Tendenz, verursacht durch sinkende **Terms of Trade** für den Rohstoffexport und die wachsende Konkurrenz anderer Rohstoffexporteure. Wegen der Binnenlage, der geringen Wirtschaftskraft der einheimischen Bevölkerung und der politischen Instabilität besitzt das Land auch keine Attraktivität für ausländische Investoren.

2.3 *In der letzten Frage wird der Prozess des „land grabbing" Gegenstand der Betrachtung. Sie sollen die Auswirkungen der Pacht oder des Aufkaufs großer landwirtschaftlicher Flächen in den Entwicklungsländern durch ausländische Investoren erörtern, das heißt, Vor- und Nachteile dieses Prozesses gegeneinander abwägen.*

Die Inwertsetzung bisher kaum oder nicht genutzter Flächen in Entwicklungsländern durch ausländische Investoren führt durch Rodung zur Zerstörung der natürlichen Vegetation und belastet das in Trockengebieten besonders sensible Ökosystem.

Auf den nun intensiv bewirtschafteten landwirtschaftlichen Flächen erzielen die neuen Besitzer durch Mechanisierung und verbesserte Anbaumethoden höhere Erträge und größere Erntemengen. Allerdings werden bevorzugt **Cashcrops** für den Weltmarkt produziert, die keinen Beitrag zur Sicherung der Ernährung in den betroffenen Entwicklungsländern leisten.

Häufig erfolgt der Anbau auf den durch Pacht oder Kauf von den Investoren erworbenen Flächen in **Monokultur**. Monokulturen bergen aber ein erhöhtes Risiko für das Ökosystem, etwa durch die schnelle Ausbreitung von Pflanzenkrankheiten, rasche Auslaugung der Böden, **Versalzung** der Anbauflächen durch übermäßige Bewässerung und Absenkung des Grundwasserspiegels infolge hoher Wasserentnahme.

Auf den neu entstehenden Großbetrieben der ausländischen Investoren wird nur eine geringe Zahl von Dauer- und Saisonarbeitsplätzen für die einheimische Bevölkerung geschaffen. Dagegen verlieren viele Kleinbauern durch den Verkauf oder die Verpachtung ihrer Agrarflächen die Lebensgrundlage. In der Folge ist eine Zunahme von sozialen Konflikten durch steigende **Arbeitslosigkeit** und zunehmende **Verarmung** der ansässigen Bevölkerung zu befürchten.

Durch das „**land grabbing**" werden in den betroffenen Regionen meist nur geringe Entwicklungsimpulse geschaffen, während die Gewinne in der Regel in die Herkunftsländer der Investoren abfließen. Gleichzeitig wächst aber die Abhängigkeit vom Weltmarktgeschehen, auf das die Entwicklungsländer kaum Einfluss nehmen können.

Abitur 2012 Geographie Bayern
Aufgabe IV: Deutschland: Bevölkerung – Wirtschaft – Tourismus

1 Bevölkerungsentwicklung

1.1 Erläutern Sie die in Anlage IV.1 dargestellte Bevölkerungsentwicklung Deutschlands in ihren Grundzügen!

1.2 Stellen Sie Herausforderungen dar, die sich für die Entwicklung städtischer Räume in Deutschland aus der in Anlage IV.1 prognostizierten Altersstruktur ergeben! 20 BE

2 Flugverkehr Berlins

2.1 Erklären Sie die in Anlage IV.2 erkennbare Entwicklung der Fluggastzahlen der Berliner Flughäfen und zeigen Sie zwei Gründe für die im Vergleich zu Frankfurt geringere Bedeutung Berlins als Luftverkehrsstandort auf!

2.2 Legen Sie unter Zuhilfenahme geeigneter Atlaskarten Chancen und Probleme dar, die sich aus der in Anlage IV.2 ersichtlichen Umstrukturierung des Berliner Flugverkehrs ergeben! 22 BE

3 Ostfriesische Inseln als Tourismusregion

3.1 Bewerten Sie ausgehend von geeigneten Atlaskarten und unter Heranziehung von Anlage IV.3 die naturräumlichen Voraussetzungen für den Tourismus auf den Ostfriesischen Inseln!

3.2 Erläutern Sie anhand der Anlage IV.4 die grundlegenden Tendenzen des Tourismus auf den Ostfriesischen Inseln! 18 BE

60 BE

Anlage IV.1 Bevölkerungsentwicklung nach Altersgruppen in Deutschland

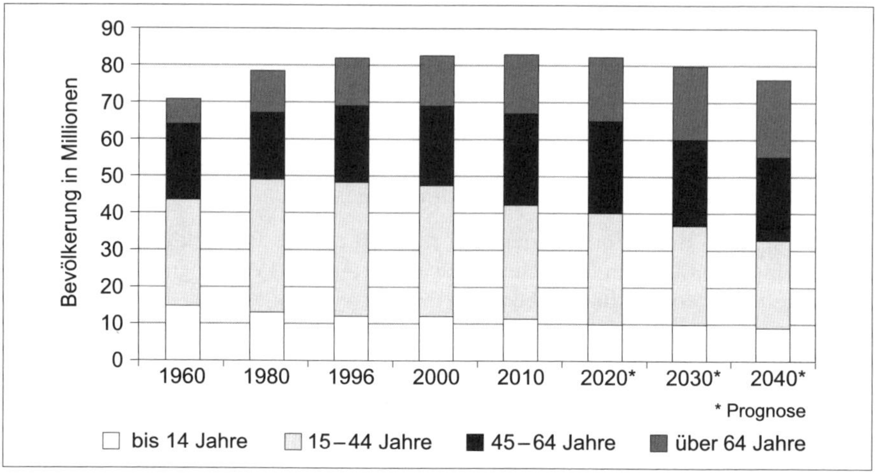

Anlage IV.2 Fluggastdaten der Berliner Flughäfen und des Frankfurter Flughafens (in 1 000)

Jahr	2005	2007	2009	2011	2013
Tempelhof (bis 2008)	546	350	–	–	–
Tegel (bis 2012)	11 533	13 358	14 180	16 920	–
Schönefeld (bis 2012)	5 075	6 331	6 797	7 114	–
Berlin-Brandenburg (ab 2012)*	–	–	–	–	27 000**
Frankfurt	52 230	54 168	50 938	56 444	***

* Neubau direkt südlich des geschlossenen Flughafens Schönefeld
** Schätzung
*** Prognose unbekannt

Anlage IV.3 Klimadaten der ostfriesischen Insel Norderney

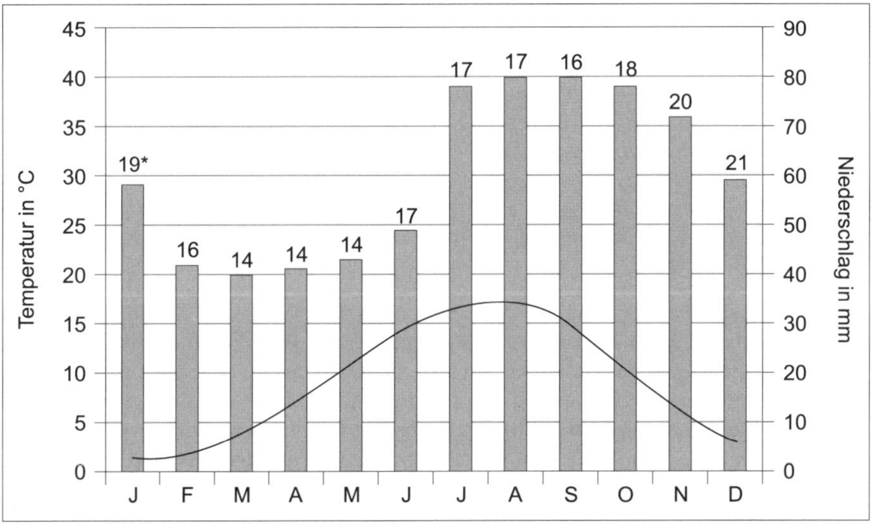

19* = Anzahl der Regentage (Tage mit NS > 0,1 mm) im Monat

Anlage IV.4 Entwicklung des Tourismus auf den Ostfriesischen Inseln 1995–2009

Jahr	Beherbergungs-betriebe	Gästebetten	Gäste-ankünfte	Gästeüber-nachtungen	Bettenauslas-tung (in %)
1995	939	33 849	609 684	5 673 601	47,0
2002	1 006	35 993	704 999	5 323 814	42,1
2009	865	35 726	795 207	5 219 095	41,4

Quellen- und Literaturverzeichnis

Daten nach: Flughafen Berlin Brandenburg GmbH; Hessisches Statistisches Landesamt, Wiesbaden (Anlage IV.2)

Landesbetrieb für Statistik und Kommunikationstechnologie Niedersachsen (o. J.), online unter URL: www.lsk.niedersachsen.de (Anlage IV.4)

Müller, Manfred J.: Handbuch ausgewählter Klimastationen der Erde, 5. ergänzte und verbesserte Auflage, Trier 1996, S. 44 (Anlage IV.3)

www.regiopraevent.de/Portals/5/Bilder_gross/Bild2.png (Anlage IV.1)

Lösungsvorschlag

1.1 *Ihre Aufgabe ist es, die in Anlage IV.1 aufgezeigte Bevölkerungsentwicklung nach Altersgruppen in Deutschland zu erläutern. Der Hinweis „in Grundzügen“ weist Sie darauf hin, dass nicht jede Einzelheit im Detail betrachtet werden soll, sondern grundlegende Tendenzen herauszuarbeiten sind.*
Es ist davon auszugehen, dass die Daten für die Einwohnerzahlen die gesamte in Deutschland ansässige Wohnbevölkerung umfassen, also auch jene Einwohner mit einem ausländischen Pass. Die Angaben für 1960 und 1980 entsprechen der Addition der Bevölkerungszahlen für die Bundesrepublik Deutschland und die DDR.

Die Gesamtbevölkerung in Deutschland ist seit 1960 von 70 Mio. auf etwas mehr als 80 Mio. Einwohner 2010 angestiegen. Die Prognose bis 2040 sieht aber einen leichten Rückgang auf ca. 75 Mio. voraus. Ursache für diese Entwicklung war bis 2010 der **Einwanderungsüberschuss**, der die negative natürliche **Bevölkerungsentwicklung** (Sterberate höher als Geburtenrate) mehr als kompensierte. Bis 2040 wird aber der positive **Wanderungssaldo** den natürlichen Bevölkerungsrückgang nicht mehr ausgleichen können.

Die Anzahl der Kinder bis 14 Jahre nimmt im Betrachtungszeitraum der Prognose zufolge kontinuierlich von ca. 15 Mio. auf weniger als 10 Mio. ab. Ursachen hierfür sind die sozioökonomisch bedingte Abnahme und die geringere Wertschätzung traditioneller Großfamilien. Steigender Lebensstandard, die Emanzipation der Frau sowie verlängerte Ausbildungszeiten führen zur Dominanz von Ein- und Zwei-Kind-Familien sowie zu einer starken Zunahme von kinderlosen Ehepaaren und sogenannten **Single-Haushalten**.

In der Altersgruppe der 15- bis 44-Jährigen ist noch bis 2000 eine geringe Zunahme zu verzeichnen. Diese wird verursacht durch den hohen Kinderanteil in der zweiten Hälfte des 20. Jahrhunderts sowie die Zuwanderung von ausländischen Arbeitskräften und Aussiedlern, die überwiegend in diese Altersgruppe einzuordnen sind. Bis 2040 nimmt aber die Altersgruppe im reproduktionsfähigen Alter deutlich ab, was auch die Abnahme der Kinder bis 2040 bedingt.

Die Zahl der 45- bis 64-Jährigen bleibt im gesamten Zeitraum relativ konstant, da in gleicher Weise jüngere Menschen in diese Altersgruppe eintreten, während ältere das Pensions- und Rentenalter erreichen.

Auffällig ist die kontinuierlich starke Zunahme der über 64-Jährigen. Die steigende **Lebenserwartung** als Folge des hohen Lebensstandards und die außergewöhnlich gute medizinische Versorgung lassen die Zahl der Rentner und Pensionäre von ca. 5 Mio. 1960 auf fast 20 Mio. 2040 anwachsen.

1.2 *Wenn Sie die Grundzüge der Entwicklung der Altersstruktur im Wesentlichen richtig bestimmt haben, können Sie nun die Herausforderungen bzw. Problemfelder darstellen, die sich im Besonderen für die städtischen Räume in Deutschland ergeben werden. Die Arbeitsanweisung gibt keine Hinweise zum Umfang Ihrer Lösung; es empfiehlt sich, vier bis fünf Herausforderungen zu benennen.*

Die wesentlichen Herausforderungen beziehen sich auf den stark steigenden Anteil der älteren Bevölkerung bei gleichzeitigem Verlust traditioneller Familienstrukturen: Künftig werden nur noch selten mehr als zwei Generationen in einem Haushalt wohnen.

Erforderlich sind der Ausbau und die Zunahme **seniorengerechter Wohnungen** und **Wohnheime** mit Einrichtungen für Gesundheitsfürsorge und Pflege. Die Mobilität älterer Menschen macht die Beseitigung von Barrieren im Straßenraum und den barrierefreien Zugang in die öffentlichen Verkehrsmittel notwendig. Gleiches gilt für die Anpassung des kulturellen Angebots und der Freizeiteinrichtungen an die Interessen einer **älter werdenden Gesellschaft**.

Ein weiteres Problemfeld stellt der **Arbeitsmarkt** dar. Das Arbeitskräfteangebot sinkt wegen der rückläufigen Einwohnerzahl der Menschen im erwerbsfähigen Alter, sodass vermehrt die Anwerbung von Arbeitskräften im Ausland notwendig erscheint. Gleichzeitig steigt auch der Bedarf von Arbeitskräften in den Pflegeberufen so stark an, dass die Nachfrage ebenfalls nur durch Zuwanderung befriedigt werden kann.

Defizite ergeben sich zudem bei den personenbezogenen **Steuereinnahmen** in den Kommunen, wenn die erwerbsfähige Bevölkerung abnimmt.

Dagegen ist eine Abnahme der Kinderzahl in den städtischen Räumen zumindest in der näheren Zukunft noch nicht zu erwarten – im Gegensatz zu den ländlichen Regionen, wo heute bereits Kindergärten und Schulen die Schließung droht.

2.1 *Der zweite Fragenkomplex dieser Abituraufgabe beschäftigt sich mit dem Flugverkehr von und nach Berlin. In der ersten Teilaufgabe soll die Entwicklung der Fluggastzahlen auf den ehemals drei, 2012 noch zwei Berliner Flughäfen erklärt werden und es sind zwei Gründe für die geringere Bedeutung Berlins als Luftverkehrsstandort im Vergleich zu Frankfurt/Main aufzuzeigen. Für die Bestimmung der Lagebeziehungen der genannten Flughäfen müssen Sie entsprechende thematische Karten im Atlas auswerten, z. B. Diercke Weltatlas 2008, S. 34.2.*

Der im Innenstadtbereich Berlins gelegene Flughafen Tempelhof wurde im Jahr 2008 geschlossen. Wegen der lagebedingten Einschränkungen des **Flugverkehrs** für größere Flugzeuge gab es nur wenige Flugverbindungen von und nach Tempelhof und die bevorstehende Schließung hatte einen zusätzlichen Attraktivitätsverlust für den ältesten Flughafen der Stadt zur Folge.

Der im Westteil gelegene, während der Teilung der Stadt neu errichtete Flughafen Tegel weist wegen seiner guten Verkehrserschließung und der vergleichsweise größeren Nähe zum Stadtzentrum die höchsten Passagierzahlen auf, die seit 2005 um fast 50 % angestiegen sind. Ursachen hierfür sind sicherlich die zunehmende Bedeutung Berlins als **Bundeshauptstadt**, Dienstleistungs- und Fremdenverkehrszentrum sowie das steigende Angebot von Urlauberflügen für die Berliner und Brandenburger Bevölkerung.

Der südlich von Berlin, jenseits der Stadtgrenze gelegene Flughafen Schönefeld war ehemals der wichtigste Flughafen in der früheren DDR. Als nachteilig haben sich nach der Wiedervereinigung 1990 die im Vergleich zu Berlin-Tegel größere Entfernung zur Innenstadt und die unzureichende Anbindung mit öffentlichen Verkehrsmitteln erwiesen, sodass die Fluggastzahlen auf niedrigem Niveau nur leicht stiegen.

Die ursprünglich für Mitte 2012 geplante, auf das Jahr 2013 verschobene Inbetriebnahme des neuen Großflughafens Berlin-Brandenburg hat die Schließung der beiden anderen Flughäfen zur Folge. Ob die prognostizierte Steigerung der Fluggastzahlen tatsächlich erreicht wird, ist heute mehr denn je ungewiss.

Die **Standortnachteile** der Berliner Flughäfen sind zum Teil historisch erklärbar durch die Insellage von West-Berlin innerhalb der DDR bis 1990 und die geringe Bedeutung des Flugverkehrs in der ehemaligen DDR bzw. im gesamten osteuropäischen Raum. Darüber hinaus besitzt Berlin nach wie vor eine **Randlage** im insgesamt gering besiedelten Osten Deutschlands, sodass hier auch das Passagieraufkommen im Vergleich zu Frankfurt deutlich geringer ist. Der Frankfurter Flughafen ist dagegen wegen seiner zentralen Lage in Deutschland und Europa eines der wichtigsten Luftdrehkreuze im europäischen und im weltweiten Langstreckenverkehr. Hinzu kommt eine optimale Anbindung an das Fernverkehrsstraßen- und Eisenbahnnetz.

2.2 *Grundlage der Aufgabe 2.2 ist die in der Anlage IV.2 erkennbare Neuausrichtung des Berliner Luftverkehrs: Schließung der Flughäfen Tempelhof, Tegel und Schönefeld sowie die Konzentration auf den neuen Großflughafen Berlin-Brandenburg. Die sich aus der Umstrukturierung ergebenden Chancen und Probleme sind darzulegen. Beziehen Sie, wie in Teilaufgabe 2.1, auch entsprechende Atlaskarten ein.*

Die Schließung der innerstädtischen Flughäfen Tempelhof und Tegel führt in den angrenzenden dicht besiedelten Wohngebieten Berlins zu einer Reduzierung der Umweltbelastungen durch Fluglärm und andere Emissionen. Ebenso verringert sich das Verkehrsaufkommen für den Zulieferverkehr. Auf den dann brachliegenden Flughafenflächen können neue Wohn- und Gewerbegebiete entstehen und zu einer Entlastung des angespannten Berliner Boden- und Wohnungsmarktes beitragen.

Eine Wiederverwendung von Teilflächen des bisherigen Flughafens Schönefeld als Verkehrs- und Gewerbeflächen für den angrenzenden neuen Flughafen Berlin-Brandenburg reduzierten den **Flächenverbrauch** für den neuen Airport erheblich.

Die Verbesserung der ökologischen Bedingungen im Umfeld der aufzugebenden Flughäfen wird aber andererseits zu einer stärkeren Fluglärm- und **Verkehrsbelastung** in den südlichen Rand- und Umlandgebieten Berlins durch den neuen Großflughafen führen. Proteste der Anwohner und langwierige gerichtliche Auseinandersetzungen über die Festlegung der Einflugschneisen sind an der Tagesordnung und belasten zusehends die Beziehungen zwischen der öffentlichen Verwaltung und den Bürgern. Problematisch ist auch die Frage, ob die hohen staatlichen Investitionen durch die Einrichtung zusätzlicher neuer Flugverbindungen besonders für den interkontinentalen Luftverkehr zu rechtfertigen sind.

3.1 *Unter Einbeziehung der Klimadaten der Station Norderney in Anlage IV.3 und entsprechender Atlaskarten sind die naturräumlichen Voraussetzungen für den Tourismus auf den ostfriesischen Inseln zu bewerten.*

Die **Ostfriesischen Inseln** liegen in geringer Entfernung zur deutschen Nordseeküste. Problematisch für den **Tourismus** sind die durch die **Gezeiten** zeitlich eingeschränkten Fährverbindungen und die periphere Lage der Inseln zu den süd- und mitteldeutschen Ballungsräumen.

Ein positiver Aspekt ist die Lage der Inseln im **Nationalpark** Wattenmeer. Dessen einzigartiges **Ökosystem** besitzt eine große Attraktivität vor allem für umweltbewusste Touristen und Naturfreunde. Diese sind in der Regel auch bereit, entsprechende Umweltauflagen wie das Zutrittsverbot für ausgewählte Naturschutzgebiete zu akzeptieren.

Die ausgedehnten Strandflächen bieten an sich gute Voraussetzungen für den **Badetourismus**. Allerdings wird dieser durch die niedrigen Wasser- und Lufttemperaturen auch im Sommer und den Wechsel der Gezeiten stark eingeschränkt.

Ganzjährig hohe Niederschläge mit einer großen Zahl von Regentagen im Sommer und relativ geringe Tagestemperaturen auch in der Hauptferienzeit schränken das Badevergnügen oftmals ein, sodass für sonnenhungrige Urlauber die Feriengebiete am Mittelmeer eine höhere Attraktivität besitzen.

Das gesunde **Reizklima** ist ein wichtiger Anlass für einen Kuraufenthalt älterer oder kranker Menschen auf den Ostfriesischen Inseln.

3.2 *Zum Abschluss sollen Sie, basierend auf der Anlage IV.4, die grundlegenden Tendenzen des Tourismus auf den Ostfriesischen Inseln erläutern. Dies ist eine beliebte Fragestellung, die in vergleichbarer Form häufig in Abituraufgaben wiederkehrt.*
Für die Berechnung etwa der durchschnittlichen Verweildauer der Urlauber empfiehlt sich die Nutzung eines Taschenrechners.

Von 1995 bis 2002 ist die Zahl der Beherbergungsbetriebe leicht gestiegen, ehe sie zwischen 2002 und 2009 um ein Siebtel zurückging. Diese Abnahme war aber nicht gleichbedeutend mit einer Abnahme der zur Verfügung stehenden Gästebetten, deren Zahl sogar leicht anstieg. Daraus lässt sich schließen, dass kleinere, gering ausgestattete und oft unrentable Gastbetriebe (etwa einfache Pensionen) aufgegeben haben, während andere Beherbergungsbetriebe modernisiert und deren Bettenzahl vergrößert wurde. Mit Sicherheit ist auch auf den Ostfriesischen Inseln der Trend zu hochwertigen, sogar luxuriösen Hotels zu beobachten. Allerdings fehlen in der tabellarischen Übersicht Angaben zur Qualität der bestehenden Beherbergungsbetriebe.

Vergleichbar mit den Entwicklungen in anderen Feriengebieten, z. B. dem Alpenraum, ist zwar die Zahl der Gästeankünfte deutlich um ca. 30 % seit 1995 gestiegen, was unter anderem auf den Imagegewinn eines Urlaubs in Deutschland und entsprechende Werbemaßnahmen der **Tourismusindustrie** zurückzuführen ist. Trotzdem hat die Zahl der Gästeübernachtungen leicht abgenommen: Betrug die durchschnittliche **Verweildauer** der Urlauber 1995 noch mehr als 9 Tage, so waren es 2009 weniger als sieben Tage. Dies kann mit dem Trend zu mehreren Urlaubsreisen im Jahr bei entsprechend kürzerer Verweildauer am jeweiligen Urlaubsort begründet werden.

Insgesamt betrachtet hat somit eine geringe Zunahme der Zahl an Gästebetten bei gleichzeitiger Abnahme der Gästeübernachtungen einen Rückgang der **Bettenauslastung** zur Folge. Dadurch nehmen die Konkurrenz und der Preisdruck für die Anbieter zu, was letztlich zur Schließung unrentabler Betriebe führt.

Abitur 2013 Geographie Bayern
Aufgabe I: Die kalte Zone

1 Niederschlags- und Druckverhältnisse

1.1 Fertigen Sie anhand von Anlage I.1 ein maßstabsgetreues Profil der Januarniederschläge entlang der Linie von A nach B an, und erläutern Sie die Niederschlagsverteilung auf dieser Strecke!

1.2 Erklären Sie die in Anlage I.2 dargestellten bodennahen Luftdruck- und Strömungsverhältnisse im Bereich der Antarktis! 22 BE

2 Temperaturverhältnisse

2.1 Oimjakon (63° 16' N/143° 9' O) gilt mit einer Januarmitteltemperatur von –50 °C als Kältepol der Nordhalbkugel.
Begründen Sie diesen sehr niedrigen Wert!

2.2 Erläutern Sie die in Anlage I.3 abgebildeten Temperaturprofile eines Permafrostbodens! 18 BE

3 Wirtschaftsraum

3.1 Wissenschaftler halten es für möglich, dass es durch den Klimawandel zu einer Abschwächung des Golfstroms kommen könnte.
Stellen Sie mögliche sozioökonomische Probleme dar, die sich dadurch für Norwegen ergeben würden!

3.2 Ein kommerzielles soziales Netzwerk baut im Norden Schwedens eine Serveranlage.
Bewerten Sie ausgehend von Anlage I.4 diese Standortentscheidung aus Sicht des Unternehmens und der Region! 20 BE

60 BE

Anlage I.1 Januarniederschläge im Norden Europas

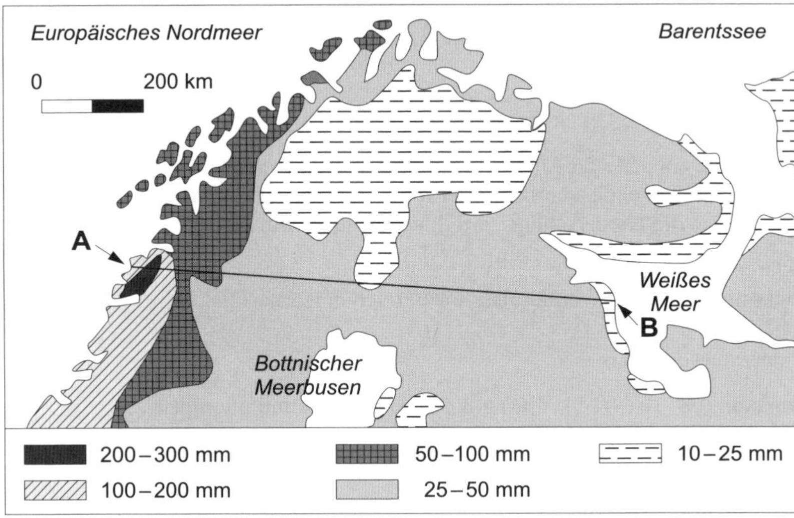

Anlage I.2 Bodennahe Luftdruck- und Strömungsverhältnisse im Bereich der Antarktis

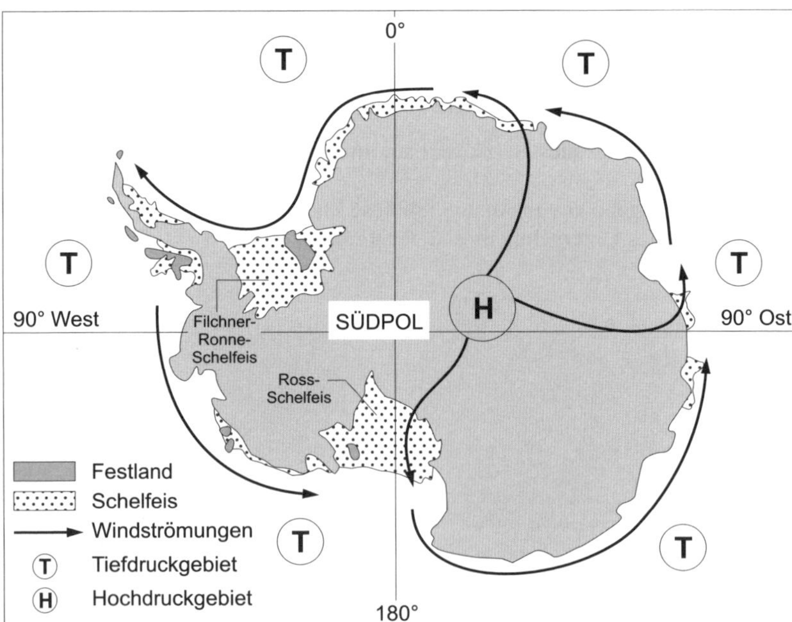

Anlage I.3 Modellhafte Temperaturprofile eines Permafrostbodens (Nordhalbkugel)

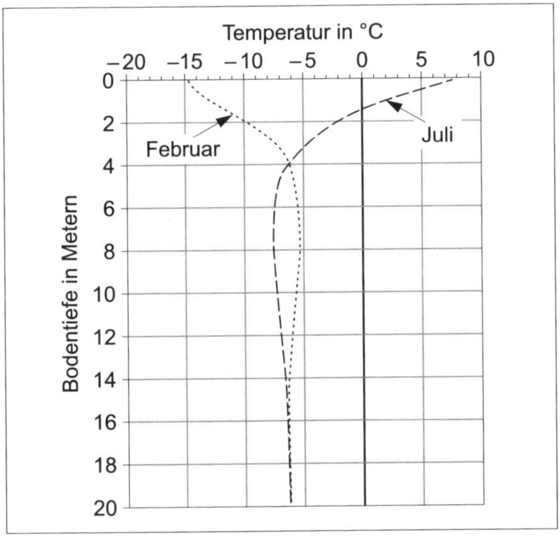

Anlage I.4 Zeitungsartikel über den Bau einer Serveranlage in Nordschweden (bearbeitet)

Den Tag, als der Anruf aus Amerika kam, wird Karl Petersen so schnell nicht vergessen. Es war ein Freitagabend im Februar, da klingelte das Handy des Bürgermeisters von Luleå, und ein Manager aus Kalifornien sagte: „Wir wollen nach Nordschweden!"

Seit Oktober 2011 ist klar, dass die Betreiber eines weltweiten kommerziellen sozialen Netzwerks am Bottnischen Meerbusen die größte Rechneranlage Europas errichten werden, deren Gesamtkosten sich, Schätzungen zufolge, auf gut eine halbe Milliarde Euro belaufen werden. Beim Betrieb ist allerdings der größte Kostenfaktor die Stromrechnung, vor allem für die Kühlung der Computer.

Die gut zehn Millionen Euro, die die Regierung als Investitionshilfe zahlt, sind aus Sicht des Bürgermeisters von Luleå gut angelegt. Dort ist zwar die Arbeitslosigkeit niedrig, aber die Region gilt trotzdem als strukturschwach, darum durfte die Stockholmer Regierung nach EU-Regeln überhaupt eine Subvention zahlen. Zwar gibt es in Nordschweden ein leistungsfähiges Glasfasernetz zur Informationsübertragung, aber die Stadt ist bisher kaum für Hightech bekannt. Stattdessen dominieren Stahlindustrie, Papierfabriken sowie die Nutzung der Wasserkraft.

Bisher betreibt das Unternehmen Serveranlagen in Kalifornien, Oregon und Virginia. Eine weitere in North Carolina ist in Planung. Luleå ist damit der erste Standort außerhalb der Rechtsordnung der USA. „Bis vor einigen Wochen war hier noch Wald", sagt Tony Abrahamsson, Chef der neu entstandenen Großbaustelle. Zufrieden betrachtet der Ingenieur, wie Bagger und Lkw im Minutentakt über die Großbaustelle rollen, die sich vom Rand eines Gewerbegebietes aus ins Gehölz frisst. Auf einer Fläche etwa so groß wie elf Fußballplätze lässt Abrahamsson drei Hallen errichten. Daten der Nutzer aus ganz Europa und dem Nahen Osten sollen dort gespeichert werden. Im Anschluss an die Fertigstellung der ganzen Anlage werden auf der Serverfarm ca. 35–40 Arbeitskräfte benötigt.

Quellen- und Literaturverzeichnis

Albrecht, T. (2011): Cool – Facebook baut Serverfarm in Nordschweden, online unter URL: http://www.tomshardware.de/Facebook-Serverfarm-Schweden-Lulea,news246474.html

Darstellung vereinfacht nach: Wüthrich, C. u. Thannheiser, D.: Die Polargebiete, Bildungshaus Schulbuchverlage Westermann Schroedel Diesterweg Schöningh Winklers GmbH, Braunschweig 2002, S. 83 (Anlage I.3)

Haack Weltatlas © Ernst Klett Verlag GmbH, Stuttgart 2013, S. 92 (Anlage I.1)

Herrmann, G. (2012): Zuckerbergs Gespür für Schnee, online unter URL: http://www. sueddeutsche.de/digital/besuch-auf-der-facebook-baustelle-zuckerbergsgespuer-fuer-schnee-1.1247559

Sawall, A. (2011): Facebook baut europäisches Rechenzentrum in Luleå, online unter URL: http://www.golem.de/1110/87320.html

Waugh, R. (2011): That's really cool: Facebook puts your photos into the deep freeze as it unveils massive new five acre data center near Arctic circle, online unter URL: http://www.dailymail.co.uk/sciencetech/article-2054168/Facebook-unveils-massive-datacenter-Lulea-Sweden.html

Wüthrich, C. u. Thannheiser, D.: Die Polargebiete, Bildungshaus Schulbuchverlage Westermann Schroedel Diesterweg Schöningh Winklers GmbH, Braunschweig 2002, S. 42 (Anlage I.2)

Lösungsvorschlag

1.1 *Der erste Teil der Aufgabenstellung erfordert zunächst die Anfertigung eines sauberen und vollständig beschrifteten Profildiagramms. Hierbei stellt sich die Frage, wie die jeweiligen Bereichsangaben (z. B. 200–300 mm) grafisch umgesetzt werden sollen. Empfehlenswert ist es, die jeweiligen Obergrenzen der Niederschlagsmengenbereiche heranzuziehen und die Beschriftung der y-Achse des Profils auch dementsprechend zu versehen. Vergessen Sie nicht, die x- und y-Achse sinnvoll zu benennen.*
Die in der Anlage gegebene West-Ost-Profillinie ist in sinnvolle Abschnitte – entsprechend den jeweiligen Niederschlagssummen – zu unterteilen. Dabei kann vom Original aus betrachtet in Millimetern gemessen und die Werte z. B. verdoppelt werden. Demzufolge ergibt sich ein Diagramm mit der Basisbreite zwischen 12 und 13 cm (im nachfolgenden Lösungsvorschlag ergibt sich aufgrund drucktechnischer Zwänge eine abweichende Basislänge).
Um die Niederschlagsverteilung auf der gegebenen Strecke von Westen nach Osten besser beschreiben und begründen zu können, empfiehlt sich eine zusätzliche Kennzeichnung der einzelnen markanten Abschnitte mithilfe von Ziffern.

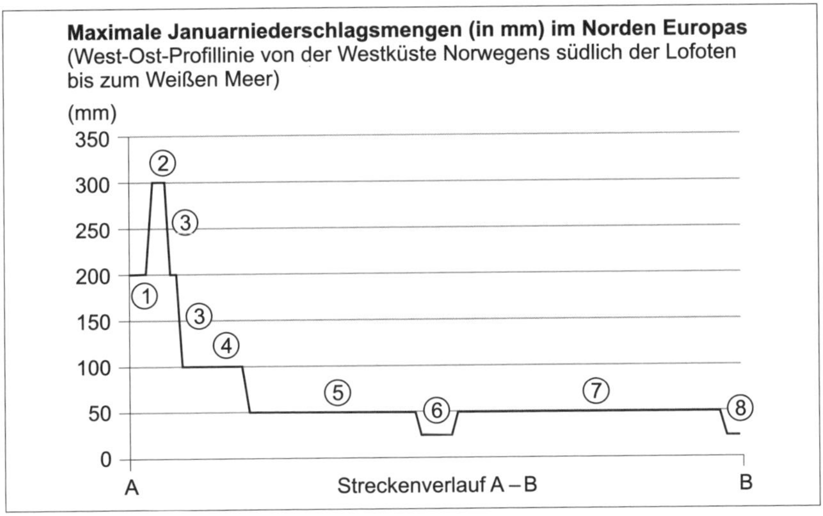

Erläuterung der Niederschlagsverhältnisse entlang der Strecke A – B:
Im direkten **Küstenbereich Nordwestnorwegens** (Ziffer ① in obiger Skizze) sind mäßige Niederschlagsmengen von höchstens 200 mm zu erkennen. Diese steigen im weiteren Verlauf nach Osten (②) deutlich auf maximal 300 mm an. Die Gründe hierfür sind **Steigungsregeneffekte** an der **Luvseite** des nördlichen Skandengebirges, wo atlantische Luftmassen im Bereich der **Westwindzone** nach Osten verfrachtet werden. Die am Skandengebirge abregnenden Luftmassen wurden zuvor durch das überdurchschnittlich warme Wasser der **Nordatlantikströmung (Golfstrom)** erwärmt und mit Feuchtigkeit gesättigt.

Auf der **Leeseite des Skandenhauptkammes** (③) sinken die Niederschlagsmengen nach Osten deutlich (Maximum bei 100 mm, weiter östlich maximal 50 mm, ④ und ⑤). Dies ist unmittelbare Folge der nun sehr viel niedrigeren relativen Luftfeuchtigkeit im Anschluss an das Abregnen am westlichen Skandenhauptkamm.

Nördlich des **Bottnischen Meerbusens** (⑥) treten minimale Niederschläge von höchstens 25 mm auf. Dies kann durch die tiefere Beckenlage erklärt werden.

Im weiteren Verlauf nach Osten (⑦) steigen die Niederschlagswerte wieder geringfügig an (maximal 50 mm). Einerseits ist dies erklärbar durch das nun wieder etwas höhere Relief, andererseits durch von Norden einströmende, Restfeuchtigkeit enthaltende Luftmassen der **Golfstrom-Verwirbelung** im Bereich der **Kola-Halbinsel**.

Weiter ostwärts im Bereich der **Weißmeerküste** sinken die Niederschlagswerte wiederum auf maximal 25 mm – teils infolge der niedrigen Höhenlage, teils infolge fehlender Feuchtigkeitszufuhr durch die niedrigen Wintertemperaturen.

Grundsätzlich ist auf der untersuchten Strecke eine Abnahme der Januarniederschläge von Westen nach Osten zu erkennen. Die generell niedrigen Werte östlich des Skandengebirges sind hierbei auf die nördliche Lage, die daraus resultierenden tiefen Temperaturen und den dadurch geringen Feuchtigkeitsgehalt zurückzuführen.

1.2 *Gehen Sie bei der Beantwortung der Frage systematisch von den gegebenen Inhalten der Anlage aus: Erläutern Sie zunächst das Zustandekommen des antarktischen Kältehochs. Beschreiben Sie dann das Grundprinzip, dass Luftmassen grundsätzlich von Gebieten höheren zu solchen niedrigeren Luftdrucks strömen (wollen). Erläutern Sie abschließend die tatsächlichen Fließrichtungen in Abhängigkeit von der Corioliskraft.*

Auf dem **antarktischen Kontinent** herrschen extrem niedrige Lufttemperaturen, die bedingt sind durch die **hohe Albedo** der eisbedeckten Flächen und den grundsätzlich **flachen Sonneneinstrahlungswinkel** einschließlich Polarnachtsphase. In der Folge kommt es zur Ausbildung eines **Kältehochs**, da spezifisch schwerere Luft zu Boden sinkt und dort zu dichteren (höheren) Luftdruckverhältnissen führt.

Im **Umfeld des antarktischen Kontinents** kommt es gleichzeitig zur Ausbildung einer randlichen (subpolaren) **Tiefdruckrinne**, weil Luftmassen aus dem Süden auf die bodennahen Luftmassen des Kältehochs aufgleiten.

Die Luftmassen des **antarktischen Kältehochs** streben nach physikalischem Druckausgleich. Deshalb fließen sie entlang des Druckgefälles bodennah Richtung Norden. Durch die **Coriolis-Ablenkung** (auf der Südhalbkugel in Fließrichtung nach links) kommt es am Rande des antarktischen Kontinents zu **umlaufenden Ostwinden**. Diese werden zudem durch die reliefbedingten Gegebenheiten (z. B. Gebirgsausläufer, Halbinseln) in ihrer Strömungsrichtung abgelenkt.

2.1 *Bei der Begründung der sehr niedrigen Januarmitteltemperatur von Oimjakon sollten im Wesentlichen drei Gegebenheiten, nämlich die subpolare/polare Lage, die besonderen Reliefverhältnisse und die extreme Kontinentalität herangezogen werden. Zur Feststellung dieser Lagecharakteristika ist hier unbedingt der Atlas heranzuziehen.*

Der ostsibirische Ort **Oimjakon** liegt auf etwa 700 m NN auf einer Hochfläche zwischen dem lang gestreckten Werchojansker Gebirge und dem Tscherskigebirge (Atlas). Infolge der „eingekesselten" Lage zwischen diesen Gebirgszügen wird der Zufluss wärmerer Luftmassen aus Süden verhindert. Oimjakon liegt also in einem abgeschirmten Becken, in dem sich **Kaltluftseen** ausbilden können. Zudem trägt die Höhenlage zusätzlich zu **hypsometrisch** bedingten niedrigeren Temperaturverhältnissen bei.

Die nördliche Breitenlage im Bereich des **nördlichen Polarkreises** bedingt im Januar eine äußerst geringe Energiezufuhr infolge des **sehr flachen Einstrahlungswinkels** und der **kurzen Sonnenscheindauer** pro Tag.

Darüber hinaus befindet sich Oimjakon in einer **extrem kontinentalen Lage** weit abseits jeglicher maritimer Luftmassen. Aufgrund der zu großen Entfernung vom Atlantik können im randlichen Bereich der Westwindzone keine maritimen Luftmassen mehr einfließen. Das **Nordpolarmeer** ist während der Wintermonate außerdem völlig zugefroren, womit ein temperaturmäßigender Einfluss eines Wasserkörpers gänzlich entfällt.

2.2 *Der Operator „erläutern" erfordert ein Beschreiben und Begründen der Temperaturverläufe im Permafrostboden. Hinsichtlich der beiden Kurven ist der scheinbare Widerspruch zwischen Winter- und Sommersituation (etwa in 6 m Tiefe höhere Temperaturen im Winter als im Sommer) zu erklären.*

Im Winter herrscht an der Erdoberfläche eine **Bodentemperatur** von etwa −15 °C. Sie ist eine direkte Folge der kalten Lufttemperaturen der bodennahen Luftschichten. Bis in eine Tiefe von etwa 6 m kommt es zu einer Temperaturzunahme um etwa 10 Celsiusgrade. Diese ist durch die Abgabe von zuvor im Sommer gespeicherter Wärmeenergie zu erklären.

Im Sommer ist der Boden an der Oberfläche infolge der **Wärmezufuhr aus den bodennahen Luftschichten** etwa +7 °C warm. Bis etwa 6 m Tiefe nimmt die Temperatur infolge der abnehmenden Einwirkung von der Oberfläche her stetig ab auf etwa −8 °C.

In 4 bis 14 m Tiefe liegen die Bodentemperaturen erstaunlicherweise im Sommer unter denen des Winters. Dies ist Folge der im Sommer gespeicherten Wärmeenergie, die im Winter wirksam wird.

Ab etwa 14 m Tiefe zeigen die beiden Graphen einen in etwa gleichen Temperaturwert auf. Dies ist darauf zurückzuführen, dass in diesen Tiefen Wärmeenergie von oben wegen der zu großen Entfernung zur Erdoberfläche nicht mehr wirksam wird.

3.1 *Obwohl in dieser Aufgabe nicht nach dem Ursachenkomplex einer möglichen Abschwächung der Nordatlantikströmung gefragt wird, empfiehlt es sich, von den potenziellen klimatischen Veränderungen auszugehen, um dann sozioökonomische Auswirkungen zu erläutern.*

Eine Abschwächung des **Golfstroms** hätte zur Folge, dass der Wärmeenergieüberschuss der atlantischen tropischen Gebiete nicht mehr ausgleichend in höhere Breiten abgeführt werden kann. Hieraus würden sich grundsätzlich **extremere Witterungs- und Klimaverhältnisse** für Norwegen ergeben.

Infolge des Sinkens der **Oberflächenwassertemperaturen** vor der Küste Norwegens und der daraus resultierenden stärkeren **winterlichen Vereisung** der Küstengebiete wäre mit einer eingeschränkten Nutzbarkeit der Schifffahrtslinien, der Fischereigebiete und der Off-Shore-Erdölförderung zu rechnen.

Die für Norwegen typische und gewinnbringende Nutzung der **Wasserkraft** in den Fjorden könnte dadurch eingeschränkt werden, dass die dann tieferen Wasser- und Lufttemperaturen allgemein zu einem Rückgang der Niederschlagssummen und damit zu einem **verringerten Oberflächenabfluss** führen würden.

Außerdem ist infolge des Absinkens der Lufttemperaturen mit einer starken Zunahme des winterlichen Energiebedarfs in Norwegen und mit damit verbundenen höheren Kostenaufwendungen zu rechnen.

Schließlich würde die generelle Temperaturabnahme auch zu einer Vergrößerung der **Permafrostflächen** führen. Damit verbunden wären höhere Erschließungs- und Baukosten, z. B. durch die Notwendigkeit des Baus tiefgründiger Fundamentkonstruktionen.

Eine Abschwächung des Golfstroms würde zudem zu einer Verlagerung der **agronomischen Anbaugrenzen** nach Süden und zu einer Verkleinerung der landwirtschaftlichen Anbaufläche generell führen.

Die starken **sozioökonomischen Veränderungen** hätten wahrscheinlich auch eine verstärkte Abwanderung aus nördlichen Gebieten Norwegens in südlichere zur Folge. Hieran gekoppelt wäre eine allgemeine Verstärkung **sozialräumlicher Disparitäten** zwischen Nord- und Südnorwegen.

3.2 *Differenzieren Sie in dieser Aufgabe strikt entsprechend der Fragestellung „… aus Sicht des Unternehmens <u>und</u> der Region“. Dem Operator „bewerten“ muss hierbei jeweils durch ein Abwägen der positiven <u>und</u> negativen Aspekte (Risiken) Rechnung getragen werden. So ergeben sich letztlich vier Antwortblöcke.*

Die **positiven Aspekte** für die vorliegende **Standortentscheidung aus Sicht des Unternehmens** können wie folgt beschrieben werden:
Da Schweden über ein hohes Maß an preiswerter **Wasserkraft** verfügt, ergeben sich für Unternehmen durchaus **Kostenvorteile**, gerade was den relativ hohen Energiebedarf für die Kühlung von Serveranlagen betrifft.

Der Standort liegt zwar räumlich abgelegen in einem strukturschwachen Gebiet Nordostschwedens; es besteht jedoch die Möglichkeit, über **EU-Subventionen** Kosten und Aufwand zu reduzieren, denkbar etwa im Bereich von Steuererleichterungen oder in günstigen Grundstücks- und Energiepreisen für die Unternehmen.
Die **geringe Bevölkerungsdichte** und die periphere Lage innerhalb Skandinaviens bieten zudem zahlreiche geeignete Flächen für einen weitgehend footloose orientierten Dienstleistungsbereich.
Vorhandene infrastrukturelle Vorleistungen, etwa das Vorhandensein eines **schnellen Glasfasernetzes**, begünstigen die Standortentscheidung.

Die **Risiken** der vorliegenden Standortentscheidung **aus Sicht des Unternehmens** lassen sich folgendermaßen beschreiben:
Zunächst erscheint der Standort durch seine **periphere Lage** in einem wenig besiedelten Gebiet, seine räumliche Ferne zu größeren städtischen Verdichtungsräumen und seine im Vergleich **niedrigere Infrastrukturausstattung** für höher qualifizierte Arbeitskräfte u. U. weniger attraktiv. Für die Unternehmen kann dies bedeuten, dass z. B. höhere Gehälter zu zahlen sind, um diese Arbeitskräfte dauerhaft am gewählten Standort zu halten.
Darüber hinaus besteht bei einem eventuellen Wegfall der EU-Subventionen **Standortunsicherheit** und – langfristig betrachtet – ein Investitionsrisiko.

Die **positiven Aspekte** für die vorliegende Standortentscheidung **aus Sicht der Region** lassen sich wie folgt beschreiben:
Zum einen bedeutet ein solcher Standort zunächst einmal eine Ansiedlung von Arbeitsplätzen, damit eine wirtschaftliche Aufwertung und – berücksichtigt man das EU-Subventionsvolumen – auch eine **räumliche und sozioökonomische Strukturverbesserung** in einem wenig dicht besiedelten, peripheren, bisher eher strukturschwachen Passivraum. Durch die Standortentscheidung werden – wenn auch in mäßiger Weise – **räumliche, sozioökonomische Disparitäten** zwischen Nordschweden und den wirtschaftlichen Kernräumen Mittel- und Südschwedens abgebaut.
Zudem ist für das traditionell altindustrialisierte, deshalb heute eher strukturschwache Nordschweden mit einem **Imagegewinn** zu rechnen, der eng mit den hochaktuellen und als modern eingeschätzten **digitalen sozialen Netzwerken** verknüpft ist.
Darüber hinaus kann davon ausgegangen werden, dass die erfolgreiche Ansiedlung eines derartigen Serverstandortes weitere Dienstleistungsunternehmen anziehen könnte (**Trickle-Down-Effekt**).

Die **Risiken** der vorliegenden Standortentscheidung **aus Sicht der Region** können wie folgt beschrieben werden:
Aus den (auch im Text erwähnten) Flächenrodungen für den Standort ergeben sich u. U. schwerwiegende Eingriffe in das **sensible subpolare Ökosystem**, möglicherweise verbunden mit negativen Imagemerkmalen. Außerdem lässt die relativ geringe Anzahl an neu geschaffenen Arbeitsplätzen eventuell einen nur

geringen bis mäßigen wirtschaftlichen Wachstumsimpuls erwarten. Für die Gemeinden der Region ergeben sich hieraus zudem wahrscheinlich nur relativ geringe Steuereinnahmen. Dies wird besonders dann prekär, sollten die EU-Subventionen eines Tages wegfallen. Die in einem schwierigen klimatischen Gebiet zu erhaltende Infrastruktur könnte dann zu erheblichen Kosten für die öffentliche Hand führen.

Ein Abwägen der positiven Aspekte und Risiken mag folgendes Gesamtbild ergeben:
Es scheint, dass grundsätzlich die wirtschaftlichen Entwicklungschancen für die Region gegeben und ausbaubar sind, gleichermaßen die kostengünstige Ansiedlung eines neuen Standortes durch das Unternehmen. Eine vergleichende Risikoeinschätzung würde auf den ersten Blick eher Vorteile (geringere Risiken) für die Unternehmen gegenüber der Region, die an hohe Infrastrukturinvestitionen gebunden ist, ergeben.

Abitur 2013 Geographie Bayern
Aufgabe II: Energiewirtschaft und Nachhaltigkeit in Deutschland und Asien

1 Stromerzeugung in Deutschland

1.1 Erläutern Sie die in Anlage II.1 dargestellten Veränderungen der Anteile der Energieträger bei der Stromerzeugung in Deutschland!

1.2 Im Jahr 2010 wurde der erste deutsche Windpark in der Nordsee in Betrieb genommen, die etwa 45 km nördlich von Borkum gelegene großtechnische Anlage „alpha ventus" (54° 0' N/6° 34' O).
Zeigen Sie ausgehend von geeigneten Atlaskarten mögliche Vor- und Nachteile solcher Off-Shore-Anlagen gegenüber Windenergieanlagen auf dem Festland auf! 20 BE

2 Energie

2.1 Ein Kriterium der Nachhaltigkeit ist der ressourcenschonende und effiziente Umgang mit Energie.
Legen Sie dar, welche Möglichkeiten es gibt, dieses Kriterium bei der Stadtentwicklung umzusetzen!

2.2 Während der Energiebedarf Deutschlands von 2001 bis 2011 um fast 10 % zurückging, stieg der Energiebedarf Chinas im gleichen Zeitraum um etwa 150 %.
Begründen Sie diese unterschiedliche Entwicklung! 20 BE

3 Abflussverlauf und Hydroenergie

3.1 Erklären Sie den in Anlage II.2 dargestellten Abflussgang des Irawadi bei Mandalay (21° 58' N/96° 4' O) in Myanmar (auch: Birma)!

3.2 China investiert in Hydroenergie aus dem Norden Myanmars.
Nach Protesten der dortigen Bevölkerung entschied die Regierung von Myanmar im Jahr 2011, den Bau des Myitsone-Staudamms am Irawadi zu stoppen.
Bewerten Sie ausgehend von Anlage II.3 diese Entscheidung aus der Sicht Myanmars! 20 BE

60 BE

Anlage II.1 Stromerzeugung in Deutschland nach Energieträgern

Anteile der Energieträger (in %)	**1991**	**2011***
Braunkohle	29,4	24,6
Steinkohle	27,7	18,5
Erdgas	6,7	13,6
Kernenergie	27,3	17,7
Erneuerbare Energien	3,2	20,3
Sonstige Energieträger	5,7	5,3
Stromerzeugung (in Mrd. kWh)	**540,2**	**608,8**

* vorläufige Angaben, z. T. geschätzt

Anlage II.2 Abfluss des Irawadi bei Mandalay

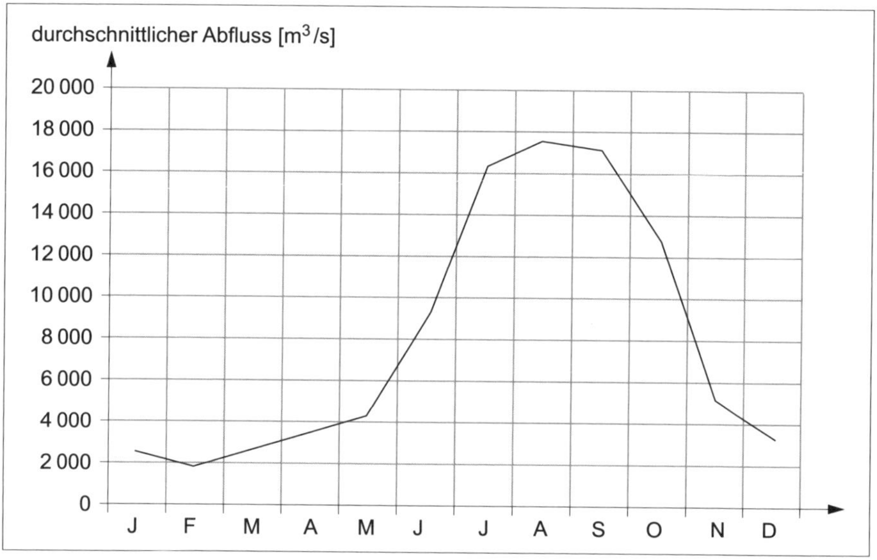

Anlage II.3 Myitsone-Staudammprojekt im Norden von Myanmar

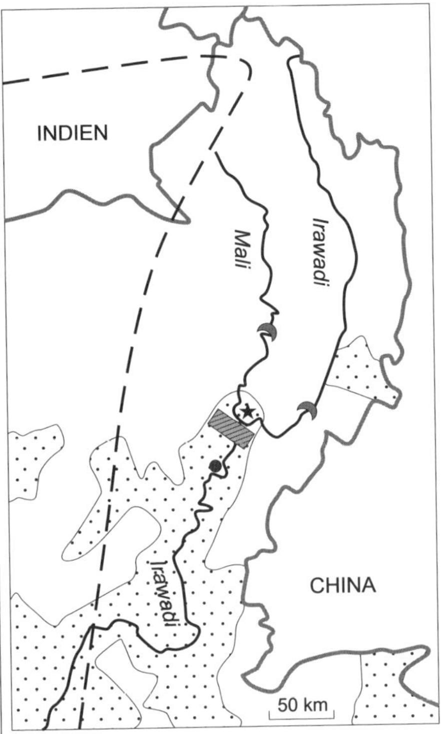

Staatsgrenzen

Myitkyina, Hauptstadt von Nord-ost-Myanmar, ca. 150 000 Ew.

Myitsone: „Zusammenfluss“ in der Landessprache; mythologischer Ursprung der Kultur der einheimischen Bevölkerung

Bevölkerungsdichte in Ew. / km^2

< 10

10 bis 50

berechnete Grenze des Rückstaubereichs in den Flusstälern

Grenze zwischen der Indischen und der Eurasischen Kontinentalplatte

Myitsone-Staudamm

Daten zum Staudammprojekt

Bauleitung:	China Power Investment Yunnan
Bauausführung:	10 000 chinesische Arbeitskräfte
Baukosten:	2,6 Mrd. €
Dammhöhe:	152 m
Stauseefläche:	ca. 770 km^2
Leistung:	ca. 6 000 MW
Hauptabnehmer des Stroms:	China (90 %)

Quellen- und Literaturverzeichnis

Alpha Ventus (Hg.) (2012): Fact-Sheet alpha ventus, S. 1 ff., online unter URL: http://www.alphaventus.de/fileadmin/user_upload/Pressekit/av_Factsheet_de_Juli2012.pdf

BP (Hrsg.) (2012): BP Statistical Review of World Energy June 2012, S. 40, online unter URL: http://www.bp.com/liveassets/bp_internet/globalbp/globalbp_uk_english/reports_and_publications/statistical_energy_review_2011/STAGING/local_assets/pdf/statistical_review_of_worl d_energy_full_report_2012.pdf

Eigene Darstellung nach Daten von UNH/University of New Hampshire/Global Runoff Data Center (Hrsg.) (o. J.): River discharge database: Irrawaddy Basin; online unter URL: http://www.grdc.sr.unh.edu/html/Polygons/P2260500.html (Anlage II.2)

Eigene Darstellung nach Kachin Development Networking Group (o. J.); online unter URL: http://www. kdng.org/dams/irrawaddy-dams.html (Anlage II.3)

Meuser, M. (2013): MapCruzin, online unter URL: http://www.mapcruzin.com/freemaps-thematic/burma_pop_1972.jpg

Nach Daten von: AG Energiebilanzen (Hrsg.) (2012): Stromerzeugung nach Energieträgern von 1990 bis 2011 (in TWh) Deutschland insgesamt, online unter URL: http://www.ag-energiebilanzen.de/viewpage.php?idpage=65 (Anlage II.1)

Spiegel Online (Hrsg.) (2011): Milliarden-Staudamm: China wehrt sich gegen Burmas Baustopp-Diktat. Spiegel Online (02. 10. 2011), online unter URL: http://www.spiegel.de/politik/ausland/milliarden-staudamm-china-wehrt-sich-gegenburmas-baustopp-diktat-a-789562.html

Lösungsvorschlag

1.1 *Grundlage für die Beantwortung dieser Aufgabe ist die Tabelle in Anlage II.1, die die unterschiedlichen prozentualen Anteile verschiedener Energieträger an der Stromerzeugung in Deutschland zwischen den Jahren 1991 und 2011 widerspiegelt.*
Ihre Aufgabe besteht darin, die Veränderungen der Anteile der einzelnen Energieträger im Vergleich mit den anderen Energieträgern zu beschreiben und die Gründe für diese Entwicklungen zu erläutern.

Insgesamt ist ein Zuwachs der **Stromerzeugung** in Deutschland zu erkennen, der aus dem verbrauchssteigernden Einfluss des gesamtwirtschaftlichen Wachstums, aber auch aus dem Bevölkerungszuwachs in Deutschland zwischen 1991 und 2011 resultiert.

Die Steigerungen verteilten sich in unterschiedlicher Höhe auf die beiden **Energieträger** Erdgas und erneuerbare Energien, wohingegen die Stromerzeugung aus Braun- und Steinkohle sowie Kernenergie Rückgänge zu verzeichnen hatte. Sonstige Energieträger blieben nahezu konstant auf einem äußerst niedrigen Niveau (5,7 bzw. 5,3 %) und sind damit zu vernachlässigen. Zurückzuführen ist diese Entwicklung auf die 2010 und 2011 verabschiedeten energiepolitischen Beschlüsse der Bundesregierung zur Förderung der erneuerbaren Energien und zum Ausstieg aus der Kernenergie. Aufgrund des Mehreinsatzes erneuerbarer Energieträger wurden alle anderen Energieträger in geringerem Maße zur Stromerzeugung in den Kraftwerken eingesetzt. Mit dem abnehmenden Versorgungsanteil der Kernenergie um 9,6 % einerseits und dem steigenden Beitrag der erneuerbaren Energien um 17,1 % andererseits ist eine Umorientierung bei der deutschen Stromerzeugung erkennbar. Gleichwohl beruht diese im Jahr 2011 noch immer zu fast 80 % auf fossilen Energien. Die Veränderungen bei den einzelnen Energieträgern stellen sich wie folgt dar:

- Bei der **Braunkohle** ist bei einem Anteil von einem Viertel an der Stromerzeugung ein leichter Rückgang um 4,8 % zu verzeichnen. Dies beruht sicherlich auf der angestrebten Verringerung der Treibhausgasemissionen, die zu einer Stilllegung veralteter Braunkohlekraftwerke führte, aber auch auf dem allgemeinen Rückgang der Braunkohleförderung in Deutschland.
- Die **Steinkohle** verzeichnet bei einem Anteil von 18,5 % mit 9,2 % eine deutliche Abnahme an der Stromerzeugung. Dies resultiert sicherlich aus der Verteuerung des Energieträgers aufgrund der hohen Förderkosten im deutschen Steinkohlebergbau, die sich aus den schlechten Ablagerungsverhältnissen der Steinkohle in Deutschland ergeben. Die bisherige Subventionierung der Steinkohleförderung läuft jetzt langsam aus bzw. soll im Jahr 2018 ganz eingestellt werden. Dies kann ein weiterer Grund für die Abnahme des Anteils der Steinkohle an der Stromerzeugung sein.

– Der Anteil von **Erdgas** verdoppelte sich im gleichen Zeitraum von 6,7 auf 13,6 %. Jedoch ist Erdgas damit immer noch der am wenigsten bedeutende Energieträger innerhalb der deutschen Stromerzeugung („Sonstige Energieträger“ außer Acht gelassen). Die starke prozentuale Zunahme ist auf die im Vergleich zu anderen fossilen Brennstoffen geringen CO_2-Emissionen von Erdgas zurückzuführen. Zudem wurden die Lieferumfänge von Erdgas aus Russland ausgeweitet und das Pipelinenetz mit Russland ausgebaut, z. B. mit der Ostseepipeline.

– Die **Kernenergie** verzeichnet mit 9,6 % die deutlichste Abnahme an der Stromerzeugung. Dies ist auf den sogenannten Atomausstieg in Deutschland zurückzuführen, der auf der ablehnenden Haltung der Gesellschaft in Hinblick auf die gesundheitlichen Gefahren und die Unfallrisiken beim Betrieb von Kernkraftwerken beruht. Diese Einstellung hat sich aufgrund der Nuklearkatastrophe in Japan im Jahr 2011 verstärkt. Ein weiterer Grund für den Atomausstieg ist sicherlich auch das ungelöste Problem einer sicheren Langzeitendlagerung für radioaktiven Müll. Somit beschloss die Bundesregierung im Jahr 2011, acht Kernkraftwerke dauerhaft abzuschalten, was sich auf den Anteil von Kernenergie bei der Stromerzeugung niederschlägt.

– Den größten Zuwachs bei der Stromerzeugung mit 17,1 % erzielten die **erneuerbaren Energien**, die im Jahr 2011 einen Anteil von über 20 % innehatten. Die verstärkte Nutzung erneuerbarer Energiequellen ist ein erklärtes Ziel der deutschen Umwelt- und Klimaschutzpolitik. In Deutschland soll der Anteil der „Erneuerbaren“ am Stromverbrauch bis 2020 auf mindestens 35 % gesteigert werden. Dies führte einerseits zu hohen staatlichen Subventionen, andererseits wurde die technische Entwicklung erneuerbarer Energiequellen, z. B. in der **Solar- und Windenergie**, vorangetrieben.

1.2 *Schon in der Aufgabenstellung sind wichtige Hintergrundinformationen zur Beantwortung dieser Frage enthalten. So können Sie herauslesen, dass es sich bei „alpha ventus“ um einen Off-Shore-Windpark handelt. Das heißt, dass diese Windanlage weit draußen in der offenen Nordsee, nämlich 45 km von der Insel Borkum bzw. 60 km von der niedersächsischen Festlandküste entfernt, unter Hochseebedingungen (30 m Wassertiefe) errichtet wurde. Die genaue Lage sowie weitere Informationen, z. B. zur Anzahl der Windanlagen (zwölf Rotoren), zur Stromproduktion (über 60 Megawatt Gesamtleistung) oder zu den Windgeschwindigkeiten (7–8 m/s), sind geeigneten Atlaskarten zu entnehmen. Auf dieser Grundlage sollen Sie die Vor- und Nachteile solcher Off-Shore-Windparks aufzeigen.*

Off-Shore-Windparks steuern im Rahmen der **Energiewende zu erneuerbaren Energien** einen großen Beitrag zu einer klimaschonenden Stromversorgung bei („**alpha ventus**“: 267 Gigawattstunden pro Jahr – das entspricht dem Jahresverbrauch von rund 70 000 Haushalten). Die Off-Shore-Windenergie hat daher das Potenzial, künftig einen wesentlichen **Anteil an einer regenerativen**

Stromversorgung in Deutschland zu übernehmen. Ihr besonderer Vorteil gegenüber Standorten auf dem Festland ist die **höhere Leistung** aufgrund **höherer Windgeschwindigkeiten** über der offenen Nordsee. Zudem sind über dem Meer die **Windverhältnisse konstanter** als über Land, wo natürliche Hindernisse wie Hügel oder Wälder und die unterschiedliche Bebauung den Luftstrom verwirbeln und abbremsen können. Konstant wehende Winde erlauben dagegen eine **gleichmäßige Einspeisung von Strom** in das Stromnetz. Anhand von Messdaten zu Dauer und Geschwindigkeit der Winde über der Nordsee lässt sich sagen, dass „alpha ventus" rund 3 800 Stunden pro Jahr unter Volllast Strom produzieren kann. Das sind etwa 50 % mehr als bei entsprechenden Anlagen an Land.

Wegen der großen Entfernung zum Festland haben Off-Shore-Windparks eine größere **Akzeptanz** seitens der Bevölkerung, denn sie sind von der Küste aus **nicht** sichtbar und stellen für den Menschen **keine Lärmbelästigung** dar. Außerdem stehen auf hoher See **ausreichend Flächen** zur Verfügung, um Windparks wie „alpha ventus", aber auch noch sehr viel **größere Off-Shore-Projekte** zu realisieren.

Die Lage solcher Off-Shore-Windparks bietet also vorteilhafte Bedingungen, stellt aber auch ihre eigenen Anforderungen. Ihr Bau ist durch die große Entfernung zur Küste und durch eine Wassertiefe von rund 30 m mit **sehr hohen Baukosten** verbunden. Die **harten Wind- und Wetterverhältnisse** auf hoher See, aber auch die angestrebte Effektivität solcher Anlagen erfordern besonders große **und leistungsstarke Rotoren**. Auch die **Fundamente** müssen entsprechend dimensioniert sein, um den extremen Bedingungen der Hochsee trotzen zu können. Der produzierte Strom muss dann noch über ein rund 60 km langes, armdickes Seekabel, das in den Meeresboden eingegraben wird, Richtung Festland transportiert werden, bis er im deutschen Stromnetz ankommt.

Aber auch die **Betriebsführung und die Wartung** solcher Anlagen erzeugen **hohe Kosten**. Am Standort von „alpha ventus" sind starker Seegang und Wellenhöhen von mehreren Metern zu bestimmten Jahreszeiten keine Seltenheit; die Windgeschwindigkeiten erreichen im Schnitt 36 km/h (Stärke 5). Dies macht nicht nur den Bau, sondern auch die Wartung eines Off-Shore-Windparks ungemein schwieriger als in Küstennähe oder an Land. So kann die Windanlage von den Bauteams und Service-Technikern nur per Schiff oder per Helikopter aus der Luft erreicht werden. Wind und Wetter geben damit den Takt für Bau- und Wartungsarbeiten vor und erfordern für jeden Einsatz genaueste Planung und logistische Flexibilität.

Der Bau und der Betrieb einer solch gigantischen Anlage kosten folglich sehr viel. Dies kann nur durch den Verbund vieler Energieversorger (hier: EWE, E.ON und Vattenfall) und mit hoher staatlicher Unterstützung realisiert werden. Damit entsteht natürlich eine große **Abhängigkeit** von solchen **Stromerzeugern**.

Off-Shore-Windparks **beeinträchtigen** die **sensible maritime Lebenswelt**, sowohl während ihrer Bauphase als auch beim Betrieb der Anlage. Der Lärm der

Rotoren führt zu einem hohen Schalleintrag ins Wasser der Nordsee. Die neuen künstlichen Anlagen im Meer verändern den Lebensraum und die Fanggründe der Unterwassertierwelt, aber auch die Flugrouten der Meeresvögel. Die Verlegung der Kabelstränge stellt zudem einen Eingriff in das sensible Ökosystem des Wattenmeers dar.

2.1 *Bei dieser Teilaufgabe sollen Sie mögliche Maßnahmen zum ressourcenschonenden und effizienten Umgang mit Energie bei der Stadtentwicklung darlegen. Bedenken Sie bei Ihrer Antwort, dass hier zweckmäßige Maßnahmen im stadtplanerischen, nicht aber im privaten Bereich aufgezeigt werden sollen.*

Die stetig fortschreitende Urbanisierung lässt sich im Zuge der Stadtentwicklung durch energieeffiziente Gebäude, intelligente Energieversorgung und Mobilitätskonzepte in Richtung **Nachhaltigkeit** lenken.

Ein energieeffizienter Gebäudebestand spielt für die **Energiewende** eine zentrale Rolle. Etwa ein Drittel des gesamten Endenergieverbrauchs in Deutschland entfällt auf das Heizen und die Bereitung von Warmwasser in Gebäuden. Eine Möglichkeit für die ressourcenschonende Stadtentwicklung stellt also die **Steigerung der Energieeffizienz** von privaten und öffentlichen Gebäuden dar. Dies lässt sich über eine **Dämmung** des Dachs oder der obersten Geschossdecke sowie durch Dämmmaßnahmen der Außenwände und der Kellerdecken realisieren. Ebenso von Bedeutung ist die Montage von Wärmeschutzfenstern. Diese energiesparenden Möglichkeiten gelten sowohl für Neubauten als auch für die energetischen Sanierungsmaßnahmen von Altbauten. **Moderne Heizungstechnik** sowie Systeme für die Gebäudeautomation zur Steuerung von Heizungs-, Lüftungs-, Klima- und Kühlungsanwendungen haben ebenso ein hohes Energieeinsparungspotenzial. Hierzu wäre jedoch ein langfristig angelegtes und verlässliches Anreizsystem mit zinsverbilligten Krediten, direkten Zuschüssen und der Einführung einer steuerlichen Förderung der energetischen Gebäudesanierung notwendig.

Ebenso müsste die **Energieversorgung**, z. B. durch Fernwärmenetze und Blockheizkraftwerke, optimiert werden. Auch die verstärkte Förderung und Genehmigung von Anlagen zur Erzeugung alternativer Energien, z. B. Solardächer, wären effektive ressourcenschonende Maßnahmen.

Hinsichtlich neuer **Mobilitätskonzepte** wäre die Schaffung von Mischquartieren mit Wohn- und Gewerbenutzung denkbar. Dies würde innerstädtische Pendlerbewegungen reduzieren. Auch sollten innerstädtische Erholungsflächen wie Parks ausgebaut werden, um den Freizeitverkehr zu beschränken. Zur Reduzierung des motorisierten Individualverkehrs müssten Carsharing-Projekte, der Ausbau des Radwegenetzes sowie der ÖPNV ausgeweitet bzw. gefördert werden, z. B. durch attraktive Preisgestaltung und Netzoptimierung.

2.2 *Bei dieser Teilaufgabe wird die Tatsache vorgegeben, dass der Energiebedarf Deutschlands von 2001 bis 2011 um fast 10 % zurückging, während der Energiebedarf Chinas im gleichen Zeitraum um etwa 150 % anstieg. Lassen Sie sich durch die Angabe von Prozentwerten anstatt absoluter Werte nicht verwirren: Deutschland befindet sich schon auf einem hohen Ausgangsniveau, wohingegen China aufgrund seines relativ geringen Ausgangslevels hohe Zuwächse beim Energiebedarf verzeichnet.*

Durch das relativ **geringe Wirtschaftswachstum** sowie die **Energiesparmaßnahmen** im Zuge der **Energiewende** wird in Deutschland immer weniger Energie verbraucht. Zudem wandelt sich Deutschland zunehmend zu einer **Dienstleistungsgesellschaft**, die weniger energieintensiv ist. In China kam es dagegen zwischen 2001 und 2011 zu einem **Wirtschaftsboom**. Als „verlängerte Werkbank" der Welt hat China seine **Industrialisierung** stark forciert, was sich aufgrund der energieintensiven industriellen Produktion im Energiebedarf deutlich niederschlägt.

Der nahezu unverändert hohe **Lebensstandard** bzw. der hohe **Motorisierungsgrad** in Deutschland lassen keine große Steigerung des Energiebedarfs mehr zu. Aufgrund der Energiesparmaßnahmen, die durch die **Ölkrise** und neuerdings durch die Energiewende ausgelöst wurden, kommt es gar zu einem geringen Rückgang des Energiebedarfs. Dagegen steigt der Energiebedarf durch die starke Zunahme des Konsums und des Motorisierungsgrads in China an, da das wachsende Durchschnittseinkommen der chinesischen Bevölkerung dies ermöglicht. Hinzu kommt natürlich, dass die Bevölkerungszahlen in Deutschland annähernd stagnieren, wohingegen die **Bevölkerung** Chinas in diesem Zeitraum noch stark **gewachsen** ist.

Weitere Gründe sind das wachsende **Umweltbewusstsein** und die staatliche Förderung des Energiesparens in Deutschland. Dagegen herrscht aufgrund des Nachholbedarfs in China noch ein geringeres Umweltbewusstsein. Zudem sind die staatlichen Anreize zum Energiesparen in der Volksrepublik noch sehr gering.

3.1 *Grundlage für die Beantwortung dieser Frage ist der in Anlage II.2 dargestellte Abflussgang des Irawadi bei Mandalay in Myanmar. Zuerst müssen Sie die Stadt Mandalay in einer entsprechenden Atlaskarte verorten, um den Flusslauf des Irawadi und dessen Einzugsgebiet näher erfassen zu können. In einem zweiten Schritt teilen Sie den Kurvenverlauf der Anlage II.2 in Phasen mit gleichbleibendem, ansteigendem und absinkendem durchschnittlichen Abfluss. Diese Phasen beschreiben und erklären Sie nun aufgrund der natürlichen Gegebenheiten im Einzugsgebiet des Irawadi. Hierzu können Ihnen Klimakarten, die den zeitlichen Verlauf des Monsuns in Südasien wiedergeben, behilflich sein.*

In den Monaten **November bis Mai** hat der **Irawadi** bei Mandalay mit unter 6 000 m^3/s **sehr niedrige Abflussmengen**. Die Ursache sind die geringen Niederschläge im Einzugsgebiet des Irawadi und seiner Nebenflüsse aufgrund der

trockenen kontinentalen Luftmassen des winterlichen Nordostmonsuns. Diese strömen nämlich aus dem innerasiatischen Kältehoch über Myanmar zur **ITC**, die sich zu dieser Zeit südlich des Äquators befindet. Zudem liefern der Oberlauf sowie die Nebenflüsse kein Wasser, da im Winter die Niederschläge als Schnee fallen.

Von **Mai bis Juli steigt die Abflussmenge** des Irawadi bei Mandalay auf über 16 000 m^3/s an. Der Grund für diese starke Zunahme der Wasserführung ist der **Sommermonsun**. Im Sommer erwärmt sich nämlich die riesige Landmasse Innerasiens aufgrund der Kontinentalität so stark, dass sich dort ein großräumiges Hitzetief entwickelt. Dadurch verlagert sich die ITC über Myanmar nach Norden. Das große Luftdruckgefälle zwischen dem asiatischen Festland und dem Indischen Ozean lässt die **Südostpassate** des **subtropischen Hochdruckgürtels** der Südhalbkugel über den Äquator hinaus nach Norden wehen. Hier werden sie durch die rechtsgerichtete ablenkende Wirkung der Erdrotation **(Coriolis-Ablenkung)** zum Südwestmonsun. Dieser nimmt über dem warmen Indischen Ozean, dem Arabischen Meer und dem Golf von Bengalen viel Feuchtigkeit auf und dringt mit hohen Niederschlagsmengen ins Landesinnere nach Norden vor. Die südexponierten Hänge des Kachin-Berglands, eines südlichen Ausläufers des Himalajagebirges, erhalten durch den **Luv**-Effekt an der Gebirgsbarriere extrem hohe Niederschläge.

Von Mitte **Juli** bis Mitte **September** hat der Irawadi bei Mandalay mit knapp 18 000 m^3/s die **höchsten Abflussmengen**. Ursache ist, neben dem regenbringenden Sommermonsun, die im Hochgebirge des Himalaja einsetzende **Schneeschmelze**, die die Wasserführung noch verstärkt.

Ab Mitte **September bis November** nimmt die Abflussmenge wegen der zurückgehenden Niederschläge beim **Übergang vom Sommer- zum Wintermonsun** wieder deutlich auf unter 6 000 m^3/s ab.

3.2 *Bei dieser Aufgabe sollen Sie die Entscheidung der Regierung von Myanmar aus dem Jahr 2011 bewerten, den Bau des Myitsone-Staudamms am Irawadi, in den China zur Gewinnung von Hydroenergie investieren will, zu stoppen. Sie sollen also die negativen sowie die positiven Auswirkungen dieser Entscheidung, die nach Protesten der ansässigen Bevölkerung getroffen wurde, darlegen. Informationen zur Lage des Projekts, zur dortigen Bevölkerungsdichte, zur berechneten Fläche des Rückstaus in den Flusstälern sowie zum Verlauf der Indisch-Eurasischen Plattengrenze können der beigefügten Anlage II.3 entnommen werden. Ebenso finden sich in dieser Anlage Daten zur Bauleitung, zur Bauausführung, zu den Baukosten der Staufläche, zur Leistung und zum Hauptabnehmer, nämlich China. Generell sollen Sie auf der Grundlage Ihnen bekannter Projekte (z. B. Drei-Schluchten-Staudamm in China) die grundlegenden Aspekte von Staudammbauten bedenken.*

Mit diesem Entschluss **verliert** Myanmar Millionen von **Deviseneinnahmen** aus dem Stromexport nach China, denn die Elektrizität (6 000 MW), die mit dem Irawadi-Myitsone-Damm produziert werden sollte, sollte fast vollständig nach China verkauft werden.

Ebenso besteht die Gefahr der **Verschlechterung der Beziehungen** zum mächtigen Nachbarn China. Zudem verzichtet das Land auf einen sinnvollen **Hochwasserschutz**, auf die Verbesserung der **Schiffbarkeit** des Irawadi aufgrund gleichmäßigerer Wasserführung sowie auf die Steigerung des **Bewässerungspotenzials**, was zu höheren Ernteerträgen hätte führen können.

Jedoch müssen nun nicht mehr über 60 **Dörfer** bzw. ca. 15 000 Menschen **umgesiedelt** und damit aus ihrer Heimat entwurzelt werden. Eine solche Umsiedlungsmaßnahme hätte viele **soziale Probleme** wie etwa Landbesitzkonflikte und Arbeitslosigkeit hervorgerufen. Außerdem wird vermieden, dass **Ackerland** in der Größe New Yorks für immer im Stausee versinkt.

Auch wurde verhindert, dass durch den Staudammbau am Zusammenfluss der Flüsse Irawadi und Mali eine wichtige kulturelle Stätte für die burmesische Bevölkerung, die die Vereinigung der Flüsse als ihre historische „Wiege" ansieht, zerstört wird. Denn durch diese Entscheidung wird dieser **mythologische Ursprung** der einheimischen Kultur **vor der Überflutung bewahrt**.

Der Damm liegt 100 km von einer Bruchlinie zwischen der Indischen und der Eurasischen Platte entfernt. Ein möglicher **Dammbruch infolge eines Erdbebens** und dessen **katastrophale Folgen** können mit dieser Entscheidung vermieden werden. Bei einem Dammbruch hätten nämlich die Wassermassen des Stausees die 40 km unterhalb gelegene Regionalhauptstadt Myitkyina mit ihren 150 00 Einwohnern sowie das dicht besiedelte Irawadi-Tal überflutet.

Es wird verhindert, dass durch den Staudamm der Abfluss des Irawadi reguliert und damit die **Bewässerungsmöglichkeit der Reisfelder** in den Flussebenen des Unterlaufs sowie im Delta **reduziert** wird. Ebenso können die **fruchtbaren Flusssedimente** weiterhin als natürlicher Dünger genutzt werden. Auch hätte sich, wenn das Wasserreservoir des Dammes aufgefüllt wird, die Flusswassermenge im Delta vermindert; im Gegenzug wäre Meerwasser in die Felder des Deltas eingedrungen.

Ein weiterer Vorteil der Entscheidung ist, dass das natürliche Flusssystem erhalten bleibt und es damit nicht zu einer Veränderung der Fischwanderungen kommt, was die **Fischerei** am Unterlauf des Irawadi eingeschränkt hätte.

Der Stausee hätte zudem eine große **Waldfläche überflutet**, die eine große Biodiversität aufweist. Mit dem Entschluss sind nun Hunderte von **Tierarten** und **Pflanzen** in ihrem **Bestand gesichert**.

Insgesamt erscheint es als Vorteil, dass die burmesische Regierung die starke Abhängigkeit des Landes von China verhindert. Auch die Kritik, dass kostbare Energieressourcen des Landes an China verkauft werden, statt für den Aufbau der eigenen Wirtschaft genutzt zu werden, wird nun verstummen.

Abitur 2013 Geographie Bayern
Aufgabe III: Naturräume und Entwicklung in Afrika südlich der Sahara

1 Naturraum

1.1 Anlage III.1 zeigt die Klimadaten zweier Stationen im südlichen Afrika. Ordnen Sie diese den Orten Swakopmund, Namibia (22° 41' S/14° 31' O) und Gaborone, Botsuana (24° 45' S/25° 55' O) zu, indem Sie die jeweiligen Temperatur- und Niederschlagsverhältnisse begründen!

1.2 Namibia ist wirtschaftlich deutlich höher entwickelt als Simbabwe. Vergleichen Sie mithilfe geeigneter Atlaskarten die naturräumliche Ausstattung der beiden Staaten und nehmen Sie Stellung zu der Aussage, dass der wirtschaftliche Entwicklungsunterschied zwischen diesen beiden Staaten auf die naturräumliche Ausstattung zurückgeführt werden kann! 20 BE

2 Entwicklungswege

2.1 Zeigen Sie, dass die in Anlage III.2 dargestellten Daten zur Verstädterung auf einen niedrigeren Entwicklungsstand Simbabwes im Vergleich zu Südafrika hinweisen!

2.2 Stellen Sie anhand von Anlage III.3 die Bedeutung der Diamanten für die Wirtschaft Botsuanas dar und erläutern Sie mögliche Vorteile der dargestellten geplanten Veränderung für dieses Land! 18 BE

3 Tourismus

3.1 Beschreiben und erklären Sie die in Anlage III.4 modellhaft dargestellten Entwicklungsstadien des internationalen Tourismus in Kenia!

3.2 In vielen peripheren Gebieten des südlichen Afrika gibt es Nationalparks.
Erörtern Sie Chancen und Probleme für diese Regionen, die durch den Ausbau des Tourismus entstehen! 22 BE

60 BE

Anlage III.1 Klimadaten zweier Stationen im südlichen Afrika

Station A

	J	F	M	A	M	J	J	A	S	O	N	D	Jahr
T	17,2	18,1	17,5	15,7	15,1	15,2	13,0	12,1	12,6	13,7	14,9	16,4	15,1
N	1	2	2	2	0	0	0	0	0	0	1	0	8

Station B

	J	F	M	A	M	J	J	A	S	O	N	D	Jahr
T	25,0	25,0	22,8	19,4	15,0	12,2	12,2	15,0	18,3	22,8	23,9	24,4	19,7
N	89	89	86	36	14	5	5	5	13	41	64	94	541

T = durchschnittliche Temperatur in °C; N = Niederschlagssumme in mm

Anlage III.2 Ausgewählte Daten zur Verstädterung von Simbabwe und Südafrika

	Simbabwe (12,6 Mio. Einwohner)	**Südafrika** (48,8 Mio. Einwohner)
Verstädterungsgrad (in %)	38	62
geschätzte jährliche Verstädterungsrate 2010–15 (in %)	3,4	1,2
Anzahl der städtischen Räume über 100 000 Einwohner	5	51
Rangliste der vier größten städtischen Räume (Einwohner in Mio.)	Harare (3,5)	Johannesburg (8,8)
	Bulawayo (0,8)	Kapstadt (5,5)
	Mutare (0,2)	Durban (3,7)
	Gweru (0,1)	Pretoria (2,6)

Anlage III.3 Diamanten in Botsuana

Seit vielen Jahren erzielt Botsuanas Wirtschaft eine der höchsten Wachstumsraten weltweit. Der Diamanten-Bergbau ist verantwortlich für über ein Drittel des Bruttoinlandsprodukts und für 70 bis 80 % des Exportaufkommens von Botsuana. 2009 schrumpfte allerdings das BIP, da aufgrund der globalen Finanzkrise die Nachfrage nach Diamanten einbrach. Inzwischen hat sich die Wirtschaft jedoch wieder erholt und zwei große Ratingagenturen stufen das Land als das kreditwürdigste in ganz Afrika ein. Für den Export von Diamanten ist in Botsuana das Unternehmen *Debswana*, ein Gemeinschaftsunternehmen der Firma *De Beers* und des Staates, verantwortlich.

Gemäß einem zehnjährigen Abkommen verlagert der Weltmarktführer *De Beers* ab 2013 Teile seines Geschäfts von London in die botsuanische Hauptstadt Gaborone. Dann werden in Botsuana die Rohdiamanten nicht mehr nur gefördert, sondern auch sortiert, bearbeitet und gehandelt. Während bisher die Edelsteine ausschließlich an *De Beers* verkauft worden sind, werden künftig etwa 10 % auch anderweitig angeboten.

Anlage III.4 Modellhafte Entwicklung des internationalen Tourismus in Kenia

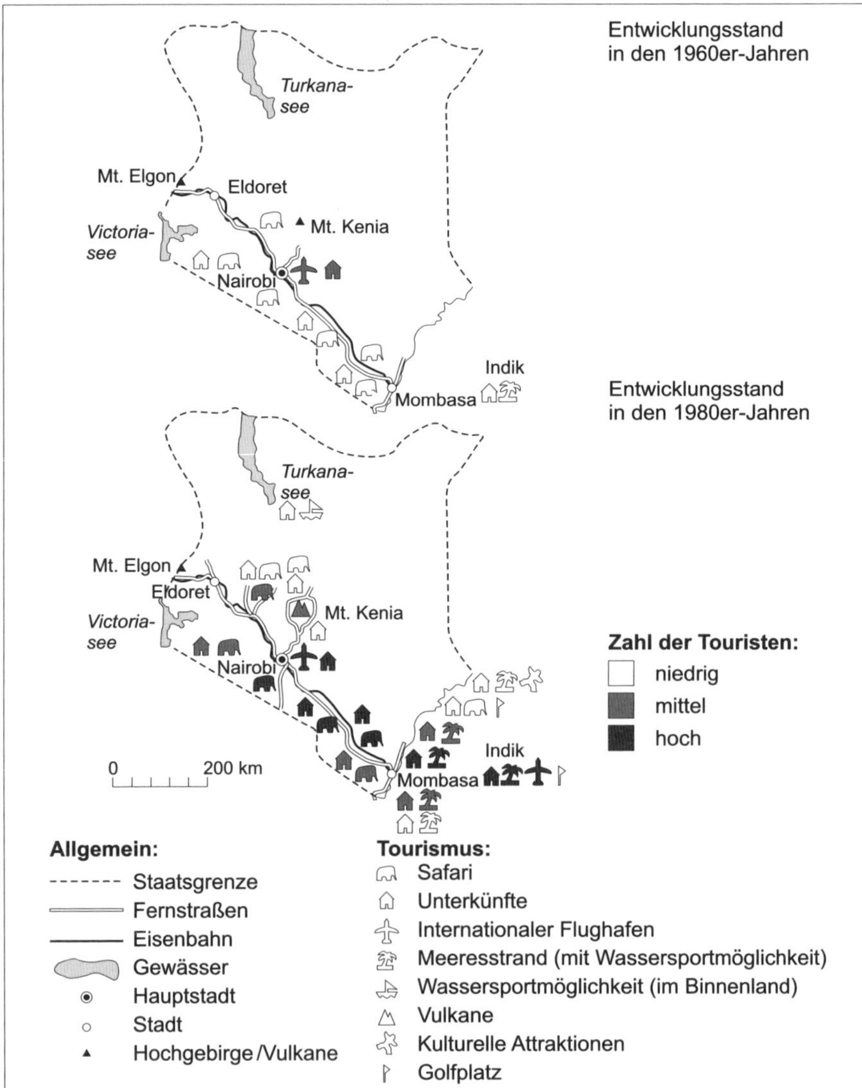

Quellen- und Literaturverzeichnis

AFP News Agency (2011): Gaborone statt London. De Beers verlagert Rohdiamantenhandel, online unter URL: http://www.handelsblatt.com/unternehmen/ industrie/gaborone-statt-london-de-beersverlagert-rohdiamantenhandel/ 4625288.html

CIA World Factbook (o. J.), online unter URL: https://www.cia.gov/library/publications/the-world-factbook

Nach Daten von MSN Wetter und Climate-data.eu (Station A); nach Daten von Wetter.net und Climate-data.eu (Station B) (Anlage III.1)

Vereinfachte Darstellung nach: Job, H. u. Metzler, D.: Tourismusentwicklung und Tourismuspolitik in Ostafrika. In: Geographische Rundschau 55 (7–8), 2003, S. 11 (Anlage III.4)

Zusammengestellt nach Daten von CIA World Factbook, Stiftung Weltbevölkerung und UNHDP (Anlage III.2)

Lösungsvorschlag

1.1 *Sie werden aufgefordert, die in Anlage III.1 vorgegebenen Klimadaten den zwei im südlichen Afrika liegenden Stationen Swakopmund (Namibia) und Gaborone (Botsuana) zuzuordnen. Hierzu sollen Sie die klimatischen Besonderheiten herausarbeiten und begründen. Die angegebenen Orte finden Sie mithilfe der Angaben im Gradnetz auf Atlaskarten zum südlichen Afrika. Genauere Informationen zur großräumigen atmosphärischen Zirkulation können Weltkarten (z. B. „Luftdruck und Winde im Januar" bzw. „Luftdruck und Winde im Juli" sowie „Niederschläge im Juli" und „Niederschläge im Januar") entnommen werden.*

Station A besitzt relativ niedrige Temperaturen mit einem Maximum von 18,1 °C im Februar und einem Minimum von 12,1 °C im August. Die Jahrestemperaturamplitude beträgt also nur 6 °C. Als Jahresniederschlag werden nur 8 mm angegeben, alle Monate sind arid.
Station A ist Swakopmund: Die trotz der Nähe zum südlichen Wendekreis niedrigen Temperaturen und die geringe Temperaturamplitude sind eine Folge der Küstenlage im Einflussbereich des kalten **Benguelastroms**. Das vollaride Klima und die Küstenwüste, die **Namib**, werden durch die Auflösung der über dem Benguelastrom entstehenden Küstennebel über der heißen Landfläche verursacht.

Station B weist eine deutlich höhere Temperaturamplitude von 12,8 °C auf. Die maximale Monatstemperatur beträgt im Januar und Februar 25,0 °C, das Minimum liegt im Juni und Juli bei 12,2 °C. Die Station hat von April bis Oktober fünf bis sechs aride Monate, die höchsten Niederschläge fallen im Dezember mit 94 mm, die geringsten von Juni bis August mit jeweils 5 mm.
Station B ist Gaborone: Die im Vergleich zu Swakopmund größere Temperaturamplitude wird durch die Binnenlage im südlichen Afrika verursacht, die nicht allzu hohen Temperaturen werden durch die Höhenlage bestimmt. Die humiden

Monate von November bis März sind den südlichen Ausläufern der ITC mit **Zenitalregen**, die Niederschlagsarmut von Mai bis September dem Einfluss des **subtropisch-randtropischen Hochdruckgürtels** mit absteigenden Luftmassen und Wolkenauflösung zu verdanken.

1.2 *Die Aufgabenstellung basiert auf der recht allgemeinen Aussage, dass der Staat Namibia deutlich höher entwickelt sei als das Land Simbabwe. Den geforderten Vergleich der naturräumlichen Ausstattung beider Länder können Sie mithilfe geeigneter Atlaskarten, z. B. mit einer Klimakarte zu Afrika, mit einer Wirtschaftskarte zur Bodenbedeckung/Vegetation und mit einer physischen Karte zur Höhengliederung, sicher erbringen. Der zweite Teil der Aufgabe erscheint jedoch angesichts des Fehlens quantitativer Angaben zu den beiden Staaten bzw. Ihrer vermutlich geringen Kenntnisse über die jeweilige Landesgeschichte problematisch, sodass Sie sich hier mit eher allgemeinen Feststellungen begnügen sollten.*

Namibia grenzt im Westen des südlichen Afrikas an den Atlantischen Ozean, während Simbabwe fernab der Küsten im Binnenraum liegt. Das Relief der beiden Länder wird von Hochländern und Gebirgsräumen mit Gipfellagen um die 2 500 m dominiert; eine Besonderheit ist in Namibia die sich über 1 300 km entlang des Atlantischen Ozeans erstreckende Küstenebene der **Namib**. Die Temperaturverhältnisse in beiden Staaten ähneln sich, wobei auch hier die Namib mit vergleichsweise niedrigen Temperaturen, verursacht durch den kalten **Benguelastrom**, eine Sonderstellung einnimmt. Sehr viel deutlicher sind die Unterschiede bei den Niederschlagsverhältnissen. In Namibia sind deutlich geringere Niederschlagshöhen und eine extrem hohe Aridität mit bis zu zehn ariden Monaten im Jahr zu registrieren. Daraus resultiert eine sehr hohe Dürrewahrscheinlichkeit, da auch ganzjährig Wasser führende Flüsse fehlen. Dementsprechend prägnant sind die Unterschiede der landesweiten Vegetation. So herrschen in Simbabwe Feucht- und Trockensavanne mit relativ fruchtbaren Böden vor, im Gegensatz dazu finden sich in Namibia Wüste und Halbwüste mit humusarmen Wüstenböden. Beide Länder besitzen reiche Rohstoffvorkommen: So findet man z. B. Bauxit, Blei, Zink, Uran und Edelsteine in Namibia, Eisenerz, Chrom und Nickel, Kupfer, Platin, Gold und Edelsteine in Simbabwe.

Die Aussage, dass der höhere Entwicklungsstand Namibias im Vergleich zu Simbabwe (laut Diercke Weltatlas 2008, S. 250.1 betrug der **HDI** für Namibia im Jahr 2006 0,5 bis 0,7, für Simbabwe nur 0,4 bis 0,5) auf die naturräumliche Ausstattung zurückzuführen ist, ist falsch. In fast allen Bereichen sind die naturräumlichen Gegebenheiten im Land Simbabwe besser zu bewerten, jedoch mit einer Ausnahme: Simbabwe ist ein Binnenland und deswegen in den Welthandel wesentlich schlechter integriert als der Küstenstaat Namibia, der auch an einer der wichtigsten Weltschifffahrtsrouten zwischen Europa und Asien liegt. Der höhere Entwicklungsstand Namibias ist möglicherweise eher auf die geringere Einwohnerzahl sowie politische und gesellschaftliche Unterschiede zurückzuführen. So wurde die wirtschaftliche Entwicklung Simbabwes durch die erst 1980 gewaltsam erstrittene Unabhängigkeit der ehemals britischen Kolonie und einen bis in die jüngste Vergangenheit immer wieder aufflammenden Bürgerkrieg verzögert oder sogar verhindert. Dagegen erhielt Namibia schon in der Kolonialzeit und auch nach der Unabhängigkeit im Jahr 1990 wegen seiner strategisch bedeutsamen Lage große ausländische Unterstützung zur Verbesserung seiner wirtschaftlichen und sozialen Entwicklung.

2.1 *Die Teilaufgabe 2.1 fordert von Ihnen den Nachweis für den geringeren Entwicklungsstand von Simbabwe im Vergleich mit Südafrika unter Verwendung der Daten in Anlage III.2. Ausgangspunkt Ihrer Überlegungen muss sein, dass mit steigendem Entwicklungsstand die Verstädterung und Konzentration der Bevölkerung in größeren städtischen Räumen zunimmt.*

Die Einwohnerzahl eines Staates ist an sich kein Kriterium für dessen Entwicklungsstand, jedoch nimmt mit steigendem Entwicklungsstand die Verstädterung im Allgemeinen zu. Auffallend in Anlage III.2 ist der mit 38 % geringe **Verstädterungsgrad** der Bevölkerung in Simbabwe im Gegensatz zu der Tatsache, dass fast zwei Drittel aller Südafrikaner in Städten leben. Man kann daraus schließen, dass in Simbabwe der primäre Sektor einen weitaus höheren Stellenwert besitzt als in Südafrika. Dies lässt auch die Folgerung zu, dass der industrielle Sektor und die Dienstleistungen in Simbabwe bislang noch von geringer Bedeutung sind. Auf der anderen Seite kann man aus der höheren aktuellen **Verstädterungsrate** in Simbabwe schließen, dass hier gegenwärtig die Abwanderung vor allem junger, innovativer Bevölkerungsgruppen aus dem ländlichen Raum unter Umständen auch zur Entstehung von **Marginalsiedlungen** in den wenigen (insgesamt nur fünf) städtischen Räumen führt. Dieser Umstand belastet die Infrastruktur der Zielgebiete der **Binnenmigration**, wenn nicht eine entsprechende Vorsorge in den Bereichen Ver- und Entsorgung sowie Bereitstellung von Arbeitsplätzen, Wohnungen und Bildungseinrichtungen erfolgt. Die mit 3,5 Mio. sehr hohe Einwohnerzahl der Haupt- und **Primatstadt** Harare im Vergleich zur zweitgrößten Stadt Bulawayo (800 000 Einwohner) ist ein Hinweis auf ein insgesamt gering entwickeltes Städtesystem in Simbabwe. Dagegen bilden in Südafrika die großen und mit unterschiedlichen Funktionen ausgestatteten Städte ein hoch entwickeltes und differenziertes Städtesystem.

2.2 *Anlage III.3 beschreibt die Bedeutung der Diamantenförderung für den Staat Botsuana in der Vergangenheit. Der zweite Teil des Textes (Zeile 10ff.) ist der zukünftigen Entwicklung der Diamantenwirtschaft gewidmet. Sie sollen zuerst die Bedeutung des Diamantenbergbaus für die Wirtschaft Botsuanas aufzeigen und dann nur die möglichen Vorteile des ab 2013 gültigen Abkommens mit dem Unternehmen De Beers erläutern.*

Der Diamantenbergbau ist der bedeutendste Wirtschaftssektor Botsuanas; hier wird über ein Drittel des Bruttoinlandsprodukts erwirtschaftet. Rohdiamanten sind das wichtigste Exportprodukt, mit dem 70 bis 80 % der Exporteinnahmen des Landes erzielt werden. Problematisch ist die Abhängigkeit des Diamantenexports von der Weltwirtschaft. Konjunkturelle Krisen wie etwa die globale Finanzkrise 2009 ließen die Nachfrage nach Diamanten weltweit zurückgehen, sodass auch der Export und in der Folge das Bruttoinlandsprodukt Botsuanas einbrachen. Dies zeigt die Gefahr einer wirtschaftlichen **Monostruktur**, die sich noch weiter verschärft, wenn der Export fast ausschließlich auf einen einzigen Rohstoff ausgerichtet ist.

Die möglichen Vorteile des mit dem **Global Player** *De Beers* geschlossenen Abkommens können zu einem wirtschaftlichen Aufschwung in Botsuana führen. Wurden bisher nur Rohdiamanten exportiert, so kann ein künftig größerer Anteil an der Wertschöpfungskette die Exporteinnahmen steigern, den Gewinntransfer ins Ausland verringern sowie die **Terms of Trade** aufgrund von Verarbeitungsschritten im eigenen Land verbessern. Durch die Verlagerung von Geschäftsbereichen des Unternehmens *De Beers* in die Hauptstadt Gaborone entstehen hier zahlreiche neue Arbeitsplätze für Höherqualifizierte und es erfolgt ein nachgelagerter Technik- und Know-how-Transfer für andere Wirtschaftsunternehmen. So werden außerhalb der Diamantenwirtschaft viele neue Beschäftigungsmöglichkeiten geschaffen, was zu einer Steigerung der Wirtschaftskraft des gesamten Landes und zu einer Verbesserung der Lebensbedingungen für die einheimische Bevölkerung führen wird. Das Aufbrechen des Verkaufsmonopols stärkt künftig den Wettbewerb bisher nicht in den Handel involvierter einheimischer und ausländischer Unternehmen der Edelsteinbranche, was einerseits den Wirtschaftsstandort Gaborone international aufwertet und andererseits steigende Verkaufspreise bzw. Einnahmen für die nun im Land verarbeiteten Diamanten bewirken kann.

3.1 *Der Aufgabenstellung 3.1 liegen zwei Stadien einer modellhaften Entwicklung des internationalen Tourismus zugrunde. Sie müssen diese beiden Stadien beschreiben und erklären. Dies bedeutet aber auch, dass Sie auf die Veränderungen der touristischen Infrastruktur seit den 1960er-Jahren eingehen sollen.*

In den 1960er-Jahren besuchten sicherlich nur wenige Touristen Kenia. Zur damaligen Zeit gab es noch keinen kostengünstigen Pauschaltourismus, die Flugpreise waren u. a. wegen der geringen Zahl vor allem staatlicher Fluggesellschaften sehr hoch. Die traditionelle Tourismusform in Kenia war die Safari entlang der einzigen Hauptverkehrsachse zwischen der Hauptstadt Nairobi mit dem einzigen internationalen Flughafen und der Küsten- und Hafenstadt Mombasa, wo auch Badetourismus möglich war.

In den folgenden drei Jahrzehnten haben sich das touristische Angebot und die Nachfrage weltweit, aber auch in Kenia eindrucksvoll verändert. Die sozioökonomischen Veränderungen in den Quellgebieten der Touristenströme (z. B. steigende Einkommen, längere Urlaubsdauer, stark gesunkene Flugpreise durch das zunehmende Angebot sogenannter Billigfluglinien) ließen die Zahl der **Ferntouristen** deutlich ansteigen. Gleichzeitig entdeckten immer mehr Entwicklungsländer, so auch Staaten in Afrika, den internationalen Tourismus als wichtige neue Einnahmequelle. Bedingungen hierfür waren der Ausbau der touristischen Infrastruktur und eine Diversifizierung des touristischen Angebots in den Zielgebieten. So wurde etwa in Kenia der gesamte Küstenraum für den Fremdenverkehr neu erschlossen. Voraussetzung war die Errichtung eines weiteren internationalen Flughafens in Mombasa. Die Küstenstadt entwickelte sich zu einem bedeutenden Fremdenverkehrszentrum, von dem aus entlang der Küstenlinie zahlreiche neue Fremdenverkehrsorte mit diversen Unterkunftsmöglichkeiten und vielfältigen Angeboten zum Baden und Wassersport, aber auch Golfplätze entstanden.

Im Binnenland baute man entlang der Hauptverkehrsachse Mombasa–Nairobi die Kapazitäten der bereits bestehenden touristischen Angebote weiter aus. Von Nairobi aus wurden als Folge des Ausbaus des Verkehrsnetzes neue Tourismusorte und Resorts im Binnenland erschlossen. So entwickelte sich auch die Vulkanlandschaft um den Mt. Kenia zu einem neuen Fremdenverkehrszentrum und selbst am Südufer des peripher gelegenen Turkanasees sind erste Ansätze einer touristischen Inwertsetzung zu erkennen.

3.2 *Es ist nicht unbedingt erforderlich, bei jedem Diskussionspunkt direkt einen Zusammenhang zur Thematik „Nationalpark“ herzustellen. Dies kann man auch aus dem Umstand folgern, dass es viele verschiedene Arten von Nationalparks mit unterschiedlichen Zielsetzungen im südlichen Afrika gibt.*

Die strukturschwachen Regionen erhoffen sich von **Nationalparks** wirtschaftliche Entwicklungsimpulse. Die entstehenden Arbeitsplätze im tertiären Sektor bieten jedoch meist nur Beschäftigungsmöglichkeiten für angelernte und schlecht bezahlte Arbeitskräfte.

Ausländische Touristen erhöhen die Deviseneinnahmen des Landes. Häufig sind aber die Reiseveranstalter in ausländischem Besitz, sodass ein Gewinntransfer und die Entstehung neuer Abhängigkeiten drohen.

Der Ausbau der touristischen Infrastruktur leistet einen wichtigen Beitrag zur Aufwertung peripherer Regionen und somit zur Reduzierung regionaler **Disparitäten**. Auf der anderen Seite erfordert etwa der Bau neuer Straßen und der Versorgungseinrichtungen für moderne Hotelanlagen hohe Investitionen, die aber der einheimischen Bevölkerung wenig Nutzen bringen und häufig zur Störung sensibler Ökosysteme führen.

Für die ausländischen Touristen dienen lokale Bräuche und Traditionen der einheimischen Bevölkerung als attraktives Rahmenprogramm. Dies birgt aber auch die Gefahr der Folklorisierung und des Verlusts der kulturellen Identität durch westliche Einflüsse.

Der Schutz der einzigartigen Tier- und Pflanzenwelt bedeutet auch Nutzungsbeschränkungen für die autochthone Bevölkerung aufgrund von strengen Auflagen. Vor allem in ariden Regionen drohen Wassernutzungskonflikte wegen des steigenden Wasserverbrauchs durch die Touristen.

Abitur 2013 Geographie Bayern
Aufgabe IV: Stadtstrukturen und Wirtschaftsentwicklung in NRW

1 Stadtstrukturen in Münster

1.1 Anlage IV.1 zeigt ein Satellitenbild der Stadt Münster.
Bringen Sie die mit den Buchstaben A bis D markierten Stadtviertel in die richtige Reihenfolge ihrer Entstehung und begründen Sie Ihre Entscheidung durch eine Beschreibung der charakteristischen Merkmale dieser Stadtviertel!

1.2 Münster ist eine bedeutende Universitätsstadt.
Erläutern Sie, wie sich dies auf die Bevölkerungs- und Sozialstruktur der Stadt auswirkt, und zeigen Sie Herausforderungen auf, die sich daraus für die Stadtplanung ergeben! 20 BE

2 Entwicklungen in der Metropolregion Rhein-Ruhr

2.1 Die Stadt Düsseldorf ist seit mehreren Jahrzehnten ein bevorzugter Standort für Unternehmensansiedlungen aus dem Ausland.
Legen Sie Vorteile des Standorts Düsseldorf für ausländische Firmen dar!

2.2 Begründen Sie die in Anlage IV.2 ersichtliche Bevölkerungsentwicklung der Stadt Gelsenkirchen! 20 BE

3 Braunkohlentagebau im Rheinischen Revier
Erörtern Sie die ökonomischen, sozialen und ökologischen Auswirkungen der Förderung und Nutzung von Braunkohle für das Rheinische Braunkohlenrevier und beziehen Sie dabei auch die Folgenutzung der Abbaugebiete mit ein!
Verwenden Sie für Ihre Argumentation geeignete Atlaskarten sowie die Materialien M 1 bis M 4 aus Anlage IV.3! 20 BE

60 BE

Anlage IV.1 Satellitenbildaufnahme der Stadt Münster (Westfalen)

Zur Bearbeitung der Aufgabe 1.1 ist die farbige Anlage IV.1 (siehe Farbseiten am Ende des Buchs) zu verwenden!

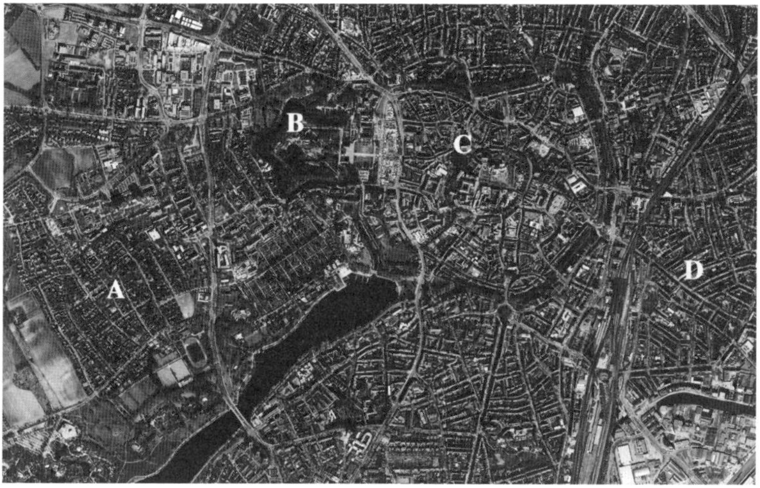

Anlage IV.2 Entwicklung der Einwohnerzahl von Gelsenkirchen von 1905 bis 2010

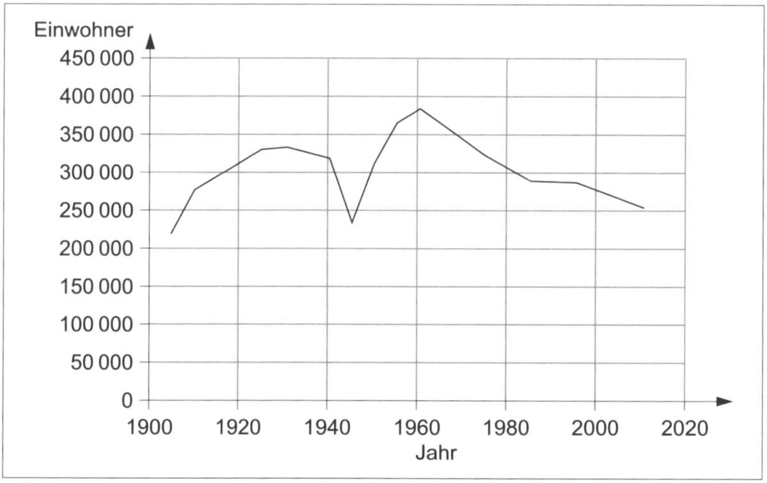

Die Angaben beziehen sich stets auf das heutige Stadtgebiet, Eingemeindungen wurden berücksichtigt.

Anlage IV.3 Braunkohlentagebau

M 1 Lagerstättenvorräte der deutschen Braunkohlenreviere in Mrd. Tonnen (2010)

	Geologische Vorräte	Wirtschaftlich gewinnbare Vorräte	Genehmigte und erschlossene Tagebaue
Rheinisches Braunkohlenrevier	55,0	35,0	3,3
Lausitzer Revier	12,0	3,5	1,2
Mitteldeutsches Revier	10,0	2,0	0,5
Deutschland	77,0	40,5	5,0

M 2 Stromerzeugung durch Braunkohlekraftwerke in Deutschland

Jahr	2000	2010	2020*
Mrd. kWh	148,3	147,0	138,4

*Prognose

M 3 Arbeitsplätze in verschiedenen Bereichen des Rheinischen Braunkohlentagebaus im Jahr 2009

Bereich	Arbeitsplätze
Tagebau	15 030
Kraftwerke	21 106
Veredelung	4 539
Umsiedlung	1 141
Insgesamt	**41 816**

M 4 Werbung für den Naturpark Rheinland

Von Norden nach Süden durchzieht der etwa 50 km lange Höhenzug der Ville den zentralen Bereich des Naturparks. Die größte Veränderung hat die Ville durch den Braunkohlentagebau, der etwa in den 70er Jahren des 18. Jahrhunderts begann, und durch die anschließende Rekultivierung erfahren. Die in Jahrhunderten geprägten Feldfluren, Wälder und dörflichen Siedlungen mussten dem Tagebau weichen.
Im Zuge der Rekultivierung entstanden weite, ebene Feldfluren mit Einzelhöfen und kleinen Weilern, junge Laubwälder, neue Biotope und Landschaftsseen. Die Gegensätze von alten Orten und jungen Biotopen, alten Landschaften und modernen Industrieanlagen bieten ein besonderes Natur-, Kultur- und Landschaftserlebnis.
Im mittleren Teil der Ville, wo im 19. und 20. Jahrhundert kleinflächig die Braunkohle abgebaut wurde, befindet sich heute die Ville-Seen-Platte, ein ca. 50 km^2 gro-

ßes Waldgebiet. Die über 40 Seen und junge Laubwälder lassen kaum erahnen, dass hier noch bis vor wenigen Jahren Bergbau betrieben wurde.
Dort, wo heute gebadet, Rad gefahren und gewandert wird, wurde zunächst mit Spitzhacke, später mit tonnenschweren Baggern Braunkohle abgebaut. Nach der Rekultivierung hat sich hier wieder eine artenreiche Pflanzen- und Tierwelt angesiedelt. Viele der Seen stehen daher unter Naturschutz.
Die Ville-Seen-Platte bietet die unterschiedlichsten Freizeit- und Erholungsmöglichkeiten. An einigen Seen kann Wassersport betrieben und gebadet werden und es gibt ein gut ausgebautes Rad- und Wanderwegenetz, das zu ausgedehnten Touren durch diese schöne Landschaft einlädt.

(Quelle: Zweckverband Naturpark Rheinland (o. J.))

Quellen- und Literaturverzeichnis

Bundesverband Braunkohle (Hrsg.) (2011): Braunkohle in Deutschland. Profil eines Industriezweiges, Köln (Anlage IV.3, M 1–M 3)

Stadt Gelsenkirchen – Statistikstelle (2012): Zeitreihen: Bevölkerung Stadt Gelsenkirchen, online unter URL: http://stadt.gelsenkirchen.de/de/Rathaus/Daten_und_Fakten/Statistiken/_doc/Bevoelkerungsstatistik_Stadtteile.pdf (Anlage IV.2)

Vervielfältigt mit Genehmigung des Vermessungs- und Katasteramtes der Stadt Münster vom 19. 06. 2013; Kontrollnummer: 62.01.E 55962 (Anlage IV.1)

Zweckverband Naturpark Rheinland (o. J.): Die Ville, online unter URL: www.naturpark-rheinland.de/natur/die-landschaften/ville-und-ville-seen/index.html (Anlage IV.3, M 4)

Lösungsvorschlag

1.1 *Anlage IV.1 zeigt ein Satellitenbild der Stadt Münster, in dem vier Stadtteile markiert hervorgehoben sind. Diese vier Stadtteile A bis D sind in verschiedenen Epochen entstanden und Sie sollen diese chronologisch richtig ordnen. Die zugrunde liegenden Überlegungen für diese Ordnung sind zu begründen. Da das Satellitenbild keine Hinweise auf die Himmelsrichtungen enthält, kann nicht davon ausgegangen werden, dass die Aufnahme eingenordet ist.*

Die Stadt Münster liegt im nordöstlichen Landesteil von Nordrhein-Westfalen in der ebenen Münsterländer Bucht des norddeutschen Tieflandes. Das Satellitenbild zeigt den zentralen Stadtbereich und am linken Bildrand den Übergang in die offene Flur, die landwirtschaftlich genutzt wird.

Der **Stadtteil A** besitzt ein annähernd rechteckiges Straßenmuster mit relativ kleinen Grundstücksparzellen. Die vorherrschenden Reihen- oder Einfamilienhäuser mit kleinen Gärten ergeben eine lockere Bebauungsdichte. In der unmittelbaren Nähe sind Sportanlagen zu erkennen, die möglicherweise Teil eines Schulzentrums sind. Größere gewerblich genutzte Gebäude fehlen aber. Die Grünflächen entlang der Wasserfläche könnten evtl. für die Naherholung genutzt werden. Die geschilderten Charakteristika weisen auf eine Neubausiedlung des späteren 20. Jahrhunderts am Stadtrand („Wohnen im Grünen“) hin.

Das Satellitenbild lässt im **Stadtteil B** den Grundriss einer ehemaligen, sternförmig angelegten Festungsanlage erkennen. Ob noch Überreste der Befestigungen vorhanden sind, ist nicht zu sehen, auffällig ist aber der dichte Baumbestand entlang der ehemaligen Wehranlagen. Der Innenbereich zeigt keine auffällige Bebauung, sodass von einer eher parkähnlichen Nutzung als Freizeit- und Naherholungsfläche auszugehen ist. Die Errichtung der Wehranlagen ist auf die Frühe Neuzeit, das 17. oder 18. Jahrhundert, zu datieren.

Der **Stadtteil C** zeigt offensichtlich die Stadtmitte von Münster, den mittelalterlichen Stadtkern. Im Zentrum der mittelalterlichen Stadt liegt ein großer freier Platz, der Marktplatz, um den sich halbkreisförmig Bürgerhäuser gruppieren. Deutlich zu erkennen ist ein sternförmig auf das Zentrum ausgerichtetes Straßennetz. Dieses unterbricht nur an wenigen Stellen (wo möglicherweise die alten Stadttore lagen) die Grünflächen, die heute den Stadtkern umgeben. Wie in vielen mittelalterlichen Städten wurden auch in Münster im 19. oder im frühen 20. Jahrhundert die funktionslosen Stadtmauern und Wassergräben abgerissen bzw. zugeschüttet und deren Flächen als Grünanlagen und/oder Ringstraßen einer neuen Nutzung zugeführt.

Der **Stadtteil D** liegt in unmittelbarer Nähe der Gleisanlagen, hier auch des Hauptbahnhofes, jenseits des mittelalterlichen Stadtkerns. Aufgrund dieser besonderen Lage und unter Beachtung der hohen Bebauungsdichte, des Fehlens größerer Grünflächen sowie der Nähe zu einem Gewerbegebiet im unteren rechten Bildausschnitt kann geschlossen werden, dass der Stadtteil D in der Zeit der Industrialisierung im späten 19. oder zu Beginn des 20. Jahrhunderts errichtet wurde.

Zusammenfassend ergibt sich somit folgende historische Abfolge der Entstehung der markierten Stadtteile: C–B–D–A.

1.2 *Die Aufgabenstellung basiert auf der knappen Aussage, dass Münster eine bedeutende Universitätsstadt sei. „Bedeutend" könnte sich z. B. auf die große Zahl von Studierenden oder auf das Vorhandensein höchstrangiger Forschungseinrichtungen beziehen, wird hier aber vermutlich nur als Füllwort gebraucht – denn die Aufgabenstellung zielt allein auf die Funktion von Münster als Standort einer Universität ab.*
Sie werden aufgefordert, zu erläutern, welche Folgen der Zuzug von Studierenden für die Bevölkerungs- und Sozialstruktur der Stadt Münster hat. Da keine statistischen Angaben verfügbar sind, muss Ihre Antwort sehr allgemein und unverbindlich bleiben.
Im zweiten Teil Ihrer Antwort sollen Sie Herausforderungen für die Stadtplanung darstellen. Gemeint sind damit vermutlich jene Herausforderungen, die sich aus der erläuterten Bevölkerungs- und Sozialstruktur ergeben.

Die Einwohnerschaft von **Universitätsstädten** wird besonders durch junge Studierende geprägt, die zu Studienbeginn aus nah und fern zuziehen. Die Folge ist ein überdurchschnittlich hoher Anteil der Bevölkerung in der Altersgruppe der 20- bis 30-Jährigen. Folgerichtig liegt auch der Anteil der Einwohner mit hohem Bildungsstand wie etwa Abitur oder Hochschulausbildung weit über dem Landesdurchschnitt. Desgleichen ist der Anteil der Ein-Personen-Haushalte, etwa die Unterkunft der Studierenden in Studentenwohnheimen oder in Ein-Zimmer-Appartements, besonders hoch.

Disparitäten ergeben sich bei der Beurteilung der Kaufkraft der Bevölkerung: Während die Studierenden in der Regel eine eher geringe Kaufkraft besitzen, verfügen das fest angestellte Universitätspersonal und die in Münster wohnenden hoch qualifizierten Arbeitskräfte meist über ein sehr gutes Einkommen und damit auch über eine hohe Kaufkraft. Für Universitätsstädte signifikant ist auch eine starke Fluktuation der Wohnbevölkerung durch den ständigen Zuzug von Studienanfängern und den Wegzug der Hochschulabsolventen, die eine Beschäftigung außerhalb ihres Studienorts aufnehmen.

Das Hauptaugenmerk der **Stadtplanung** ist in Universitätsstädten stets auf die Bereitstellung einer ausreichenden Zahl von Unterkünften für die neu zuziehenden Studenten gerichtet. Studentenwohnungen sollen einerseits günstige Mietpreise aufweisen und andererseits in der Nähe der universitären Einrichtungen liegen. Die ständig steigende Zahl von Studierenden macht deshalb den Neubau von Studentenwohnheimen notwendig, was aber angesichts der hohen Bodenpreise ohne staatliche Finanzierung kaum möglich ist. Die hohen Bodenpreise sind oftmals der Grund, weshalb neue Universitätsgebäude am Stadtrand errichtet werden, sodass ein ausgedehntes ÖPNV-Netz notwendig ist. Und da viele Studenten zur Kostenersparnis bevorzugt mit dem Fahrrad unterwegs sind, ist ein gut ausgebautes Radwegenetz wünschenswert.

2.1 *Die Teilaufgabe 2.1 fordert von Ihnen die Darlegung von Standortvorteilen Düsseldorfs für die Ansiedlung von ausländischen Unternehmen. Die Aufgabenstellung ist erneut so allgemein gehalten, dass im Prinzip jede beliebige deutsche Großstadt anstelle von Düsseldorf stehen könnte. Grundsätzlich bietet sich bei Aufgaben dieses Typs dennoch ein Blick in den Atlas an, um etwa Aussagen über die Lage oder die politische Bedeutung der Stadt treffen zu können. Trotzdem kann man bei der Beantwortung eigentlich keine Fehler machen!*

Düsseldorf liegt ca. 10 bis 15 km südlich des **Ruhrgebiets** am Rhein und somit zentral in Mitteleuropa. Folglich bietet z. B. ein Produktionsstandort in Düsseldorf einen riesigen Absatzmarkt in unmittelbarer Nähe. Des Weiteren ermöglicht der **Rhein** als Großschifffahrtstraße den billigen Transport von Gütern aller Art sowohl in Richtung Niederlande bzw. zu den Nordseehäfen Rotterdam und Amsterdam als auch nach Süden bis ins schweizerische Industriezentrum Basel.

Der internationale Flughafen Düsseldorf bietet zudem eine sehr gute Verkehrsanbindung zu allen europäischen Großstädten und darüber hinaus viele interkontinentale Verbindungen, die von ausländischen Investoren stets als Standortvorteil geschätzt werden.

Düsseldorf ist ebenfalls eine bedeutende Universitätsstadt, insofern könnte dies die Anwerbung von hoch qualifizierten Arbeitskräften für neue Unternehmensstandorte erleichtern.

Düsseldorf ist **Landeshauptstadt** des bevölkerungsreichsten deutschen Bundeslandes NRW. Die enge Verzahnung mit den politischen Institutionen, der staatlichen Verwaltung und den vielen anderen hier ansässigen Wirtschaftsunternehmen ermöglicht etwa in Form persönlicher **Face-to-Face-Kontakte** wichtige Standortvorteile für die Niederlassungen ausländischer Konzerne. Internationalen Flair und einen hohen Bekanntheitsgrad im Ausland besitzen alle bedeutenden deutschen Großstädte, wobei aber Düsseldorf in einem Ranking sicherlich München, Frankfurt, Berlin oder Hamburg den Vortritt lassen muss.

2.2 *Anlage IV.2 zeigt die Entwicklung der Einwohnerzahl von Gelsenkirchen von 1905 bis 2010. Sie sollen diese Bevölkerungsentwicklung begründen. Es ist davon auszugehen, dass Sie die spezifisch für Gelsenkirchen ausschlaggebenden Ursachen für die Zu- oder Abnahme der Bevölkerung nicht kennen. Da Gelsenkirchen im Zentrum des Ruhrgebiets liegt, steht hier die Stadt stellvertretend für die Bevölkerungsentwicklung im gesamten Ruhrgebiet in dem angegebenen Zeitraum. Es erscheint sinnvoll, die Entwicklung der Einwohnerzahl über den gesamten Beobachtungszeitraum hinweg in mehrere Phasen zu gliedern.*

Phase 1 von 1905 bis 1930: In diesem Zeitraum und auch während des Ersten Weltkriegs stieg die Einwohnerzahl um etwa 50 % von ca. 220 000 auf 340 000. Ursache ist die zunehmende Bedeutung des **Ruhrgebiets** als Standort des Kohlebergbaus und der Eisen- und Stahlindustrie, wodurch hier eine Vielzahl neuer Arbeitsplätze geschaffen wurde. Dieser hohe Arbeitskräftebedarf u. a. auch in der Rüstungsindustrie ließ Arbeitssuchende mit ihren Familien aus ganz Deutschland und auch den angrenzenden Staaten ins Ruhrgebiet kommen.

Phase 2 von 1930 bis 1945: Verringerte sich bis 1940 die Einwohnerzahl nur geringfügig, so führten die Auswirkungen des **Zweiten Weltkriegs** zu einem Bevölkerungsrückgang fast auf den Ausgangswert von 1905. Die Luftangriffe der Alliierten auf die Rüstungsindustrie hatten auch massive Zerstörungen an Wohngebäuden zur Folge. Die Zunahme der Kriegsopfer und die Flucht vieler Tausend Einwohner in die vergleichsweise sicheren ländlichen Räume außerhalb des Ruhrgebiets ließen innerhalb weniger Jahre die Bevölkerung um fast 100 000 schrumpfen.

Phase 3 von 1945 bis 1960: Das Kriegsende, der Wiederaufbau und die wieder aufblühende Wirtschaft der 1950er-Jahre ließen auch in Gelsenkirchen die Einwohnerzahl rasch wieder ansteigen. Kohle, Eisen und Stahl waren die Grundstoffe für den wieder erstarkten Wirtschaftsstandort Ruhrgebiet, das industrielle Herz Westdeutschlands. Die Rückwanderung der in den Kriegstagen geflohenen Bürger sowie die Zuwanderung Tausender Vertriebener und Flüchtlinge aus Ostdeutschland und den ehemals deutschen Ostgebieten führten zum Maximum von 390 000 Einwohnern im Jahr 1960.

Phase 4 von 1960 bis heute: In den 1960er- und 1970er-Jahren erzwang anfangs die **Kohlekrise** die Stilllegung der meisten Kohlezechen und dann die **Stahlkrise** die Schließung und Aufgabe zahlreicher Standortc der Eisen- und Stahlindustrie im Ruhrgebiet. Darüber hinaus sorgten die einst als Sinnbild der wirtschaftlichen Leistungsfähigkeit gepriesenen „rauchenden Schornsteine" nun für ein Negativimage des Ruhrgebiets als ökologisch bedenklicher Siedlungsraum. Tausende von Arbeitsplätzen gingen in den traditionellen Industriebranchen verloren, während die neuen Wachstumsindustrien nur zögernd den von hoher Arbeitslosigkeit geprägten Arbeitsmarkt als Standortvorteil verstanden. Junge, qualifizierte und schon lange im Berufsleben stehende Arbeitskräfte fanden außerhalb des Ruhrgebiets neue, zukunftssichere Beschäftigungsverhältnisse – mit der Folge, dass die Abwanderung über Jahrzehnte die Bevölkerungsentwicklung auch in Gelsenkirchen prägte. Über fünfzig Jahre hinweg sank die Bevölkerung fast kontinuierlich von 390 000 auf nur noch knapp über 250 000, immerhin ein Rückgang um ein Drittel der früheren Einwohnerschaft.

3 *Die abschließende dritte Aufgabe stellt an Sie die höchsten Anforderungen, denn Sie müssen die ökonomischen, sozialen und ökologischen Auswirkungen der Förderung und Nutzung der Braunkohle „erörtern“. Bei diesem Operator aus dem Anforderungsbereich Problemlösung müssen Sie durch Abwägen von Für- und Wider-Argumenten ein begründetes Urteil fällen. Dem Hinweis in der Aufgabenstellung auf geeignete Atlaskarten sollten Sie unbedingt folgen, denn Sie finden z. B. im Diercke Weltatlas 2012, S. 59 drei Karten bzw. Diagramme zum Rheinischen Braunkohlenrevier, denen Sie viele Informationen für Ihre Erörterung entnehmen können. Der Aufgabenstellung folgend gliedern Sie Ihre Ausführungen in die drei genannten Bereiche Ökonomie, Soziales und Ökologie.*

Ökonomische Auswirkungen:
Die verschiedenen Branchen der Rheinischen **Braunkohleindustrie** boten 2009 über 40 000 Arbeitsplätze (M 3) und mehr als 40 000 Familien ein sicheres Einkommen. Gleichzeitig ist die auf die Braunkohle ausgerichtete industrielle Monostruktur ein Hindernis für die Ansiedlung anderer Industriebranchen, soweit diese nicht energieintensiv sind und von der Nähe zu den Braunkohlekraftwerken profitieren.

Da die Abbaumengen der wirtschaftlich nutzbaren Kohlelagerstätten das Zehnfache der derzeit genehmigten und erschlossenen **Tagebaue** betragen, können der Abbau und die Nutzung der Braunkohle über Jahrzehnte hinweg langfristig die Arbeitsplätze und die Energieversorgung sichern. Demgegenüber könnten aber politische Entscheidungen etwa zum Klimaschutz kurzfristig innerhalb weniger Jahre zur Reduzierung der Kohleförderung und damit zum Abbau von Arbeitsplätzen führen.

Die hohe Zahl von qualifizierten Arbeitsplätzen und die Wirtschaftskraft der in der Braunkohleindustrie tätigen Konzerne sichern den Gemeinden im Revier hohe Steuereinnahmen und eine hohe Kaufkraft, durch die Investitionen in die Infrastruktur sowie in das Sozial- und Bildungswesen möglich sind. Auf der anderen Seite belasten der Braunkohleabbau, -transport und die -verarbeitung die Lebens- und Umweltqualität sowie die Wohnsituation in diesen Gemeinden. Ob die Wohnattraktivität im Braunkohlenrevier durch die touristische Inwertsetzung der renaturierten Tagebaue gesteigert werden kann, ist eher fraglich.
Die Verstromung der heimischen Braunkohle leistet einen wichtigen Beitrag zur langfristigen und sicheren Energieversorgung des ganzen Landes und vermindert so die Abhängigkeit von Energieimporten. Dies geschieht allerdings auf Kosten der Natur- und Kulturlandschaft, die für den Abbau der Braunkohle für Jahrzehnte verwüstet und unbewohnbar wird.

Soziale Auswirkungen:
Die Erschließung und Ausweitung neuer Tagebaubetriebe macht auch vor der Umsiedlung ganzer Dörfer nicht Halt. Obwohl die Energieunternehmen den hier Wohnenden hohe Entschädigungen für ihre Grundstücke und Häuser bezahlen, kommt es doch immer wieder zu sozialen Konflikten und langwierigen Gerichtsverfahren mit Einwohnern, die ihre Heimat nicht verlassen wollen und

die Zerstörung der in Jahrhunderten gewachsenen Kulturlandschaft beklagen. Besonders ältere Menschen können sich oft genug nicht mit der Umsiedlung abfinden, selbst wenn in den neuen Siedlungen Häuser, Wohnungen und soziale Einrichtungen auf das Modernste ausgestattet sind.

Ökologische Auswirkungen:
Ein hohes Konfliktpotenzial bietet natürlich die Zerstörung der Naturlandschaft durch den Kohleabbau. Die Tagebaubetriebe beanspruchen riesige Flächen besten Ackerlandes auf fruchtbaren Lössböden in der Kölner Bucht. Da die Kohleförderung im Tagebau in bis zu 200 m Tiefe erfolgt, muss im Umkreis dieser Betriebe großflächig der Grundwasserspiegel abgesenkt werden und ganze Flussläufe müssen verlegt werden. Dies birgt die Gefahr der Versteppung der Naturlandschaft und des Verlusts von Lebensräumen für Tier- und Pflanzenarten. Weitere gravierende Probleme sind die enorme Staubentwicklung beim Kohleabbau besonders in niederschlagsarmen Monaten und der erhebliche Ausstoß von Kohlendioxid bei der Verbrennung der Kohle in den Kraftwerken.

Die Bergbaugesetze verlangen aber von den Bergbauunternehmen erhebliche Anstrengungen zur **Rekultivierung** und **Renaturierung** der ausgebeuteten und aufgegebenen Tagebaue. Hierzu werden die Tagebaulöcher durch die Wiederanhebung des Grundwasserspiegels geflutet. Diese von Menschen geschaffenen Seenlandschaften können unter Naturschutz gestellt werden, um die Bildung neuer natürlicher Ökosysteme zu ermöglichen. Auf der anderen Seite bieten die Seen und ihre touristische Infrastruktur als Naherholungsgebiete viele attraktive Freizeit- und Erholungsmöglichkeiten. Selbst die landwirtschaftliche Nutzung ehemaliger Tagebauflächen ist möglich, wenn der bei der Erschließung neuer Förderbetriebe abgetragene Löss auf den rekultivierten Flächen wieder aufgebracht wird. Größere Flächen mit geringwertigen Böden können aufgeforstet und einer fortwirtschaftlichen Nutzung zugeführt werden.

Da es unbestritten ist, dass die Zunahme von Kohlendioxid in der Atmosphäre den **Klimawandel** fördert, müssen die Kraftwerksbetreiber Maßnahmen zur Reduzierung der Kohlendioxidemissionen ergreifen. Hierzu gehören etwa die Erhöhung des Wirkungsgrades der Kraftwerke, um den Kohleeinsatz zu reduzieren, und die Entwicklung technischer Verfahren zur Speicherung des Kohlendioxids z. B. in unterirdischen Speichern.

Abitur 2014 Geographie Bayern
Aufgabe I: Klima, Vegetation und anthropogene Eingriffe in Südamerika

1 Klima und Vegetation

1.1 In Anlage I.1 sind die monatlichen Durchschnittswerte des Energiegewinns durch Strahlung für die Breitenkreise 0° und 30° S dargestellt.
Ordnen Sie die Wertereihen A und B diesen beiden Breitenkreisen zu, indem Sie die wesentlichen Unterschiede herausarbeiten und begründen!

1.2 In Südamerika weichen die Vegetationszonen von der idealtypisch breitenkreisparallelen Anordnung ab.
Zeigen Sie anhand geeigneter Atlaskarten drei solche Abweichungen auf und begründen Sie deren Zustandekommen!

1.3 Legen Sie dar, inwiefern die großflächige Umwandlung von tropischem Regenwald in Weideflächen das globale Klima beeinflusst! 28 BE

2 Inwertsetzung des Naturraums Brasilien

2.1 In einigen Regionen der inneren Tropen Brasilien wird Kakao angebaut.
Stellen Sie ausgehend von Anlage I.2 Vor- und Nachteile der extensiven Form des Kakaoanbaus gegenüber der intensiven Nutzung dar!

2.2 Die beiden Satellitenbilder in Anlage I.3 zeigen das Dreiländereck zwischen Brasilien, Paraguay und Argentinien in den Jahren 1973 und 2003.
Beschreiben Sie drei wesentliche Veränderungen und legen Sie Gründe hierfür dar!

2.3 Trotz Protesten aus der eigenen Bevölkerung wird Brasilien die Fußball-Weltmeisterschaft 2014 ausrichten. Darüber hinaus wird Rio de Janeiro im Jahr 2016 Gastgeber der Olympischen Sommerspiele sein.
Erörtern Sie mögliche Chancen und Risiken der Veranstaltung dieser Großereignisse für Brasilien und seine Bevölkerung!

32 BE
60 BE

Anlage I.1 Breitenkreismittel des Energiegewinns durch Strahlung an der Erdoberfläche für 0° und 30° S

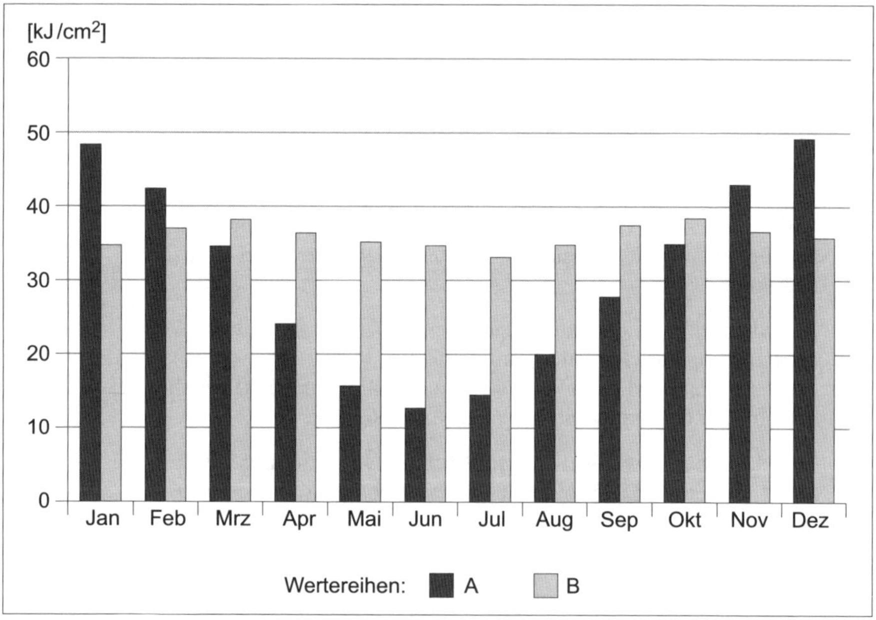

Anlage I.2 Modell des extensiven und intensiven Kakaoanbaus

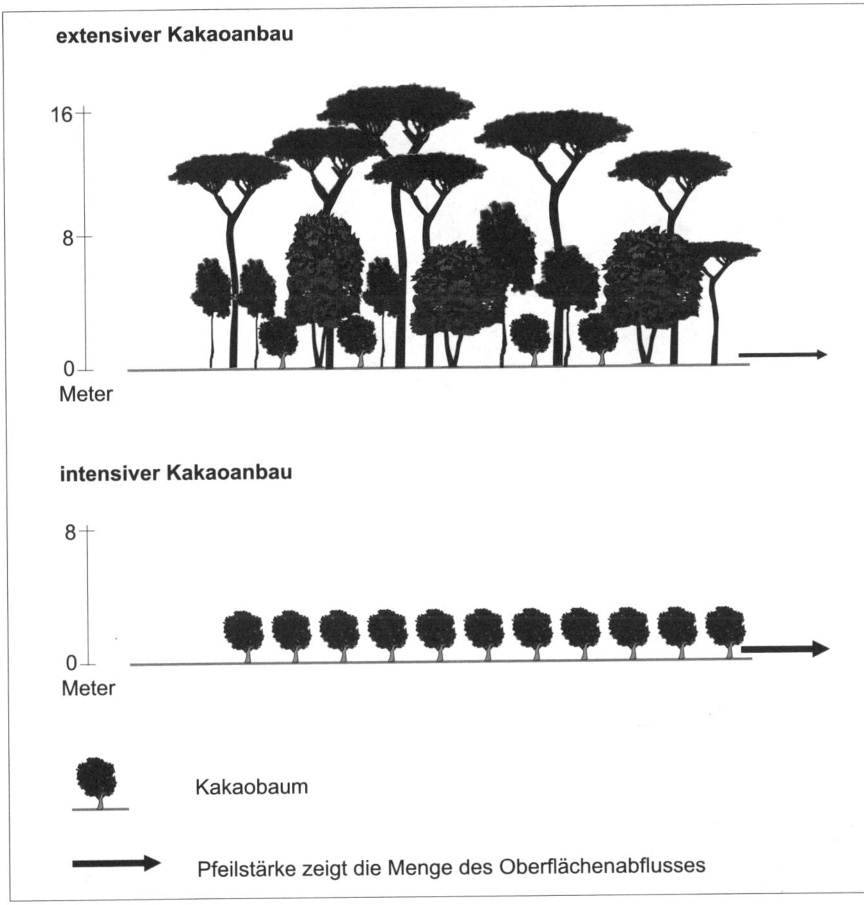

Anlage I.3 Satellitenbilder vom Dreiländereck zwischen Brasilien, Paraguay und Argentinien aus den Jahren 1973 und 2003

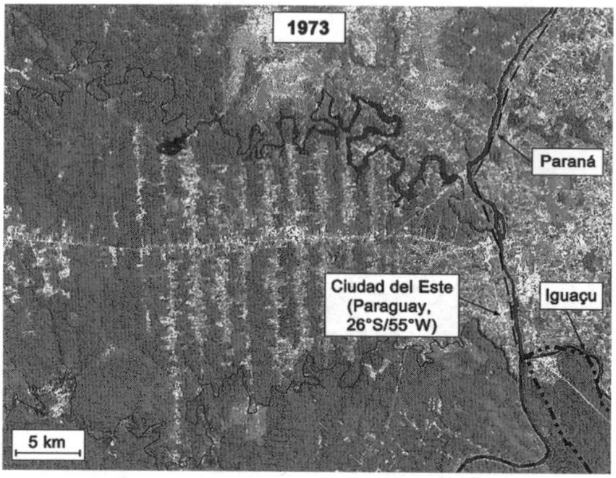

Zur Bearbeitung der Aufgabe 2.2 ist die farbige Anlage I.3 (siehe Farbseiten am Ende des Buchs) zu verwenden!

Quellen- und Literaturverzeichnis

Weischet, W./Endlicher, W. (2002): Einführung in die Allgemeine Klimatologie. 6. überarb. Aufl., Berlin, S. 108 (Anlage I.1)

Faust, H./Koch, S. (2012): Kakaobohnen contra Naturschutz in Sulawesi/Indonesien. In: Geographische Rundschau, 9/64, S. 33 (Anlage I.2)

UNEP, n.d., Iguazú. Environmental Change Hotspots. Division of Early Warning and Assessment (DEWA). United Nations Environment Programme (UNEP), http://na.unep.net/atlas/webatlas.php?id=2148 (Zugriff am 14. 05. 14) (Anlage I.3)

Lösungsvorschlag

1.1 *Bei dieser Teilaufgabe sollten Sie zuerst die wesentlichen Unterschiede bei den monatlichen Durchschnittswerten des Energiegewinns zwischen den Wertereihen A und B herausarbeiten. Bevor Sie mit dem Schreiben beginnen, sollten Sie sich vergegenwärtigen, dass es sich bei der Wertereihe A um bei 30° südl. Breite gemessene Werte, bei der Reihe B um Werte am Äquator handelt. Auf dieser Grundlage kann nun eine begründete Zuordnung vorgenommen werden.*

Die **Wertereihe A** hat von **November** bis **Februar** generell höhere **maximale Monatswerte** des **Energiegewinns** als die Wertereihe B, wobei der Monat **Dezember** den **höchsten Wert** ausweist. Demzufolge kann es sich bei der Wertereihe A nur um die **Einstrahlungsverhältnisse** bei **30° südl. Br**. handeln, da sich zu dieser Zeit – also im **Südsommer** – die Sonne am oder über dem **südlichen Wendekreis** befindet. Daher sind die Sonnenstände bei 30° südl. Br. sehr hoch und die Tagesdauer ist am längsten.
Von **März** bis **Oktober** liegen die Monatswerte des Energiegewinns der **Wertereihe A unter** denen der **Reihe B**, wobei die Werte bis zum **tiefsten Wert im Juni** stark absinken, danach aber wieder ansteigen. Dies bestätigt, dass es sich bei der Wertereihe A um die Einstrahlungsverhältnisse bei 30° südl. Br. handelt, da sich im Juni, also im **Südwinter**, die Sonne am bzw. über dem **nördlichen Wendekreis** befindet. Daher ist der Einstrahlungswinkel bei 30° südl. Br. relativ flach und die Tageslängen sind sehr kurz.
Insgesamt weisen die monatlichen Durchschnittswerte des Energiegewinns bei Reihe A eine **große Amplitude** auf, was sich aus der **Verlagerung** des **Zenitstands** der Sonne zwischen den beiden Wendekreisen begründen lässt.

Die **Amplitude** bei der Wertereihe **B** hingegen ist sehr **gering**, was auf eine am **Äquator** gemessene Messstation hindeutet, denn hier sind das ganze Jahr über hohe Sonnenstände zu verzeichnen. Dass die höchsten Monatswerte des Energiegewinns im **März** und **Oktober** auftreten, belegt diese Zuordnung, denn zu dieser Zeit überquert der **Zenitstand** der Sonne den **Äquator.**

Damit weist die **Wertereihe A** auf eine Lage bei **30 südl. Br.**, die **Wertereihe B** auf eine Lage bei **0°** hin.

1.2 *Ihre Aufgabe ist es, bezogen auf Südamerika drei Abweichungen von der idealtypisch breitenkreisparallelen Anordnung der globalen Vegetationszonen herauszufinden, diese zu beschreiben und deren Zustandekommen zu erklären. Atlaskarten zum Klima und zur Vegetation Südamerikas, aber auch spezielle Karten beispielsweise zum El Niño-Phänomen können dabei hilfreich sein.*

Grundsätzlich lässt sich die **Erdoberfläche** aufgrund der unterschiedlichen Sonneneinstrahlung in breitenkreisparallele Klimazonen einteilen. Da die Vegetation vorwiegend von den jeweiligen Klimafaktoren abhängt, können den Klimazonen entsprechende **breitenkreisparallele Vegetationszonen** zugeordnet werden. Die Erde ist aber kein einheitlicher idealtypischer Körper: Luft-

und Wassermassen, aber auch Gebirge können in manchen Regionen diese scheinbar in sich geschlossenen ringförmigen Gürtel differenzieren.

In den südamerikanischen **Anden** durchbrechen die **Höhenstufen** das regelmäßige Muster der Vegetationszonen. Nur die Fußstufe des Gebirges besitzt die Merkmale der jeweiligen Vegetationszone. Infolge der höhenwärts **abnehmenden Temperaturen** und einer **Zunahme** der Bewölkung und des **Niederschlags ändern** sich an Höhengrenzen (z. B. Wald-, Baum-, Schneegrenze) die **Wachstumsbedingungen**, es bilden sich eigene Höhenstufen der Vegetation (tierra caliente, templada, fria, helada, nevada).

Die Anden, die aufgrund ihres **meridionalen Verlaufs** im Westen Argentiniens **quer** zu der dort vorherrschenden **Westwindzone** liegen, verändern dort ebenso die zonale Vegetationsanordnung. An ihrer **Luv**seite zwingen sie nämlich die Westwinde zum Aufsteigen. Dadurch kommt es hier zu **Steigungsregen** mit erhöhten Durchschnittsniederschlägen. In **Argentinien** in **Leelage** der Anden tritt ein **Föhneffekt** mit Wolkenauflösung, **verringerten Niederschlägen** und **erhöhtem Temperaturmittel** auf. Hier bilden sich dementsprechend azonale **Steppen** aus.

In **Peru** kommt es abweichend von der zonalen Anordnung der Vegetation an der Pazifikküste zur Ausbildung einer **Küstenwüste.** Da hier die **Passate** ablandig wehen, wird das warme **Oberflächenwasser** von der Westküste Südamerikas **seewärts** Richtung Westen weggetrieben. Dadurch kommt es zu einem Auftriebsphänomen (**Upwelling**) von kaltem **Tiefenwasser**, das den **Humboldtstrom** bildet. Die vor der Westküste Südamerikas absinkenden trockenen Luftmassen der Passatzirkulation (**Walkerzirkulation**) und der kalte Humboldtstrom sorgen dafür, dass schon über dem Meer der **Wasserdampf kondensiert** und **abregnet**. Somit bildete sich entlang der tropischen Westküste Südamerikas die **Küstenwüste Atacama** aus.

1.3 *Lassen Sie bei dieser Teilaufgabe Ihr Unterrichtswissen zum Thema Klimawandel einfließen.*

In den tropischen **Regenwäldern** stecken enorme **Mengen** an **Kohlenstoff**, denn deren Biomasse ist einer der größten **Kohlenstoffdioxidspeicher** (CO_2). Durch die Umwandlung von Wald- in Weideflächen wird dieser im organischen Material des Regenwaldes gebundene Kohlenstoff an die Atmosphäre **abgegeben**. Da dies meist durch Brandrodung geschieht, werden große Mengen an Kohlenstoffdioxid freigesetzt. So erhöht sich die Konzentration des Treibhausgases **CO_2 in der Atmosphäre**, was den sogenannten vom Menschen verursachten (anthropogenen) **Treibhauseffekt verstärkt**. Demgegenüber **geht** die enorme **Sauerstoffproduktion** der Regenwälder im Zuge ihrer Vernichtung **zurück**.

Zusätzlich werden durch die Haltung großer **Rinderherden** auf diesen gerodeten Flächen erhebliche Mengen des klimarelevanten **Treibhausgases Methan freigesetzt**, was wiederum den Treibhauseffekt verstärkt.

Der tropische **Regenwald** speichert ungeheure Mengen an Niederschlägen. Das **gespeicherte Wasser** wird über die gewaltige Blattoberfläche des Waldes wieder an die Atmosphäre abgegeben. Das verdunstete Wasser wiederum kondensiert und fällt als Regen nieder. Millionen Tonnen Wasser zirkulieren auf diese Weise in einem endlosen **Wasserkreislauf**. Wenn aber der Wald gerodet ist, verdunstet das Wasser auf den weniger dicht bewachsenen Weideflächen sehr schnell. Als Folge **verringert sich** in den großflächigen Rodungsgebieten die **Bodenfeuchte**, auch die **Verdunstung** und die **Niederschläge** gehen deutlich zurück. Hierdurch **verändert** der Verlust der Regenwälder die **globale Wärme- und Wasserzirkulation**. Aus dem tropischen Regenwald steigen nämlich Billionen Tonnen Wasser als Wasserdampf in Höhen von bis zu 8 000 m auf. Mit dem aufsteigenden Wasserdampf wird die durch Sonneneinstrahlung an der Erdoberfläche erzeugte Wärmeenergie hoch in die Atmosphäre transportiert. Die dabei freigesetzte Wärme treibt in diesen Höhen das Wettergeschehen an und **beeinflusst** die **globale Luftzirkulation**.

Noch ist schwer vorauszusehen, welche Folgen eine reduzierte Verdunstung in den **immerfeuchten Tropen** für diese Zirkulationen und inbesondere für die Niederschlagsverteilung auf der Erde hat. Insgesamt könnte ein **weltweiter Temperaturanstieg** die Folge sein. Ein großer Teil der Menschheit würde dann durch **Wetterextreme** wie Stürme und **Starkregen**, aber auch von **Überschwemmungen** und Perioden anhaltender **Dürre** bedroht. Auch die Verschiebung ganzer Klimagürtel wäre nicht auszuschließen.

2.1 *Grundlage für die Beantwortung der Aufgabe sind die beiden modellhaften Darstellungen in Anlage I.2. Im oberen Teil der Anlage ist ein extensiver Kakaoanbau dargestellt, der in Grundzügen dem Stockwerkbau des tropischen Regenwalds ähnelt. Andererseits zeigt der untere Teil der Anlage einen intensiven Kakaoanbau mit Kakaobäumen in Monokultur. Auf dieser Grundlage sollen Sie sowohl die Vorteile als auch die Nachteile der extensiven Form des Kakaoanbaus gegenüber der intensiven Nutzung darstellen.*

Als großer Vorteil des extensiven Kakaoanbaus ist anzuführen, dass durch die Anlage der Kakaopflanzung innerhalb des **Primärwaldes** der natürliche **Stockwerkbau** bestehen bleibt. Es kommt daher nur zu einem relativ geringen Eingriff in das sensible Ökosystem, wodurch auch der **kurzgeschlossene Nährstoff- bzw. Mineralstoffkreislauf** weitgehend **erhalten** bleibt. Denn da im tropischen Regenwald der größte Teil der Mineralstoffe in der lebenden Biomasse gebunden ist, der Boden aufgrund des geringen Restmineralgehalts kaum Nährstoffe enthält und die Zweischichttonminerale des hier vorherrschenden Ferrasols auch kaum Mineralstoffe speichern können, wird die **Nährstoffversorgung** nur durch die geringmächtige obere **Humusschicht** gewährleistet. In dieser Humusschicht wird die abgestorbene Biomasse, die hier ständig in großen Mengen entsteht, im feuchtheißen Klima des Regenwalds durch Kleinstlebewesen und Mikroorganismen nach wenigen Monaten komplett zersetzt. Durch die extensive

Art des Kakaoanbaus bleiben daher die Bodenstruktur und damit auch die wichtigen **Wurzelpilze**, sogenannte Mykorrhizae, weitgehend intakt. Diese Wurzelpilze umhüllen in einem dichten Geflecht das weit verzweigte Wurzelwerk der Bäume. Sie fungieren als **„Nährstofffallen"**, die die **Mineralstoffe** aus dem Regen- und Bodensickerwasser aufnehmen und an die feinen Wurzelhärchen ihres „Wirtsbaums" weitergeben. Durch den Erhalt des kurzgeschlossenen Nährstoffkreislaufs bleibt im extensiven Kakaoanbau die **Bodenfruchtbarkeit** länger bestehen.

Durch die über den Kakaobäumen liegende **Kronenschicht** sind die **Beschattung** sowie der **Schutz** der Pflanzen und des Bodens gegenüber **Starkregen** und **Wind** weiter gewährleistet. So trifft die **Sonnenstrahlung** nicht direkt auf die Erdoberfläche und kann den Oberboden somit auch nicht austrocknen, der **Boden** bleibt **stets durchfeuchtet**. Im Gegensatz zur **Monokultur** können im extensiven Kakaoanbau die kräftigen Niederschläge auch nicht ungehindert auf die Erdoberfläche gelangen, die Bodenstrukturen zerstören und die freigesetzten Mineralstoffe ungehindert oberflächlich wegspülen. Die **Bodenerosion** sowie der **Oberflächenabfluss** sind deshalb weitaus **geringer**.

Durch die Vermeidung der Monokultur bleibt zudem die **Biodiversität** erhalten. Daher besteht beim extensiven Kakaoanbau eine **geringere Gefahr** des **Schädlingsbefalls** sowie der Verbreitung von **Krankheiten**. Hierdurch kann der Einsatz von Herbiziden und Pestiziden deutlich verringert werden.

Diesen großteils ökologischen Vorteilen stehen vor allem ökonomische **Nachteile** gegenüber. Aufgrund der Lage inmitten bereits vorhandenen Baumbestands sind die **Kakaobäume schwer zugänglich**, was bei Pflegemaßnahmen und bei der Ernte einen größeren **Aufwand** und **Zeitbedarf** bedeutet. Durch die Einschränkung der Anzahl an Kakaobäumen pro Fläche, die durch den weitgehenden Erhalt des Primär- bzw. Sekundärwaldbestands in Kauf genommen werden muss, sind die Effizienz des extensiven Kakaoanbaus und daher auch die **Hektarerträge niedriger**. Demgegenüber ist jedoch anzuführen, dass der Schädlingsbefall, vor allem aber die rückläufige Bodenfruchtbarkeit bei den Monokulturen, die zunächst hohen Gewinne schnell reduzieren.

2.2 *Diese Teilaufgabe erfordert von Ihnen, zuerst aus den beiden Satellitenbildern in Anlage I.3 drei wesentliche Veränderungen zwischen den Jahren 1973 und 2003 herauszufinden und zu beschreiben. In einem zweiten Schritt sollen Sie Gründe für diese Veränderungen anführen. Als Hilfe zur Lösung dieser Teilaufgabe können Sie auch geeignete Atlaskarten heranziehen, wie z. B. die Karten „Amazonien – Eingriff in den tropischen Regenwald" oder „Rondônia – Agrarkolonisation" (Diercke Weltatlas 2008, S. 219.4 und 219.5).*

Im Jahr **1973** sind in der **oberen Bildmitte** einzelne **Rodungsschneisen** zu erkennen. Diese sind das Ergebnis der zu dieser Zeit einsetzenden staatlichen **Agrarkolonisationsprojekte** im tropischen Regenwald. Bei diesen wurde der Regenwald zuerst durch Verkehrswege erschlossen, dann wurde den Kleinbauern Land entlang dieser Verkehrswege zugeteilt, welches diese wiederum durch Brandrodung in Wert setzten. Bis zum Jahr 2003 wurde diese staatlich gelenkte Agrarkolonisationen mit der **Landvergabe** an **Kleinbauern**, **Landlose** und **Pächter** in entlegenen Staatsgebieten von den Behörden weiter vorangetrieben. Die Regierungen verfolgten hierbei klare Ziele, z. B. die Entlastung übervölkerter ländlicher Regionen und Großstädte, den Abbau von **Disparitäten** bzw. die Vermeidung von sozialen Unruhen aufgrund ungleicher Besitzverteilung, fehlender Agrarreformen auf Altsiedelland sowie von Arbeitslosigkeit, Armut und Hunger. Diese Ansiedlung im Zuge der fortschreitenden Agrarkolonisation führte im Jahr **2003** zur erkennbaren großflächigen **Verschmelzung** und Verdichtung der **kleinbäuerlichen Betriebe** und ihrer **Anbauflächen**.

Im Bereich rechts der Bildmitte ist zu erkennen, dass sich die **Stadt- und Siedlungsfläche** von Ciudad del Este zwischen den Jahren 1973 und 2003 stark vergrößert hat. Dies ist sicherlich eine Folge der **Zuwanderung** im Zuge der **Agrarkolonisation**, aber auch des **natürlichen Bevölkerungswachstums** in dieser Stadt. Insgesamt hat sich durch den Anstieg der Bevölkerung in der Region der **Bedarf an öffentlichen und privaten Versorgungseinrichtungen** sowie **Verkehrs-, Gewerbe-, Industrie**- und **Wohnflächen** stark erhöht.

Ist in der rechten oberen Bildecke im Jahr 1973 nur der **Fluss Paraná** zu erkennen, so ist im Jahr 2003 durch das **Aufstauen** dieses Flusses ein riesiger **Stausee** entstanden. Um den **steigenden Energiebedarf** der wachsenden Bevölkerung zu **decken**, aber auch, um die Einfuhr der teuren Energieträger Erdöl und Kohle so gering wie möglich zu halten, wird in den Schwellenländern Südamerikas zunehmend **Strom in Wasserkraftwerken erzeugt**. Da in den **immerfeuchten Tropen** die anfallenden Wassermengen zwar hoch, jedoch das Relief meist eben und die Fließgeschwindigkeit der Flüsse gering ist, benötigen die Wasserkraftwerke zur effektiven Stromerzeugung lange Staudämme und riesige Stauseen. Zusätzlich können solche **Staudamm**-Projekte auch zur **Ansiedlung von Industrie** führen.

Sind im Jahr **1973** unterhalb der Bildmitte noch **zusammenhängende Waldflächen** zu sehen, so sind diese im Jahr **2003** vollständig **abgeholzt**. Die Ursache hierfür könnte der **kommerzielle Holzeinschlag** zur Gewinnung tropischer Edelhölzer sein. Auch **Plantagen** zur **Produktion** tropischer Nahrungsmittel (z. B. Bananen, Kaffee, Kakao), aber auch pflanzlicher Rohstoffe wie Kautschuk oder Palmöl für den Weltmarkt (**Cashcrops**) könnten hier entstanden sein.

2.3 *Bei dieser Teilaufgabe sollen Sie zur Problemstellung, ob Großveranstaltungen wie die Fußball-Weltmeisterschaft 2014 bzw. die Olympischen Sommerspiele im Jahr 2016 eine Chance oder ein Risiko für Brasilien und seine Bevölkerung sind, die Pro- und Kontra-Argumente einander gegenüberstellen. Hierbei ist zu beachten, dass dies sowohl aus der Sichtweise des Staats Brasilien als auch aus der seiner Bürger geschehen soll. Der Operator „erörtern“ erwartet aber auch eine abschließende Bewertung des Sachverhalts.*

Solche sportlichen Großereignisse eröffnen sicherlich der einheimischen Wirtschaft neue **indirekte Einnahmequellen**, z. B. im Bauwesen, der Telekommunikation oder in der Investitionsgüter- und Konsumgüterindustrie. Daneben bringen sie der Wirtschaft des Landes während des Ereignisses **direkte Einnahmen** und heizen die Konsumgüterbranche in diesem Zeitraum kräftig an. Auch der Staat Brasilien erhält dadurch zusätzliche **Steuer-** und **Deviseneinnahmen**. Jedoch muss er auch hohe **finanzielle Mittel** für Planung und Durchführung dieser Großereignisse **aufbringen**. Diese Kosten müssen von den **Steuerzahlern** aufgebracht werden. Folglich **fehlen** aufgrund der Investitionen des Staates in solche Großereignisse in einem Schwellenland wie Brasilien die **Gelder** in anderen Bereichen, z. B. für die **Armutsbekämpfung**, **Bildung** oder den Ausbau der **sozialen Infrastruktur**. Oftmals kommt es auch nach solchen Veranstaltungen durch die hohen Ausgaben zu **Sparmaßnahmen**, die öffentliche Investitionen auf Jahre hinaus einschränken, während vorher das gesamte Budget für wenig nachhaltige Luxusprojekte wie Stadien ausgegeben wurde.

Solche Sport-**Events** führen direkt zur **Modernisierung** der **Sportinfrastruktur** und indirekt zur Modernisierung der **allgemeinen Infrastruktur**. Dabei sind viele dieser Investitionen nicht allein auf das Großereignis ausgerichtet: Brasilien wird noch viele Jahre von moderneren Straßen, Flughäfen, Telekommunikationsnetzen und anderen neu entstandenen **Einrichtungen profitieren**. Jedoch besteht auch ein hohes Risiko der Überdimensionierung solcher Projekte, die erhebliche **Folgekosten** nach sich ziehen können, wie etwa beim Stadion von Manaus der Fall. Ebenso werden zahlreiche, nicht direkt auf die Ereignisse bezogene Projekte aufgrund des **Geldmangels** auf Eis gelegt.

Ein spezifisches Problem in einem Schwellenland wie Brasilien ist natürlich auch die **Korruption**, d. h., viele Steuergelder verschwinden.

Weltmeisterschaften und Olympische Spiele schaffen auch **Einkommensmöglichkeiten** und **Arbeitsplätze** für die einheimische **Bevölkerung**, z. B. in der Baubranche, der Gastronomie oder im Beherbergungsgewerbe. Diese Beschäftigungseffekte sind jedoch meist nur von **begrenzter Dauer**. Zudem können sich durch die **Einkommensunterschiede** zwischen „Profiteuren" und „Verlierern" die sozialen **Disparitäten** verstärken. Ebenso besteht die Gefahr, dass solche Events möglicherweise insgesamt die **Lebenshaltungskosten steigern**.

Großereignisse eröffnen die Chance, lang aufgeschobene oder nicht durchsetzbare **stadtplanerische Projekte** zu **realisieren**. Zum Beispiel stehen jetzt plötzlich Gelder bereit, um Menschen aus Favelas in Sozialwohnungen umzusiedeln. Jedoch wehrt sich die Bevölkerung gegen die teuren Renovierungen ihrer Städte oder Viertel. Denn oftmals werden die Projekte ohne Rücksichtnahme auf Verluste und die Bedürfnisse der Menschen umgesetzt. So kommt es zu massenweisen **Zwangsumsiedlungen**, teils von einem Tag auf den anderen, oft ohne stabile rechtliche Grundlage, meist auch einhergehend mit dem Verlust des gewohnten sozialen Umfeldes, aber auch Erhöhungen der Mietpreise.

Großereignisse kurbeln durch die weltweite Berichterstattung den **Tourismus an**. Jedoch besteht die Gefahr, dass dies eine nur **kurzfristige** touristische **Nachfrage** erzeugt.

Sport-Events eröffnen dem Ausrichterland die Chance, seine Stärken zu präsentieren, sein **Image zu verbessern** und sich somit wirtschaftlich besser zu positionieren. Nichts scheint den Aufstieg Brasiliens zum **Global Player** symbolträchtiger zu belegen als die Gastgeberrolle für die Fußball-WM 2014 und für die Olympischen Spiele 2016 in Rio. Jedoch können sich durch die **Konzentration** der **Investitionen** auf wenige Regionen und Städte sowie auf die Ober- und Mittelschicht die regionalen und sozialen **Disparitäten** noch verstärken. **Räume** in **peripherer Lage** und arme **Bevölkerungsschichten** weit weg von den sportlichen Ereignissen werden somit **vernachlässigt**.

Interessant ist ebenso, dass solche Megaevents den Bürgern des Landes die einzigartige Chance eröffnen, auf nationale **Ungerechtigkeiten aufmerksam zu machen** und Druck auf die Regierung auszuüben.

Der Glanz sportlicher Großereignisse bringt für die Mehrheit der Bevölkerung **keine Verbesserung** ihrer alltäglichen Probleme mit sich. Denn solche Events können die verheerenden Verhältnisse im Gesundheits-, Bildungs- oder Transportwesen nur teilweise beheben. Doch die Verbesserung der **Lebensverhältnisse** ist für die meisten Brasilianer deutlich wichtiger als Sportveranstaltungen, für deren Kosten sie teilweise auch noch aufkommen müssen.

Abitur 2014 Geographie Bayern
Aufgabe II: Die Alpen – Naturraum und Nutzung

1 Hydrogeographie

1.1 Legen Sie die Bedeutung des Oberflächenabflusses aus den Alpen für die im Umland des Gebirges lebende Bevölkerung dar!

1.2 Erläutern Sie den in Anlage II.1 dargestellten jahreszeitlichen Verlauf des Oberflächenabflusses im Zeitraum 1961 bis 1990 und begründen Sie die prognostizierten Abweichungen!

20 BE

2 Täler und Flusslandschaften

2.1 Begründen Sie anhand von drei Aspekten die große Bedeutung des alpinen Inntals als Verkehrsachse und stellen Sie Probleme dar, die sich aus dem hohen Verkehrsaufkommen ergeben!

2.2 Erläutern Sie anhand von Anlage II.2 Maßnahmen und Ziele des Entwicklungskonzepts „Alpenrhein" und arbeiten Sie mögliche Schwierigkeiten bei der Umsetzung heraus!

20 BE

3 Tourismus in der Schweiz

3.1 Nur in etwa der Hälfte der Wintersportorte der Schweiz wird im Jahr 2050 die natürliche Schneesicherheit gewährleistet sein.
Stellen Sie dar, wie die Wintersportorte auf die abnehmende oder weiter bestehende Schneesicherheit reagieren können!

3.2 Die Schweizer Orte Davos, Grindelwald, St. Moritz und Zermatt haben sich der Tourismusvereinigung *Best of the Alps* angeschlossen.
Erörtern Sie ausgehend von Anlage II.3 mögliche positive und negative Begleiterscheinungen dieser Vermarktung für die genannten Tourismusorte!

20 BE
60 BE

Anlage II.1 Oberflächenabfluss der Alpen für zwei Zeiträume

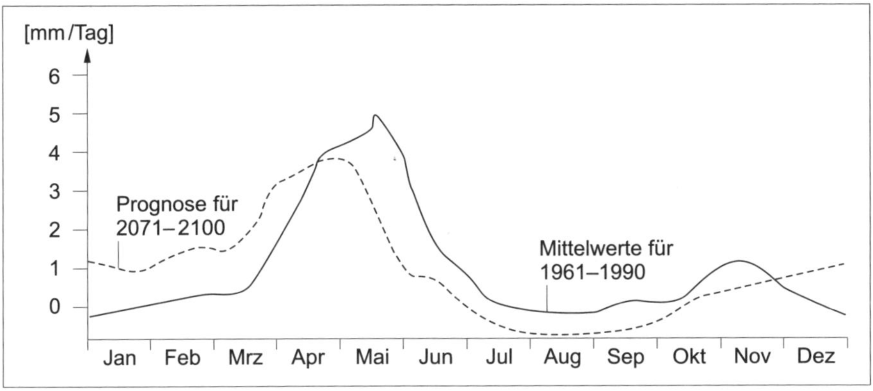

Anlage II.2 Das Entwicklungskonzept „Alpenrhein“

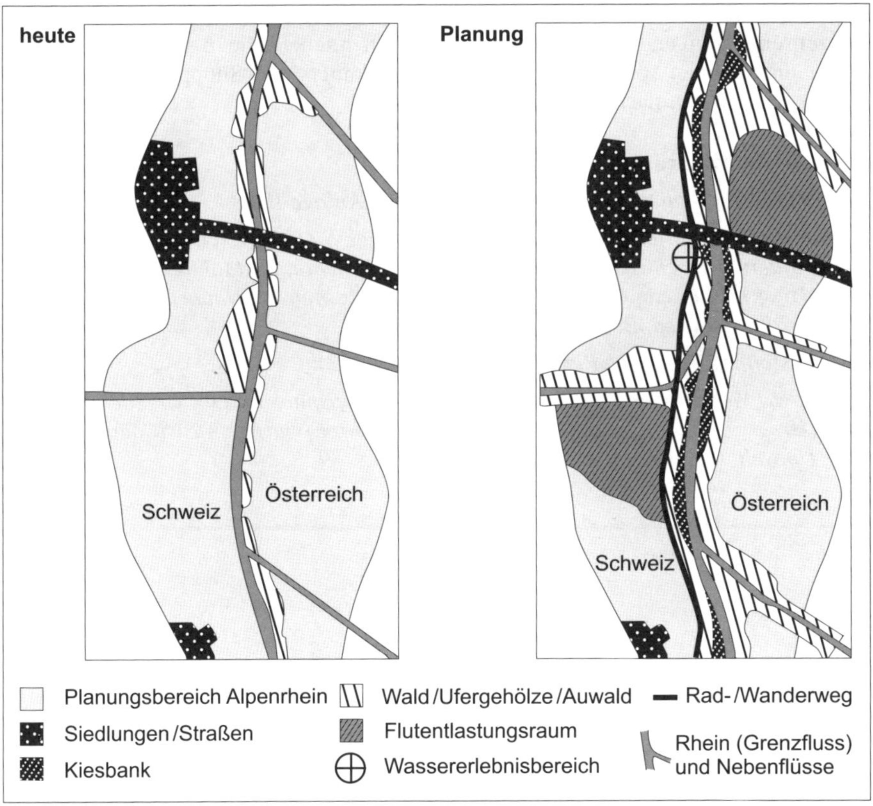

Anlage II.3 Auszug der Selbstdarstellung der Tourismusvereinigung *Best of the Alps* (leicht gekürzt und verändert)

Best of the Alps® e. V. ist der europäische Zusammenschluss der zwölf weltberühmten Tourismusdestinationen der Alpenregion: Chamonix Mont-Blanc, Cortina d'Ampezzo, Davos, Garmisch-Partenkirchen, Grindelwald, Kitzbühel, Lech Zürs am Arlberg, Megève, Seefeld, St. Anton am Arlberg, St. Moritz und Zermatt.
„Best of the Alps" sind auch Angebote von Gesundheits-, Vital- und Wellness-Tourismus sowie Sportveranstaltungen wie Olympische Spiele, Weltmeisterschaften, Welt- und Europa-Cups.
Best of the Alps® ist Botschaft, Auszeichnung und Marke zugleich. Best of the Alps® ist Synonym für Lebenskultur, Sport, Events und Tourismus und steht für eine Reihe von Sportarten wie Wandern und Klettern, Ski- und Langlauf, Ski-Touring, Golf und Mountainbike, Polo und Wassersport.
Alle Orte sind berühmte Tourismusziele. Sie garantieren beste Qualität und sind Botschafter für die gesamte Alpenregion: Zwölf großartige, international bekannte und beliebte Orte, alle geeint auch durch den glücklichen Umstand, in einer der traumhaftesten Landschaften dieser Erde gelegen zu sein.
Die insgesamt 1 200 Veranstaltungen, die von Konzerten und Lesungen bis hin zu Spitzenseminaren und (Wirtschafts-)Kongressen reichen, die Anbindung an Flugplätze und Bahnen sowie die erstklassigen Einkaufs- und Shoppingmöglichkeiten sorgen ebenfalls für nachhaltigen Urlaubsgenuss.

Quellen- und Literaturverzeichnis

Nach © Martin Beniston 2006, Universität Genf (Anlage II.1)

Darstellung nach Michor, K./Poglitsch, H./Senfter, S./Unterlercher, M. (2009): Moderner Hochwasserschutz. In: Egger, G./Michor, K./Muhar, S./Bednar, B. (Hrsg.): Flüsse in Österreich. Lebensadern für Mensch, Natur und Wirtschaft. Innsbruck/Wien/Bozen, S. 254 (Anlage II.2)

www.bestofthealps.com © Republica AG (Anlage II.3)

Müller, H.; Weber, F. und Thalmann, E. (2007): Tourismus. In: OcCC/Proclim (Hrsg.): Klimaänderung und die Schweiz 2050. Erwartete Auswirkungen auf Umwelt, Gesellschaft und Wirtschaft. Bern, S. 89

Lösungsvorschlag

1.1 *Diese Fragestellung ist, was die räumlichen Dimensionen des Begriffs „Umland" betrifft, recht offen und generalisiert gestellt. Gehen Sie bei der räumlichen Abgrenzung des zu untersuchenden Gebietes am besten vom geographisch durchaus gängigen Begriff des „(nördlichen) und (südlichen) Alpenvorlandes" (d. h. im Norden bis zur Donau, im Süden bis zur Poebene) aus. Eine solche großzügige Abgrenzung entspricht auch dem Charakter der räumlichen Fernwirkungen, die ein Hochgebirge schließlich stets mit sich bringt.*

Das oberflächlich abfließende Wasser entstammt – jahreszeitlich differenziert – einerseits Teilen der **Niederschlagsspende**, andererseits der periodisch auftretenden **Gletschereis- und Schneeschmelze**.

Für das Umland des Hochgebirges, sprich die nördlich und südlich anschließenden Gebirgsvorländer, ergeben sich durch diesen **Oberflächenabfluss** mannigfaltige Einwirkungen für den wirtschaftenden Menschen in positiver, aber auch negativer Sicht.

Die gigantischen **Schmelzwasserflüsse** am Ende der letzten Vereisungsperiode haben in den beiden Vorlandsbereichen teils mächtige **Schotterablagerungen** hinterlassen. Diese wirken quasi als Filter für das durchsickernde Niederschlagswasser und sichern somit einen relativ **hohen natürlichen Reinheitsgrad** des Grundwassers, das für die Trinkwasserversorgung gefördert wird (s. unten).

Die zahlreichen Seen des Alpenvorlandes wie z. B. der Starnberger See oder der Ammersee bestehen aus **Oberflächen- und Grundwasser**; sie dienen heute v. a. der freizeitorientierten und touristischen Nutzung.

Das heute über Fließgewässer aus den Alpen abfließende Oberflächenwasser kann zumindest partiell als Grundlage für die **Trink- und Brauchwasserbereitstellung** für die Städte und Gemeinden des Gebirgsumlandes genutzt werden. Darüber hinaus wird das **hydroenergetische Potenzial** der Flüsse zur Erzeugung von elektrischer Energie genutzt. Dies geschieht einerseits im Übergangsbereich zwischen Gebirge und Vorland mithilfe von **Pumpspeicherkraftwerken** zur Deckung von Spitzenlasten, andererseits im Vorland selbst mit **Laufwasserkraftwerken**, die die Grundversorgung mit Elektrizität gewährleisten.

Im südlichen Alpenvorland, das bereits deutliche Merkmale des **mediterranen Winterregenklimas** mit relativ trockenen sommerlichen Perioden aufweist, sichert der Oberflächenabfluss ein Wasserpotenzial für die **künstliche Bewässerungslandwirtschaft** (Beispiel: unteres Etschtal und Poebene).

In der Geschichte des **Gütertransports** der vergangenen Jahrhunderte spielten die Alpenflüsse eine zum Teil erhebliche Rolle bei der Beförderung wichtiger Güter auf Lastkähnen, so etwa Holz und Salz. Die heutige Rolle der Schifffahrt auf den Alpenflüssen reduziert sich weitgehend auf den Freizeitsportbereich, wie die Beispiele Floßfahren und Rafting zeigen.

Eine immer mehr mit kritischen Augen zu betrachtende Problematik zeigen die in jüngerer Zeit aufgetretenen **Überschwemmungskatastrophen** im Gefolge von tagelangen starken Niederschlägen im Alpengebiet. Auf der Alpennordseite sind hiervon die Flusssysteme Inn und Donau besonders betroffen (siehe etwa Flutkatastrophe in Passau und Deggendorf oder die Überflutungen im Chiemgau im Jahr 2013).

1.2 *Gehen Sie bei der Beantwortung der Frage systematisch von der zweigeteilten Fragestellung aus: Teil 1 – Erläuterung, d. h. Beschreibung und Begründung des in Anlage II.1 dargestellten (rezenten) Oberflächenabflusses im Jahresverlauf; Teil 2 – Begründung der Veränderungen des prognostizierten Abflussverhaltens.*
Allerdings fehlen genauere Angaben zu Anlage II.1, so etwa, um welchen Abschnitt des Fließgewässers es sich handelt, oder auch dazu, auf welcher Seite der Alpen die Messungen erfolgten. Dadurch lassen sich in Teilbereichen der Interpretation zwangsläufig lediglich Mutmaßungen anstellen.

Der **Jahresgang des Oberflächenabflusses** im Zeitraum 1961–1990 zeigt die folgenden Charakteristika: In den Wintermonaten **Dezember und Januar** und in den Monaten der Übergangsjahreszeit (langsam ansteigende Niederschlagssummen in den Monaten Februar/März, teilweise auch April) sind niedrige Abflusswerte zu verzeichnen. Diese sind eine direkte Folge der Bindung des Niederschlags in Form von Schnee, Firn und Eis, damit auch des Fehlens von Schmelzwasser (abgesehen von druckbedingtem Schmelzwasser aus Gletschergebieten).

In den Monaten **April bis Juli** (Maximum zwischen Mai und Juni) sind hohe Abflussmengen als Folge von Schnee- und Gletscherschmelze sowie potenziell zunehmender sommerlicher Niederschlagsmengen zu verzeichnen.

In den **Spätsommer- und Frühherbstmonaten** verzeichnet der Graph ein weiteres Minimum, wohl infolge der Zwischenspeicherung von Niederschlägen in der dann voll ausgebildeten Alpenvegetation und den nun eisfreien Oberböden.

Das zwischen **Oktober und Dezember** zu verzeichnende sekundäre Abflussmaximum kann eventuell durch die bereits dann wieder jahreszeitlich bedingt zurückgehende Biomasse der natürlichen Vegetation erklärt werden, denn mit einher geht eine sinkende Wasserspeicherfähigkeit der Böden.

Die Abflussprognose für den Zeitraum 2071–2100 zeigt generell folgende Veränderungen im Gefolge einer **Klimaerwärmung**, sprich Erwärmung der Lufttemperaturen der unteren Atmosphärenschichten:

Die winterlichen Abflussmengen werden voraussichtlich zunehmen. Dies könnte die Folge höherer Lufttemperaturen sein, die einerseits die Niederschlagsmengen erhöhen, andererseits weniger Wasser in Form von Schnee, Firn und Eis binden. Das Abflussmaximum ist ungefähr einen halben Monat früher zu verzeichnen als während des Zeitraums 1961–1990, was durch die früher einsetzende Schnee- und Gletscherschmelze sowie die früher einsetzenden Niederschläge zu erklären ist.

Die insgesamt **gesunkenen Abflussmengen** sind unter Umständen durch die mit der Zeit reduzierten Schnee- und Gletschervolumina vor dem Hintergrund des rezenten Klimawandels zu interpretieren.

Der Graph zeigt zudem in den Sommer- und Herbstmonaten einen deutlich niedrigeren Abfluss, welcher auf insgesamt sinkende prognostizierte Niederschlagsmengen in diesen Monaten zurückzuführen ist.

2.1 *Der erste Teil der Aufgabenstellung erfordert eine trennscharfe Strukturierung Ihrer Antworten anhand von drei „Aspekten". Berücksichtigen Sie nach Möglichkeit inneralpine, aber auch überregionale Merkmale des Inntals.*
Der zweite Teil der Aufgabenstellung erfordert die Darstellung von Problemen, ohne dass deren Anzahl vorgegeben wurde. Interpretieren Sie die Pluralformulierung deshalb am besten so, dass wenigstens drei Aspekte angesprochen werden sollten.

Das **inneralpine Inntal** bietet infolge seiner im Pleistozän großräumig angelegten Talstruktur und seines weiträumigen, postglazial aufgeschütteten Talgrunds genügend Fläche für eine vielfältige verkehrstechnische Nutzung durch verschiedenartige Verkehrsträger. Diese sind in weiten Bereichen des alpinen Tals beispielsweise die Inntalautobahn A 12 (E 60), die Bundesstraße 171, zahlreiche untergeordnete Nebenstraßen und Eisenbahnlinien, z. B. die Strecke Innsbruck–Kufstein.

Das Inntal verbindet durch seine Südwest-Nordost-Ausrichtung nicht nur verschiedene Regionen innerhalb der Alpen, sondern schafft auch eine Verbindung zum nördlichen Alpenvorland und zum Donauflusssystem. In erster Linie für den **Gütertransport**, aber auch für die Personenbeförderung nimmt das Inntalsystem eine bedeutende, den **Alpentransit** ermöglichende Aufgabe wahr. Diese verbindende Transitfunktion wird zusätzlich verstärkt durch die Anschlüsse des Inntals an bedeutende Alpenpässe und alpine Seitentäler.

Im inneralpinen Bereich bildet das Inntalsystem außerdem eine wichtige Verkehrsverbindung zur Güterversorgung und zur **Aufnahme von Pendlerströmen** im Bereich von alpinen Bevölkerungsverdichtungsräumen (z. B. Innsbruck, Kufstein).

Das hohe Verkehrsaufkommen im alpinen Inntal führt jedoch zu gesundheitlichen Beeinträchtigungen der ansässigen Bevölkerung und der Verkehrsteilnehmer allgemein. Besonders die **Emissionen des Individualverkehrs** erzeugen eine überdurchschnittliche Konzentration an Abgasen, die aufgrund der reliefbedingten Einengung eines inneralpinen Tals meist wesentlich langsamer als im ebenen Gelände abgebaut werden können. Verstärkt wird dies durch die in den Alpen relativ häufig vorzufindenden **Inversionswetterlagen**, die das Entweichen der Abgase in die freie Atmosphäre stark verzögern. Infolge des **Schalltrichtereffekts** kann in den inneralpinen Tälern außerdem die Lärmbelastung enorm verstärkt werden.

Die großzügigen räumlichen Dimensionen des inneralpinen Inntals haben seit Jahrhunderten, besonders aber im 20. und 21. Jahrhundert, die Anlage von Siedlungen, Industrie- bzw. Gewerbestandorten und Verkehrsträgern sowie die Ausweitung landwirtschaftlich genutzter Flächen gefördert. Dieser zunehmende **Flächenverbrauch** hat nicht nur zu starken **Zersiedelungseffekten** geführt, sondern auch Bereiche erfasst, die infolge der verstärkten Gefahr von **Überschwemmungen** gerade im Hinblick auf den rezenten Klimawandel als Risikonutzflächen bezeichnet werden müssen.

Als Folge der Zersiedlungseffekte und des hohen Flächenverbrauchs durch den wirtschaftenden und am Verkehr teilnehmenden Menschen wurde das ursprüngliche Landschaftsbild des alpinen Inntals so stark verändert, dass seine touristische Attraktivität mancherorts stark gesunken ist. Dies wiederum kann mit finanziellen Einbußen der touristischen Branchen verbunden sein.

2.2 *Sie können die Beantwortung dieser Teilaufgabe nach dem vorgegebenen dreiteiligen Muster gliedern: Maßnahmen – Ziele – Schwierigkeiten. Alternativ wäre es auch möglich, zuerst die Ziele und anschließend die jeweiligen Maßnahmen anzuführen. Der Operator „Erläutern“ setzt eine tiefer gehende Beschreibung und Begründung dieser drei genannten Elemente voraus.*

Anlage II.2 zeigt die wesentlichen Zielsetzungen des Entwicklungskonzepts „Alpenrhein“: Diese sind 1. der **Hochwasserschutz**, 2. der **partielle Rückbau des Flusssystems** und seiner Randbereiche in einen naturähnlichen Zustand und 3. der **partielle Ausbau der (touristischen) Freizeitinfrastruktur**.

Ein besserer **Hochwasserschutz** soll durch die Einrichtung von **Flutentlastungsräumen** erreicht werden. Diese könnten beiderseits des Flusses in tief gelegenen Arealen ausgewiesen und in Zeiten extremer Abflussmengen quasi als **Rückhaltebecken** überflutet werden. Durch die Anlage von künstlich aufgeschütteten Kiesbänken könnte außerdem das Flussbett verbreitert werden und so im Extremfall mehr Wasser abführen. Die randlich erkennbaren, potenziellen **Aufforstungsmaßnahmen** (vgl. Legende: Wald / Ufergehölze / Auwald) würden zudem zur zeitlichen Verzögerung (**Retardierung**) des seitlich zukommenden Oberflächenabflusses beitragen und somit die Gesamtabflussmenge mindern.

Ein Teil der bereits oben genannten Maßnahmen (Anlage von Kiesbänken, Aufforstungen) kann zu einer Revitalisierung und zu einer partiellen Annäherung an ein **naturnäheres Flussökosystem** Alpenrhein, letztlich auch zu seiner landschaftlichen Verschönerung und damit zur Erhöhung der landschaftlichen Attraktivität beitragen.

Die **Verbesserung der touristischen Freizeitinfrastruktur** kann durch die Errichtung eines Wassererlebnisbereichs und die Anlage eines flussparallelen Wander- / Radwegs erreicht werden.

Die eben erläuterten Maßnahmen erfordern eine länderübergreifende Kooperation zwischen Österreich und der Schweiz. Gerade bezüglich der Größe und der Lage von Flutentlastungsräumen könnten **Koordinationsprobleme** und Schwierigkeiten bei der Entschädigung im Katastrophenfall auftauchen. Zudem werden die Aufforstungsmaßnahmen sowie die Flächenumnutzung zum Bau des Rad-/Wanderwegs bzw. zur Ausweisung der Flutentlastungsräume auf bisher landwirtschaftlich genutzten Flächen zu **Nutzungskonflikten** zwischen Grundstückseigentümern und planenden Behörden führen. Schließlich erfordern alle erkennbaren Maßnahmen einen hohen **finanziellen Aufwand**, der wohl nur durch eine zumindest teilweise überregionale Kostenübernahme und durch planerische Kooperation der Gemeinden zweier Staaten möglich werden kann.

3.1 *Bei der Bearbeitung dieser Teilaufgabe ist es wichtig, nicht nur auf die Reaktionen der betreffenden Gemeinden auf einen generellen Rückgang der Schneesicherheit in tiefer gelegenen Bereichen einzugehen, sondern – wie die Aufgabenstellung vorgibt – auch jene Reaktionen auf bleibende Schneesicherheit in höher gelegenen Gebirgsregionen zu berücksichtigen.*

In tiefer gelegenen Wintersportorten wird mittel- und langfristig mit einer Abnahme der **natürlichen Schneesicherheit** und damit mit einem Rückgang der Bedeutung des **Skitourismus** zu rechnen sein. Dieser Rückgang wird wohl in einer ersten Übergangsphase noch durch den Einsatz von **Kunstschnee**, erzeugt von Beschneiungsanlagen, gebremst werden können. Was die langfristigen Veränderungen bei anhaltendem Klimawandel betrifft, müsste die touristische Nutzung im Bereich der tiefer gelegenen Gemeinden neu ausgerichtet werden. Denkbar in diesem Zusammenhang ist der **Rückbau von Infrastruktur** des Wintersports und die Neuausrichtung auf eine stärker sommerliche touristische Nutzung, etwa durch die Anlage eines attraktiven Wander- und Radwegenetzes und die Förderung andersartiger Touristikzweige, so z. B. Wellness-Urlaub und Event-Tourismus.

Darüber hinaus könnte langfristig auf den Umbau der **Wirtschafts- und Arbeitsplatzstruktur** hingearbeitet werden. Ein Schritt in diese Richtung wäre die Verlagerung wirtschaftlicher Tätigkeiten in andere Wirtschaftsbereiche, z. B. in besondere Formen der Landwirtschaft – vgl. z. B. das Allgäu, wo ehemalige Almen wieder geöffnet werden und Bergkäse in Kleinkäsereien verkauft wird. Gleichermaßen denkbar wäre eine Ansiedlung von hoch spezialisierten Dienstleistungsbetrieben, z. B. Sportevent-Managementunternehmen.

In den Wintersportorten der höheren, also **schneesicheren Lagen** werden die Belastungen durch den Skitourismus mittel- und langfristig steigen. Um der zunehmenden Zahl von Skitouristen gerecht zu werden, müssen einerseits wohl neue Skigebiete ausgewiesen und erschlossen, andererseits bestehende etwa durch den Bau leistungsfähigerer Verkehrstrassen und Liftanlagen infrastrukturell verbessert werden.

Im Zuge des infrastrukturellen Ausbaus könnten aber gleichzeitig vor dem Hintergrund einer die Gebirgslandschaften schützenden, ökologischen Politik neue Schutzgebiete errichtet und strenge **Umweltschutzauflagen** für die Bauplanung angedacht werden.

3.2 *Beachten Sie bitte, dass es sich bei der vorliegenden Quelle Anlage II.3 um einen reinen Werbetext ohne wissenschaftlich belegten Hintergrund handelt, mit dem Sie entsprechend kritisch umgehen sollten. Die Aufgabenstellung verwendet aus diesem Grund die Formulierung „ausgehend von Anlage II.3". Grundsätzlich stellt sich also hier die Frage nach den positiven und negativen potenziellen Begleiterscheinungen einer stärkeren Vermarktung von Tourismusorten.*

Die – wenn auch nur werbetechnisch initiierte – Zuordnung zu einem exklusiv erscheinenden Verband an Tourismusorten könnte zu einer **Imageaufwertung** eines Ortes führen und damit zu einer Steigerung der Einnahmen aus dem Tourismus, zu zusätzlichen Arbeitsplätzen und einer generellen wirtschaftlichen Aufwertung. Diese würde einerseits durch ein Mehr an Touristen, andererseits durch eine überdurchschnittliche Zunahme der Zahl zahlungskräftigerer Personen bedingt sein, die sich durch den Exklusivitätsanspruch (vgl. „Best of the Alps") angesprochen fühlen. Die Zugehörigkeit zur Tourismusvereinigung „Best of the Alps" könnte darüber hinaus **Synergieeffekte** im Bereich der Zusammenarbeit und der Tourismusvermarktung nach sich ziehen.

Auf der anderen Seite birgt eine Exklusivierung des Tourismus die Gefahr einer übermäßigen Ansiedlung von großen Touristikunternehmen (z. B. internationale Hotelketten) und damit ein größeres wirtschaftliches Risiko für die angestammten einheimischen Betriebe. Außerdem ist mit einer Erhöhung der allgemeinen Lebenshaltungskosten und der Grundstücks- und Immobilienpreise zu rechnen, was wiederum zulasten einheimischer Kaufinteressierter gehen würde. In diesem Zusammenhang erwähnenswert ist zudem die typische Zunahme von Zweitwohnsitzen, die grundsätzlich immer **Überfremdungseffekte** nach sich zieht. Im schlimmsten Fall könnten sich die betreffenden Gemeinden schließlich in Bezug auf den einheimischen Bevölkerungsanteil teilentleeren.

Abitur 2014 Geographie Bayern
Aufgabe III: Entwicklungen und Strukturen im Orient

1 Regionale und globale Entwicklungen

1.1 Anlage III.1 zeigt ausgewählte Strukturdaten von zwei Staaten im Orient.
Nehmen Sie mit Hilfe dieser Daten eine begründete Zuordnung zu den Staaten Ägypten und Katar vor!

1.2 Erläutern Sie mit Hilfe der Anlage III.2 die Ursachen der Zunahme des globalen Warenexports in den vergangenen Jahrzehnten und zeigen Sie grundsätzliche Besonderheiten der Exportentwicklung von Saudi-Arabien auf! 20 BE

2 Bevölkerung

2.1 Beschreiben und erklären sie die in Anlage III.3 ersichtliche Verteilung der Geschlechter in der Bevölkerungsstruktur von Bahrain!

2.2 Über eine Million Syrer flüchteten in den letzten Jahren ins Nachbarland Jordanien.
Stellen Sie mögliche Probleme dar, die sich daraus für Jordanien ergeben! 18 BE

3 Das Toshka-Projekt

Anlage III.4 zeigt Materialien zum Toshka-Projekt in Ägypten.
Erörtern Sie damit verbundene Chancen und Ziele sowie auftretende Umsetzungsprobleme und berücksichtigen Sie dabei ökologische, ökonomische und soziale Aspekte! 22 BE

60 BE

Anlage III.1 Ausgewählte Strukturdaten von Ägypten und Katar (2011)

		Land A	Land B
Geburten pro 1 000 Einwohner		11,4	23,8
Anteil ländlicher Bevölkerung	(in %)	1,2	56,5
Beschäftigte	(in %)		
im primären Sektor		1	29
im sekundären Sektor		54	24
im tertiären Sektor		45	47
Internetnutzer	(in %)	86	40
Energieverbrauch pro Jahr	(in kg Öleinheiten/Kopf)	17 418	978

Anlage III.2 Entwicklung des Exportvolumens von Saudi-Arabien und der Welt

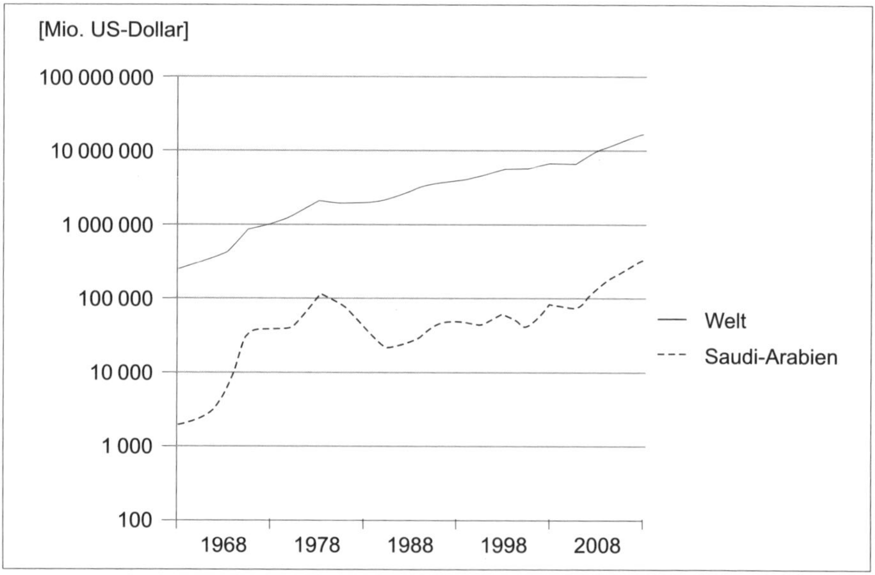

Anlage III.3 Altersaufbau der Gesamtbevölkerung von Bahrain (2013)

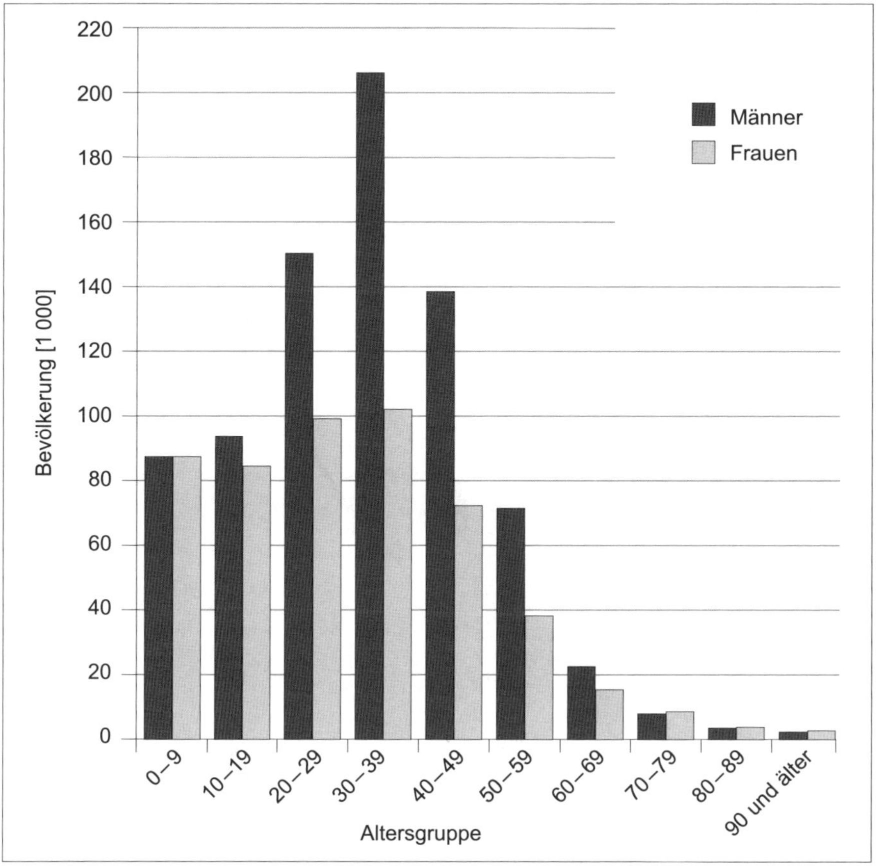

Anlage III.4 Das Toshka-Projekt

M 1 Übersichtskarte

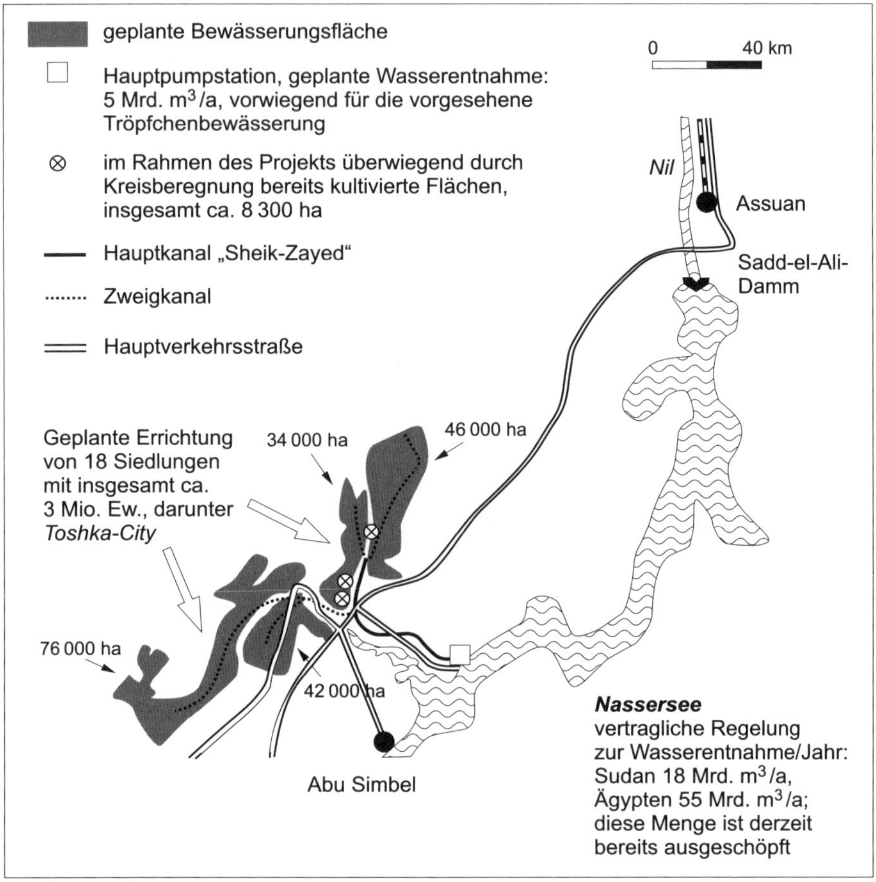

M 2 Bericht des Tagesspiegels vom 22. 07. 2010 zum Toshka-Projekt (Text überarbeitet)

Ägypten – ein kühner Wüstentraum versandet

„Zweites Ägypten" und „Neues Niltal" priesen Ägyptens Macher das wohl ambitionierteste Investitionsvorhaben seit dem Assuan-Staudamm in den 1950er-Jahren. Bis zum Jahr 2017 soll in der Toshka-Region im Süden des Landes Wüste mit abgezweigtem Nilwasser zum Blühen gebracht werden.
Reiche Investoren – bevorzugt aus den Golfstaaten – kaufen das Plantagenland in großen Stücken, bekommen verbilligte Wasserpreise und zehn Jahre Steuerfreiheit und verpachten es an einheimische Bauernfamilien, die es für den Export bewirtschaften. Um das Geschäft in Schwung zu bringen, setzte die ägyptische Regierung auf den saudischen Milliardär Prinz Alvaleed bin Talal als internationalen Investor. Mehr als eine winzig kleine Testfarm aber ist auf seinem Boden nicht entstanden. Selbst notwendige Pumpen, die das Wasser zum Gelände bringen sollen, hat er nicht installieren lassen. „Private Investoren sind Feiglinge. Sie sind nur auf schnelle Rendite aus – aber die gibt es im Agrargeschäft nicht", betont Ingenieur Tarek Ewies, der für die Öffentlichkeitsarbeit zuständig ist.
Auch wenn ein Bauer stolz verkündet, dass seine Weintrauben einen Monat früher reif werden als im übrigen Afrika, die Fellachen, die mit ihren Familien hier arbeiten sollen, wollen nicht von dem vertrauten alten Niltal in die neue, künstliche Ackerwelt von Toshka umsiedeln und dann bei Temperaturen bis zu 50 Grad unter Regie von ausländischen Agrarkonzernen schuften. Lediglich 5 000 Wanderarbeiter sind bisher auf den Feldern tätig, angelockt durch den vergleichsweise hohen Lohn von rund vier Euro pro Tag. Jetzt soll „in weniger als 15 Jahren" als erste neue Stadt Toshka-City für 100 000 Einwohner hochgezogen werden – mit Schulen, Geschäften und Krankenhäusern. Noch aber ist kein Spatenstich getan. […]

M 3 Jährliche Wasserverfügbarkeit pro Kopf und Bevölkerungsentwicklung in Ägypten

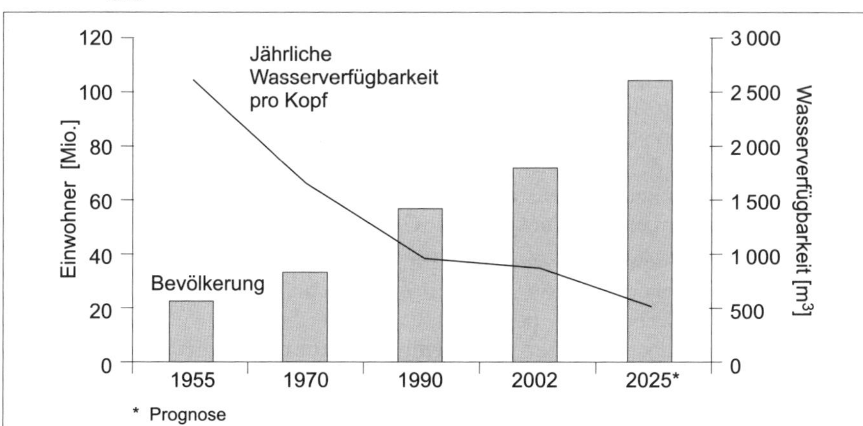

Quellen- und Literaturverzeichnis

Zusammengestellt nach CIA World Factbook 2013 (Anlage III.1 und Anlage III.3)

Nach Daten von The World Bank 2009 und WTO 2010 (Anlage III.2)

Eigene Zusammenstellung nach: Ägypten – Ein kühner Wüstentraum versandet. Martin Gehlen im Tagesspiegel vom 22. 07. 2010 (Anlage III.4, M 2)

Nach Daten von FAO, IWMI, IFPRI und CIA World Factbook (Anlage III.4, M 3)

Blechner, Notker (2010): Riesige Wasserprojekte lassen Ägyptens Wüste aufblühen, online unter URL: http://www.ingenieur.de/Branchen/Wasserwirtschaft/Riesige-Wasserprojekte-lassen-Aegyptens-Wueste-aufbluehen

Meyer, Günter (2004): Neues Bewässerungsland in der ägyptischen Wüste: von Kleinbauern und Staatsbetrieben zu Freizeitfarmern und Großinvestoren. In: Meyer, G. (Hrsg.): Die Arabische Welt im Spiegel der Kulturgeographie. Flörsheim-Dalsheim, S.186–197

The World Bank, online unter URL: http://databank.worldbank.org

World Trade Organisation, online unter URL: http://stat.wto.org/StatisticalProgram/WSDBStat ProgramHome.aspx? Language=E

Weber, Paul G. (2010): Steht Ägypten vor einer Wasserkrise? In: Papyrus-Magazin, online unter URL: http://papyrus-magazin.de/archiv/2009_2010/03_04_10/Wasserkrise.htm

---

Lösungsvorschlag

1.1 *Es geht bei dieser Aufgabe darum, die ausgewählten Strukturdaten der Anlage III.1 den Ländern Ägypten und Katar mit treffenden Argumenten, die ihre Entscheidung stützen, begründet zuzuordnen. Zur Beantwortung der Frage ist es sinnvoll, zusätzlich geeignete physische und thematische Karten von diesen beiden Ländern einzubeziehen.*

Land A ist Katar. Das Emirat weist eine **niedrige Geburtenrate** auf, was auf eine weiter **fortgeschrittene demographische Entwicklung** als im Land B hinweist. Durch die Einnahmen der **Erdöl- und Erdgaswirtschaft** und den damit verbundenen Wohlstand entstehen bessere öffentliche und private Lebensbedingungen (z. B. keimfreies Trinkwasser, Abwasserentsorgung, Müllbeseitigung, Hygienemaßnahmen, medizinische und pharmazeutische Versorgung). Dadurch kommt es zum Rückgang der Geburtenrate.

Ebenso ist mit jeweils nur ca. einem Prozent ein **sehr geringer Anteil an ländlicher Bevölkerung** sowie an **Beschäftigten im primären Sektor** zu erkennen. Dies liegt sicherlich darin begründet, dass dieser Staat vorwiegend aus **Wüste** besteht und daher nur über sehr **wenig fruchtbares Ackerland** verfügt, das zudem künstlich bewässert werden muss. Daher **konzentriert** sich die **Bevölkerung** auf die wenigen Städte, vor allem aber auf die **Hauptstadtregion** an den

Küsten des Landes. Ein hoher Anteil der Beschäftigten arbeitet im **sekundären** bzw. **tertiären Sektor**. Grund dafür ist der große Reichtum Katars an Erdöl- und Erdgasvorkommen und in dessen Folge die Entstehung einer immensen **Erdöl- und Erdgaswirtschaft sowie Petrochemie**. Um die **Industrialisierung** voranzutreiben, investierte der Staat die Einnahmen aus dem Erdöl- und Erdgasgeschäft in weitere Industriezweige wie die **Grundstoffindustrie** (Stahlwerk, Aluminiumhütte), aber auch in hochwertige **Dienstleistungsunternehmen** (Tourismus, Immobilien, Fluggesellschaft Quatar Airways). Hierdurch entstanden nicht nur hoch dotierte Berufe in den verschiedenen Wirtschaftszweigen und im Dienstleistungsbereich, sondern auch in der staatlichen Verwaltung.

Den Wohlstand und hohen **Lebensstandard** dieses Landes belegen nicht nur der mit 86 % **enorme Anteil von Internetnutzern** und die damit zu vermutende gut ausgebaute Medieninfrastruktur, sondern auch der **hohe Energieverbrauch**. Dies rührt daher, dass einerseits durch die Erdöl- und Erdgasförderung **genügend Energierohstoffe zu niedrigen Preisen** vorhanden sind, andererseits die Nachfrage durch die Industrie, aber auch die Privathaushalte hoch ist. Zum Beispiel benötigen die **Meerwasserentsalzungsanlagen** viel Energie, um den Wasserverbrauch mitten in der Wüste zu decken. Auch die **Klimaanlagen** laufen rund um die Uhr.

All das deutet also darauf hin, dass es sich bei **Land A** um den rohstoffreichen, auf der Erdölwirtschaft basierenden Wüstenstaat **Katar** handelt.

Im Umkehrschluss muss **Land B** Ägypten sein. Hier ist die **Geburtenrate** aufgrund des **traditionellen generativen Verhaltens** noch relativ **hoch**. Kinder stellen in diesem Land für die Eltern eine soziale Absicherung und Altersversorgung dar, da es kaum staatliche Renten-, Arbeitslosen- oder Krankenversicherung gibt. Zudem sind Kinder in diesem agrarisch geprägten Staat nicht nur in der Landwirtschaft preiswerte Arbeitskräfte, sondern können auch in Handwerk und Industrie dazuverdienen.

Ägypten weist einen **sehr hohen Anteil ländlicher Bevölkerung** auf. Dies liegt in der landwirtschaftlichen Gunst begründet: Der **Nil** bringt als Fremdlingsfluss nicht nur ganzjährig Wasser zur **Bewässerung** der flussnahen Bereiche, sondern sedimentierte über Jahrhunderte hinweg sein Tal und sein Delta mit fruchtbarem **Schwemmlandboden**. Zudem ist die Landwirtschaft im Niltal schon von alters her eine traditionelle Erwerbsquelle. Diese **Dominanz** der **Landwirtschaft** belegt auch der relativ **hohe Anteil der Beschäftigten im primären Sektor**. Den **relativ rückständigen Entwicklungsstand** sowie den **niedrigen Lebensstandard** der Bevölkerung in weiten Teilen Ägyptens belegen des Weiteren der **geringe Anteil** an **Internetnutzern** und der zu vermutende fehlende Ausbau der Telekommunikation, v. a. in ländlichen Regionen, sowie der **geringe Energieverbrauch**.

Die Strukturdaten deuten auf das **Schwellenland Ägypten** mit einem hohen Anteil ländlicher Bevölkerung und Beschäftigten in der Landwirtschaft sowie geringem Industrialisierungsgrad hin.

1.2 *Der Operator „erläutern" besagt, dass Sie die Entwicklung des globalen Warenexports beschreiben und deren Ursachen erklären sollen. Im zweiten Teil der Aufgabe müssen Sie dann den Verlauf der Exportentwicklung von Saudi-Arabien mit der des globalen Warenexports vergleichen, um grundsätzliche Besonderheiten von Saudi-Arabien herausarbeiten und erklären zu können.*

Das **globale Exportvolumen** ist zwischen den Jahren 1968 und 2008 von etwa 400 Milliarden auf ca. 20 Billionen US-Dollar **kontinuierlich angestiegen**. Die wesentliche Ursache hierfür ist die wirtschaftliche **Globalisierung**, d. h. die **Intensivierung globaler Verflechtungen** auf transnationaler und internationaler Ebene sowie die zunehmende **Internationalisierung** des Handels im Waren-, Dienstleistungs-, Kapital-, Technologie- und Informationssektor sowie im Bereich des Transportwesens.

Der globale Trend zur **Deregulierung** und **außenwirtschaftlichen Liberalisierung** führte zu einer Öffnung der Märkte. Hierbei wurden durch internationale Abkommen **Handelshemmnisse abgebaut** (z. B. Zölle), staatliche Vorschriften entbürokratisiert und damit die Bestimmungs- und Verfügungsgewalt **nationaler Regierungen geschwächt**. Zudem nahm die Bedeutung multinational agierender **Global Player** zu.

Durch die zunehmende **Produktionsverlagerung** im verarbeitenden Gewerbe weg von Standorten in Industrieländern hin zu solchen in Billiglohnländern zwecks Nutzung der **Lohnkostenvorteile** kommt es zu einer **globalen Arbeitsteilung** und in dessen Folge zu erhöhten weltweiten Exportvolumina. Insgesamt steigen diese Exportvolumina jedoch nicht nur mit der Erschließung neuer Märkte, sondern generell auch durch die **gestiegene Nachfrage** infolge der **Zunahme** der **Weltbevölkerung**. Flankiert wird diese Entwicklung durch **neue Medien** sowie **verkehrstechnologische Innovationen**. Computer, Nanotechnologie, Internet und Satellitenkommunikation helfen dabei, den wirtschaftlichen und gesellschaftlichen Aktionsradius des Menschen auf eine globale Ebene zu heben, **beschleunigen** den **Informations- und Kommunikationsaustausch** und erleichtern die Handelsbeziehungen.

Die globalen Informationsflüsse haben darüber hinaus auch im Bereich der **Transportlogistik zeitsparende Effekte**. Der genormte Containergüterverkehr sowie verbesserte Logistik beschleunigen und **verbilligen** den **Warenverkehr** und dynamisieren dadurch Globalisierungsprozesse.

Hinsichtlich des Exportvolumens von **Saudi-Arabien** ist **zwischen** den Jahren **1968** und etwa **1981 im Vergleich** zur globalen Entwicklung ein **stärkerer Anstieg** zu erkennen. Dies ist auf die ständig wachsende Nachfrage von Wirtschaft, Haushalten und Verkehr in den Industrieländern Europas, Nordamerikas und Asiens nach Erdöl, dem Hauptexportprodukt Saudi-Arabiens, zurückzuführen.

Andererseits führte in dieser Zeit der Zusammenschluss vieler Förderländer zur **OPEC** und deren Entschluss, die Fördermengen zu drosseln und zu quotieren, zu mehrfach **höheren Rohölpreisen**. Zwischen den Jahren **1981** und **1988** **sank** das Exportvolumen Saudi-Arabiens sehr **stark**, entwickelte sich dann aber entsprechend der globalen Entwicklung **wieder ansteigend**, wobei kleine **Schwankungen** zu erkennen sind.

Die **Ursachen** für das **Steigen** oder **Fallen** der **Erdölpreise** sind **vielfältig** und teilweise wenig trennscharf: z. B. Entwicklung von Nachfrage und Angebot, Erhöhung oder Reduzierung der Förderquoten der OPEC, Kosten für Ausrüstungen und Personal, Lieferunterbrechungen etwa durch politische Unruhen und Kriege in Nachbarländern, Devisenspekulationen beim US-$ (Leitwährung für den Ölpreis), Spekulation durch Banken und Börsenmanager.

2.1 *Zuerst müssen Sie den Altersaufbau der Bevölkerung Bahrains hinsichtlich der Verteilung der Geschlechter beschreiben. Hierbei ist es sinnvoll, Altersgruppen auszugliedern, bei denen gleiche bzw. stark unterschiedliche Werte zu erkennen sind. Danach sollen Sie diese Sachverhalte erklären, dabei sind allgemeine demographische Phänomene sowie die spezifischen Umstände in den reichen Erdölstaaten wie Bahrain heranzuziehen.*

In der Altersgruppe **0 bis 9 Jahre** herrscht ein **ausgeglichenes Geschlechterverhältnis** entsprechend des natürlichen Geburtenverhältnisses vor. Erst in der Altersgruppe der **10- bis 19-Jährigen** ist ein leicht **erhöhter Anteil** der **männlichen Bevölkerung** zu erkennen, was auf die **beginnende Zuwanderung** von **Arbeitsmigranten** mit dem Erreichen des arbeitsfähigen Alters hinweist.

Den stärksten **Männerüberschuss** verzeichnen die Altersgruppen zwischen **20 und 59 Jahren**. Dies ist auf die **Zuwanderung** von Fachkräften aus Europa und Amerika, aber vor allem von Hunderttausenden billigen Arbeitskräften aus den arabischen Nachbarstaaten sowie Süd- und Südostasien zurückzuführen. Denn da die Zahl der Einheimischen in Bahrain sehr gering ist und diese gut bezahlte Jobs im Exporthandel oder der staatlichen Verwaltung bevorzugen, benötigt die Erdölwirtschaft Bahrains dringend **ausländische Arbeitskräfte**. Aber auch die enormen Vorhaben zur Wirtschafts- und Stadtentwicklung können nur mithilfe von Gastarbeitern verwirklicht werden.

Bei den **60- bis 69-Jährigen** ist hingegen nur ein **geringer Männerüberschuss** zu verzeichnen, da es zur **Rückwanderung** von Arbeitsmigranten kommt. In der Altersgruppe **ab 70 Jahre** ist ein leichter **Frauenüberschuss** auffallend, was sich aus der allgemein **höheren Lebenserwartung** der Frauen begründet.

2.2 *Diese Teilaufgabe verlangt von Ihnen, die Zusammenhänge zwischen den Bedingungen des Aufenthalts von Millionen geflüchteter Syrer im Nachbarland Jordanien und den daraus resultierenden Problemen für das Aufnahmeland darzustellen.*
Da es für diese Teilaufgabe keine Materialgrundlage gibt, müssen Sie sie aufgrund Ihres Unterrichts- und Allgemeinwissens beantworten.

Viele syrische **Flüchtlinge** sind **in Lagern** und Notbehausungen untergebracht und leben somit unter schwierigen Bedingungen. Oftmals wird die Aufnahmekapazität der Flüchtlingslager weit überschritten, sodass die Lager **riesige Flächen mit hoher Bewohnerdichte** einnehmen. Dies stellt die Jordanier vor große **organisatorische Probleme**, die z. B. darin bestehen, diese Lager zu verwalten, die Flüchtlinge mit dem Notwendigsten zu versorgen bzw. in ihr Land zu integrieren.

Die **Überlastung** der **Infrastruktur** in den Lagern, prekäre hygienische Verhältnisse, schwierige medizinische **Versorgung**, Seuchengefahr sowie die Schwierigkeiten, eine solche Menschenmenge mit Gütern des täglichen Bedarfs zu versorgen, stellt ein selbst nicht unbedingt reiches Land wie Jordanien vor **große finanzielle Probleme**. Zudem können in einem ariden Raum wie Jordanien **Nutzungskonflikte** um Wasser zwischen den Flüchtlingen und der ortsansässigen Bevölkerung entbrennen. Auch da die Flüchtlinge in ihrem Aufnahmeland nicht arbeiten können, sind sie auf ihr Gastland angewiesen und von diesem abhängig. Nicht nur deshalb kann es zu **sozialen Spannungen** zwischen Einheimischen und Flüchtlingen, aber auch ethnischen und religiösen Konflikten kommen, was die Gefahr zunehmender **Radikalisierung** und **Kriminalität** in sich birgt. Langfristig besteht jedoch die Notwendigkeit, einen Teil der Flüchtlinge ins Land zu integrieren, da sich solch provisorische Lebensverhältnisse wie in den Flüchtlingslagern nicht ewig aufrechterhalten lassen.

Trotz der schwierigen Lebensbedingungen in den Flüchtlingslagern findet dort ein starkes natürliches **Bevölkerungswachstum** statt. Der übermäßige Anteil von Jugendlichen stellt ein großes Problem dar. Denn die **hohe Arbeitslosigkeit** und **Perspektivlosigkeit unter jungen Männern** in diesen Lagern können zu einer erhöhten **Gewaltbereitschaft** und einer Anfälligkeit für extremistische Ideologien führen. Deshalb ist die **Integration** der Flüchtlinge in die einheimische Bevölkerung **schwierig**, in manchen arabischen Staaten wird sie als sehr kritisch angesehen und teilweise behördlich unterbunden, da die Aufnahmeländer der Flüchtlinge meist selbst Probleme mit der Versorgung der eigenen wachsenden Bevölkerung haben. Aber auch die Hoffnung der Flüchtlinge auf Rückkehr in das Heimatland erschwert deren mögliche Integration in Jordanien.

3 *Bei dieser stark an Material gebundenen Teilaufgabe sollten Sie zuerst aus den drei Materialien der Anlage III.4 aussagekräftige Informationen zu den Zielen und Chancen (beide Begriffe können hier gleichgesetzt werden) des Toshka-Projekts in Ägypten, aber auch zu den dabei auftretenden Umsetzungsproblemen herausarbeiten. Diese Informationen müssen Sie dann im Sinne wissenschaftlichen Arbeitens als Zitate in Ihre Argumentation einbauen oder in elementare Aussagen hinsichtlich der Problematik umwandeln und diese entsprechend der Aufgabenstellung nach ökologischen, ökonomischen und sozialen Aspekten sinnvoll strukturieren, sodass eine schlüssige Argumentation zu erkennen ist.*

Hauptziel dieses Projekts ist es, bis zum Jahr 2017 in der Toshka-Region im Süden Ägyptens 228 000 Hektar **Wüste** – eine Fläche so groß wie das Saarland – mit abgezweigtem Nilwasser **in Wert zu setzen** (M 1 / M 2). Dies ist deshalb dringend notwendig, da die ägyptische Bevölkerung rasant wächst und das Niltal an seine Kapazitätsgrenzen stößt. Lösungen müssen her, denn es gibt nicht mehr genügend Platz für die 80 Mio. Ägypter, die sich heute auf nur 5 % der Fläche des Landes drängen – der Rest ist Wüste. Deshalb versucht Ägypten, mit dem Toshka-Projekt die Wüste fruchtbar zu machen, somit den **Bevölkerungsdruck im Niltal** durch neue Siedlungen zu **entlasten** und die Konkurrenz um landwirtschaftliche Flächen im Niltal zu reduzieren.

Das Projekt soll nach einem einfachen Prinzip funktionieren: Ägypten liefert Strom und Nilwasser, teert die Straßen und baut Kanäle in die Wüste. Zur Finanzierung setzt man auf reiche Investoren v. a. aus den Golfstaaten, die das Land kaufen und an ägyptische Bauernfamilien verpachten sollen (M 2).

Herzstück des Toshka-Projekts ist eine Pumpstation, die jährlich 5 Mrd. m^3 Wasser des Nassersees über den kilometerlangen Hauptkanal „Sheik-Zayed" und seine Nebenkanäle in die Wüstenregion der Toshka-Oasen transportieren soll (M 1). Auf diese Art und Weise soll **neue landwirtschaftliche Nutzfläche** entstehen, auf der Datteln, Oliven, Obst, Gemüse und vieles mehr angebaut werden. Dies erhöht nicht nur die **Versorgung der einheimischen Bevölkerung** mit Nahrungsmitteln, sondern führt auch durch den Export der Produkte auf die internationalen Märkte zu **Deviseneinnahmen**.

Da die vertraglich geregelte **Wasserentnahme** aus dem Nasserstausee bereits **ausgeschöpft** ist, setzen die Investoren auf die sparsame **Tröpfchenbewässerung** und versuchen somit, die knapp zur Verfügung stehenden Wasserressourcen **effizient** zu nutzen. In der Landwirtschaft sowie in den die landwirtschaftlichen Produkte verarbeitenden Betrieben, aber auch bei diversen Zulieferern sowie im Bau- und Transportwesen will man **dauerhaft direkte und indirekte Arbeitsplätze** schaffen. Zusätzlich soll neben den 18 **neuen Siedlungen** (M 1) „in weniger als 15 Jahren[] als erste **neue Stadt** Toshka-City für 100 000 Einwohner hochgezogen werden – mit Schulen, Geschäften und Krankenhäusern" (M 2). Aber für die ägyptischen Politiker ist „Toshka" auch Symbol des modernen Ägyptens, ein Prestigeobjekt, mit dessen Umsetzung man sich einen Imagegewinn erhofft.

Ökonomisch problematisch sind die **hohen Investitionskosten**, denn nach offiziellen Angaben hat Kairo seit 1997 fünf Mrd. Euro in dieses Projekts gesteckt. Doch bislang ist der **Erschließungsumfang** nur sehr **gering** und es gibt kaum vorzeigbare Resultate. Eigentlich sollte der Kanal 350 km weit bis ins „New Valley" reichen. Doch bisher ist er gerade einmal 50 km lang. Trotz einiger sichtbarer grüner Inseln – bepflanzt sind bisher erst 8 400 Hektar – sind keine fünf Prozent der geplanten Fläche in Wert gesetzt. Der einst kühne Wüstentraum droht zur größten **Investitionsruine Ägyptens** zu werden. Auch erfolgt die **Besiedelung** durch die Bauern aufgrund der **extremen klimatischen Bedingungen** sehr **zögerlich**. Denn „die Fellachen, die mit ihren Familien hier arbeiten sollen, wollen nicht von dem vertrauten alten Niltal in die neue, künstliche Ackerwelt von Toshka umsiedeln und dann bei Temperaturen bis zu 50 Grad unter Regie von ausländischen Agrarkonzernen schuften" (M 2).

Auch gibt es **kaum** die erhofften **langfristigen Beschäftigungseffekte**, denn „**lediglich** 5 000 **Wanderarbeiter** sind bisher auf den Feldern tätig, angelockt durch den vergleichsweise hohen Lohn von rund vier Euro pro Tag" (M 2).

Ebenso zeigt sich ein zögerliches, kurzfristiges und somit **wenig nachhaltiges Vorgehen der Investoren**. So betont Ingenieur Tarek Ewies, der für die Öffentlichkeitsarbeit zuständig ist, dass die Investoren vor allem schnelle Gewinne erzielen wollen, die es im Agrargeschäft jedoch nicht gibt. Somit ist ihre Investitionsbereitschaft gering, sie verzichten z. B. auf den Bau der für die Bewässerung notwendigen Pumpen (vgl. M 2).

Ebenso bahnt sich ein **Nutzungskonflikt** um Wasser mit den Bewohnern des **Niltals** an. Einerseits wird in Ägypten durch das enorme Bevölkerungswachstum die Wasserverfügbarkeit pro Kopf insgesamt geringer (M 3), anderseits ist die **Wasserentnahmekapazität** des Nassersees bereits **ausgeschöpft** (M 1). Deshalb wird in naher Zukunft der Nil den Wasserbedarf der Niltalbewohner nicht mehr decken können. Doch das Toshka-Projekt würde dann nach Fertigstellung zusätzlich 10 % des für Ägypten bislang vertraglich garantierten Nilwassers von 55 Mrd. m^3 im Jahr verbrauchen.

Auch ökologisch erscheint dieses Projekt sehr problematisch, da es in einem Gebiet mit hohen Temperaturen und hoher Verdunstung liegt. Deshalb sind die **Verdunstungsverluste bei der Bewässerung** sowie der Wasserverbrauch der Pflanzen enorm hoch. Und trotz wassersparender Kreisberegnungsanlagen besteht in solchen heißen Wüstengebieten bei **unsachgemäßer Be- und Entwässerung** die Gefahr der **Versalzung** des Bodens.

Der mögliche und geplante Aufschwung der Oasen könnte auch dadurch zum Problem werden, dass aufgrund verbilligter Wasserpreise die Gefahr einer **Wasserverschwendung** besteht. Doch woher soll dieses zusätzlich benötigte Wasser kommen, wenn alle Wasserressourcen schon heute ausgeschöpft sind?

Abitur 2014 Geographie Bayern
Aufgabe IV: Raumstrukturen und aktuelle Entwicklungsprozesse in Deutschland

1 Bevölkerung

1.1 Beschreiben Sie die in Anlage IV.1 dargestellte Bevölkerungsentwicklung im Land Brandenburg in ihren Grundzügen und erklären Sie die Ursachen der Entwicklung in den Gemeinden mit Bevölkerungszunahme!

1.2 Legen Sie Probleme dar, die sich für Gebiete im Land Brandenburg mit sehr starkem Bevölkerungsrückgang ergeben! 18 BE

2 Berlin

2.1 Erläutern Sie anhand der Anlage IV.2 die Altersstruktur der Bevölkerung Berlins in den Bereichen A bis D!

2.2 1991 traf der Berliner Senat die Entscheidung auf einer verfallenen Fläche im Ortsteil Berlin-Adlershof einen Technologiepark zu errichten, der sich seitdem zu einem der größten Europas entwickelt hat.
Zeigen Sie anhand von Anlage IV.3 die Vorzüge dieses Technologieparks auf! 22 BE

3 Nachhaltige Entwicklung

3.1 In einigen Großstädten Europas ist das Befahren der Innenstadt mit Kraftwagen gebührenpflichtig.
Stellen Sie Vor- und Nachteile dieser sogenannten Citymaut dar!

3.2 Überprüfen Sie die Eignung des Landes Brandenburg als Standort für die Erzeugung erneuerbarer Energien.
Gehen Sie dabei auf drei selbstgewählte Formen erneuerbarer Energien ein und verwenden Sie dazu geeignete Atlaskarten! 20 BE

60 BE

Anlage IV.1 Prognose der Bevölkerungsentwicklung im Land Brandenburg von 2008 bis 2030

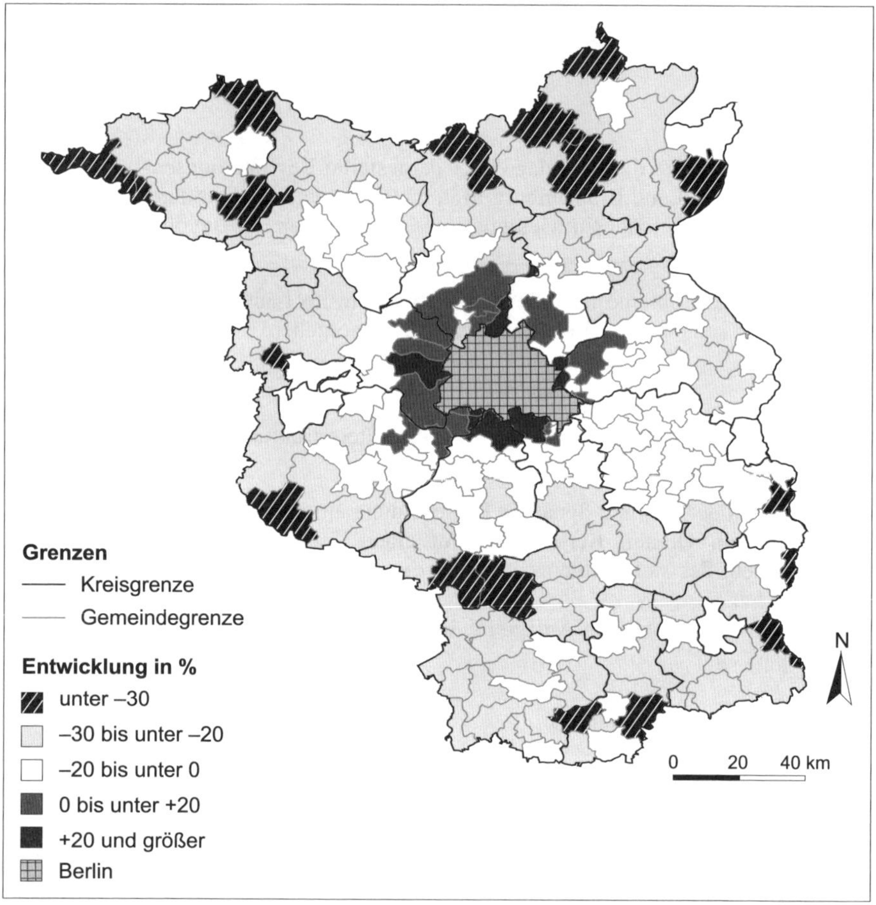

Anlage IV.2 Bevölkerungsdiagramm von Berlin am 31. 12. 2011

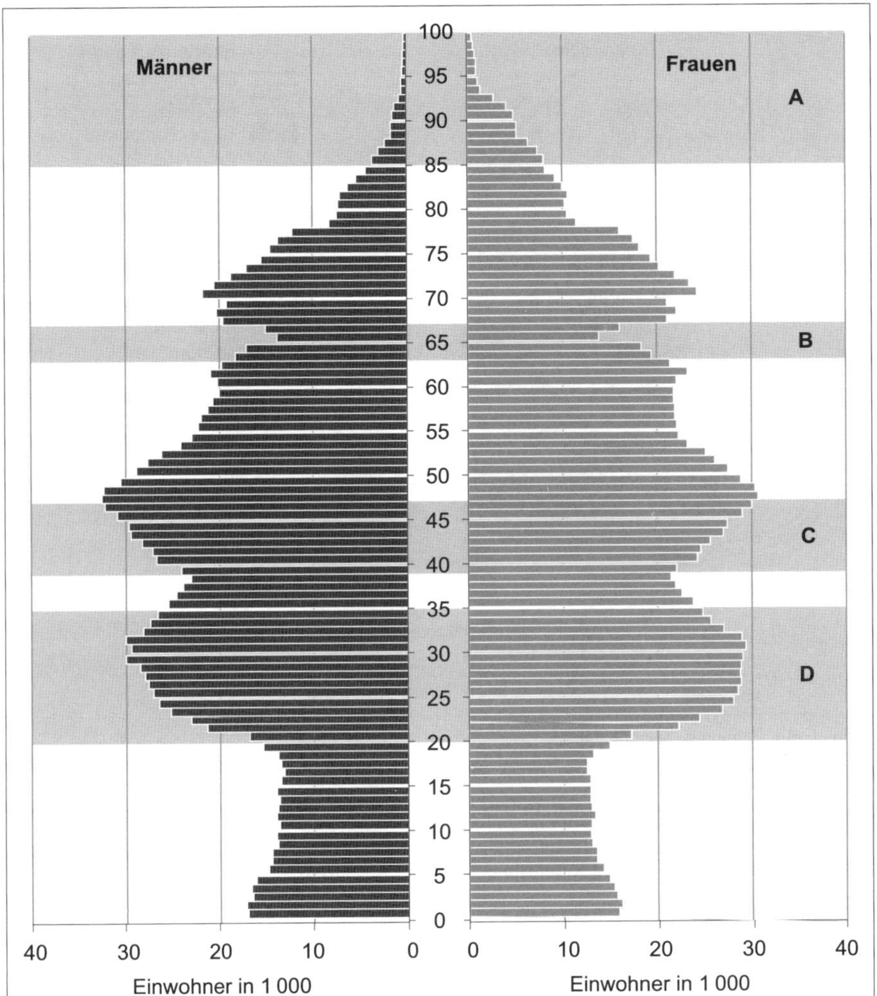

Anlage IV.3 Technologiepark Adlershof

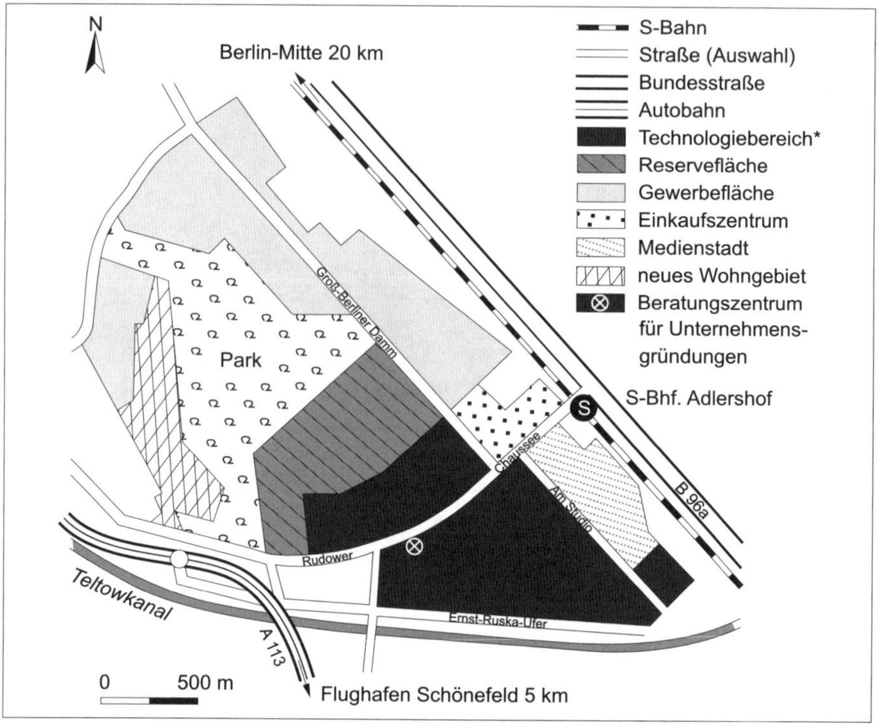

* Im Technologiepark befinden sich:

- Institute der Humboldt-Universität mit ca. 8 000 Studenten (u. a. Geographie, Physik, Chemie, Mathematik, Informatik)
- staatliche Technologiezentren (z. B. für Photonik, Umwelttechnologie, Informationstechnologie, Materialtechnologie)
- Forschungsinstitute (z. B. Deutsches Zentrum für Luft- und Raumfahrt, Fraunhofer-Institut für Rechnerarchitektur und Softwaretechnik, Helmholtz-Zentrum für Materialien und Energie, Leibniz-Institut für Katalyse)

Quellen- und Literaturverzeichnis

Amt für Statistik Berlin Brandenburg (2013), online unter URL: https://www.statistik-berlin-brandenburg.de/ (Anlage IV.1)

Landesamt für Bauen und Verkehr (2010), online unter URL: http://www.lbv.brandenburg.de/dateien/stadt_wohnen/rb_bevoelkerungsvorausschaetzung_2009_bis_2030.pdf (Anlage IV.2)

Eigene Darstellung nach Sulawa, L./Dannenberg, P. (2009): Cluster- und Innovationspolitik maßgeschneidert. In: Zeitschrift für angewandte Geographie Nr. 33, Springer Verlag, S. 104 (Anlage IV.3)

Kulke, E. (2013): „Auferstanden aus Ruinen" – Neue Wirtschaftscluster in Berlin. In: Geographische Rundschau 2/65, S. 12–19

Lösungsvorschlag

1.1 *Anlage IV.1 zeigt eine Prognose der Bevölkerungsentwicklung in den Gemeinden des Bundeslands Brandenburg von 2008 bis 2030. Im Zentrum der Abbildung befindet sich die Bundeshauptstadt, der Stadtstaat Berlin, der jedoch nicht Gegenstand der Aufgabe ist und für den auch keine Aussage über die Entwicklung der Einwohnerzahl getroffen werden soll.*
Die Aufgabe ist zweiteilig: Im ersten Teil sollen Sie die Bevölkerungsentwicklung in ihren Grundzügen beschreiben – eine in Abiturprüfungen immer wiederkehrende Aufgabenformulierung. Im zweiten Teil erklären Sie dann ausschließlich mögliche Ursachen für den Bevölkerungszuwachs in Gemeinden mit einem positiven Bevölkerungssaldo. Auf Gemeinden mit einem negativen Saldo sollen Sie in dieser Teilaufgabe nicht eingehen!

Die prognostizierte **Bevölkerungsentwicklung** in den Gemeinden des Landes Brandenburg ist abhängig von deren Entfernung zur Bundeshauptstadt Berlin. Wie in Anlage IV.1 zu erkennen ist, bildet das Bundesland Berlin das Zentrum und das Land Brandenburg die **Peripherie**. In fast allen unmittelbar an das Berliner Stadtgebiet angrenzenden Gemeinden wird die Einwohnerzahl bis 2030 um bis zu 20 % zunehmen, in einigen wenigen sogar um mehr als 20 %. Mit zunehmender Entfernung von der Hauptstadt wird eine Abnahme der Bevölkerung um bis zu 30 % prognostiziert. In manchen Gemeinden an den Landesgrenzen zu Mecklenburg-Vorpommern, Sachsen-Anhalt, Sachsen bzw. zu Polen wird sogar ein Bevölkerungsrückgang um mehr als 30 % erwartet.

Ausschlaggebend für die positive Bevölkerungsentwicklung einiger Gemeinden ist deren unmittelbare Nähe zu Berlin. Die Hauptstadt bietet mit ihrem stark ausgeprägten und höchstrangigen Dienstleistungssektor eine Vielzahl an Beschäftigungsmöglichkeiten für qualifizierte Arbeitskräfte, die in der Regel über ein sehr gutes Einkommen und eine hohe Kaufkraft verfügen. Dieses Arbeitsplatzangebot führt zu einer Zuwanderung nicht nur aus den peripheren Regionen Brandenburgs, sondern auch aus dem ganzen Bundesgebiet und dem Ausland sowohl in das Stadtgebiet als auch in die Gemeinden im Berliner „Speckgürtel".

Eine weitere Ursache für den Bevölkerungsanstieg ist die Stadt-Umland-Wanderung. Diese **Suburbanisierung** als Folge relativ niedriger Boden- und Immobilienpreise im Umland führt besonders in jenen Regionen, die eine sehr gute Anbindung an das Berliner Verkehrsnetz besitzen, zu Wanderungsgewinnen.

Das **Bevölkerungswachstum** kann des Weiteren die Folge einer positiven natürlichen Entwicklung sein, da durch den Zuzug besonders von jungen Familien steigende Geburtenraten zu erwarten sind.

1.2 *Die Aufgabenstellung legt nahe, dass in Ihrer Antwort kein regionaler Bezug zur Situation der von Bevölkerungsrückgang betroffenen Gemeinden in Brandenburg erwartet wird. Sie sollen deswegen alle denkbaren und möglich erscheinenden Probleme darlegen, die das Resultat einer starken Abnahme der Einwohnerzahl sein können.*

In Gemeinden mit einem starken Bevölkerungsrückgang ist vor allem die **Abwanderung** der jüngeren Einwohner und hier besonders der Personengruppe mit qualifizierter Schul- und Ausbildung zu registrieren. Ursachen sind oftmals das geringe Angebot an entsprechenden Arbeitsplätzen bzw. der Mangel an Fachschulen und universitären Einrichtungen.

Die Abwanderung junger Familien und damit verbunden die geringe Kinderzahl können zur Schließung von Kindergärten und allgemeinbildenden Schulen führen. Gleichzeitig hat der Wegzug von gut ausgebildeten Arbeitskräften eine sinkende Innovationsbereitschaft und ebenso eine Abnahme der Kaufkraft in der Region zur Folge. Dies gefährdet einerseits bestehende Arbeitsplätze im Dienstleistungssektor und belastet andererseits die kommunalen Haushalte durch geringere Steuereinnahmen.

Ein vermindertes Steueraufkommen wiederum bringt eine Einschränkung der öffentlichen Dienstleistungen mit sich, etwa im Bereich des öffentlichen Personennahverkehrs, der Investitionen in die Aufrechterhaltung der Infrastruktur oder des kulturellen Angebots; mögliche Folgen sind z. B. die Schließung einer öffentlichen Bücherei oder eines Heimatmuseums.

Im Gegensatz dazu erfordert die **Überalterung** der verbleibenden Bevölkerung höhere Sozialausgaben etwa für die Betreuung älterer und kranker Menschen. Darüber hinaus bieten Gemeinden mit einem starken Bevölkerungsrückgang bzw. Überalterung keine Anreize für Investoren zur Ansiedlung neuer Unternehmen.

2.1 *Die Teilaufgabe 2.1 fordert von Ihnen die Erläuterung der in Anlage IV.2 dargestellten Altersstruktur von Berlin. Allerdings wird Ihnen die Arbeit erleichtert, da Sie nur auf die in der Abbildung mit A bis D markierten Altersgruppen eingehen müssen.*

Altersgruppe A / über 85 Jahre: In dieser Altersgruppe wird mit zunehmendem Lebensalter die Zahl der Berliner Einwohner immer geringer, da die Sterblichkeit deutlich ansteigt. Wenig überraschend ist auch der deutliche Frauenüberschuss, der einerseits durch das generell höhere Lebensalter von Frauen bedingt ist und darüber hinaus mit der weitaus höheren Zahl von männlichen Todesopfern im Zweiten Weltkrieg begründet werden kann.

Altersgruppe B / 64 – 67 Jahre: Der deutliche Einschnitt der Gruppe der Mittsechziger sowohl bei den Frauen als auch bei den Männern ist auf die niedrige Geburtenrate und die hohe Säuglingssterblichkeit im Zweiten Weltkrieg sowie während der ersten Nachkriegsjahre in Deutschland zurückzuführen.

Altersgruppe C / 39 – 47 Jahre: Die stetige Abnahme der Zahl derer, die in den 1960er-Jahren geboren sind, ist auf die sinkende Geburtenrate als Folge der erstmals sich bietenden Möglichkeiten der Empfängnisverhütung durch die Pille (sog. „Pillenknick“) und den damit einhergehenden geschlechterspezifischen Gesellschaftswandel sowie den steigenden Lebensstandard zurückzuführen.

Altersgruppe D/20–35 Jahre: Die vergleichsweise hohe Zahl von Einwohnern dieser Altersgruppe ist typisch für Großstädte mit einem breiten Angebot von Ausbildungsmöglichkeiten in Fach(hoch)schulen und universitären Einrichtungen sowie vielen Beschäftigungsmöglichkeiten für hochqualifizierte Arbeitskräfte. Berlintypisch ist das herausgehobene Image der Hauptstadt als neue „In-Stadt" und „Boomtown" mit vielfältigen kulturellen Einrichtungen. Deswegen ziehen besonders viele junge Leute aus dem ganzen Bundesgebiet und dem Ausland nach Berlin mit der Erwartung, teilzuhaben an diesem Image und von der wirtschaftlichen Aufbruchstimmung profitieren zu können.

2.2 *Anlage IV.3 ist ein Flächennutzungsplan des Technologieparks Adlershof, der ergänzt wird durch nähere Informationen zu den hier angesiedelten Wissenschaftseinrichtungen. Mit den gewonnenen Erkenntnissen sollen Sie die Vorzüge dieses Technologieparks aufzeigen. Da keine Einschränkungen bezüglich der Vorteilsnehmer dieser Vorzüge getroffen werden, wird eine umfassende Bearbeitung erwartet. Nutzbringend erscheint ein Blick in eine entsprechende Atlaskarte, z. B. Diercke Weltatlas 2008, S. 34.2 „Berlin 2007", in der auch der Technologiepark Adlershof verortet ist.*

Der **Technologiepark** Adlershof liegt am südöstlichen Stadtrand von Berlin, ca. 15 km Luftlinie von Zentrum entfernt. Die Verkehrserschließung ist optimal: Der S-Bahnhof Adlershof ermöglicht einen schnellen Zugang zum öffentlichen Personennahverkehrsnetz. Darüber hinaus ist der Technologiepark durch eine Autobahnanschlussstelle über die A 113 sehr gut an das innerstädtische sowie an das überregionale Autobahnnetz angebunden; hinzu kommt die nahe liegende Bundesstraße B 96 a, die direkt in das Berliner Zentrum führt. Der Flughafen Berlin-Schönefeld und nach seiner Fertigstellung der neue Hauptstadtgroßflughafen Berlin–Brandenburg-International liegen ebenfalls nur wenige Kilometer entfernt. Dagegen hat der Teltowkanal mit Sicherheit keine verkehrstechnische Bedeutung für den Technologiepark.

Der Technologiepark bietet ein hochrangiges **Cluster** aus naturwissenschaftlichen Einrichtungen der Humboldt-Universität, staatlichen Technologiezentren und Forschungsinstituten für die Branchen Informationstechnologie, Energie- und Umwelttechnologie. Diese **Agglomeration** ermöglicht einen schnellen Daten- und Wissenstransfer sowie die hierfür unabdingbaren **Face-to-Face-Kontakte** der jeweiligen Wissenschaftler. Diese Fühlungsvorteile erleichtern die Gewinnung von hochqualifizierten Arbeitskräften, im Besonderen Universitätsabsolventen für Forschungsaufgaben in den privaten und staatlichen Einrichtungen. Das ebenfalls hier angesiedelte Beratungszentrum für Unternehmensgründungen unterstützt jene **Startup-Unternehmen**, die mit hoher Innovationskraft neueste Forschungen in alltagstaugliche Produkte umzusetzen versuchen.

Ein wichtiger Bestandteil des Technologieparks ist die Medienstadt mit den Fernsehstudios Adlershof. Hier werden viele bekannte Fernsehserien, große Unterhaltungsshows oder auch abendliche Talkshows wie etwa „Günther Jauch"

produziert und live gesendet. Auf diese Weise hat der Technologiepark einen Bekanntheitsgrad erreicht, der weit über den Berliner Raum hinausgeht.
Der Technologiepark bietet zusätzlich für die Bewohner des attraktiven neuen Wohngebiets in unmittelbarer Nähe zu einem Naherholungsareal („Park") sehr kurze Wege zum Arbeitsplatz. Das in der Nähe zum S-Bahnhof gelegene Einkaufszentrum verspricht sowohl den in Adlershof wohnenden als auch den berufstätigen Pendlern gut erreichbare Einkaufsmöglichkeiten.

Die noch vorhandenen Reserveflächen können neuen ansiedlungswilligen Betrieben oder auch bereits hier niedergelassenen Unternehmen, die zusätzliche Flächen benötigen, angeboten werden. Sie tragen somit zur weiteren positiven Entwicklung und Dynamik in diesem Technologiepark bei.

3.1 *In dieser Teilaufgabe müssen Sie ohne einen konkreten Raumbezug die Vor- und Nachteile einer Citymaut, also einer Gebühr für das Befahren einer großstädtischen Innenstadt, darstellen. Bekanntestes Beispiel ist London, wo seit vielen Jahren mittels eines elektronischen Systems Gebühren für die Einfahrt in die City erhoben werden.*

Durch die Erhebung einer Citymaut verringert sich die Intensität des privaten Pkw-Verkehrs in der Innenstadt. Die Folgen sind geringere Staus, ein ungehinderter Verkehrsfluss und die Verbesserung der Parkplatzsituation. Durch den geringeren Verkehr reduziert sich die **Luftbelastung** durch verringerte Feinstaubemissionen, ebenso nimmt die **Lärmbelastung** ab.
Die Einnahmen aus der Citymaut können für zusätzliche Investitionen etwa in die **städtische Infrastruktur** genutzt werden. Beispielsweise kann damit der öffentliche Personennahverkehr modernisiert und ausgebaut werden. Diese Maßnahmen sind auch dringend erforderlich, da durch die Einführung einer Citymaut viele Autofahrer auf den ÖPNV umsteigen werden.

Die verstärkte Inanspruchnahme des ÖPNV muss jedoch durch eine **Erweiterung des Angebots** sowie durch eine Erhöhung der Zugfrequenz im S- und U-Bahnverkehr bewältigt werden. Hierfür sind aber hohe Investitionen in moderne Technik und zusätzliche Fahrzeuge notwendig, die von der Kommune oder den Verkehrsbetrieben vorfinanziert werden müssen.
Darüber hinaus verlagert sich der bislang in Richtung Innenstadt gerichtete Pkw-Verkehr teilweise in die nicht von der Citymaut erfassten zentrumsnahen Stadtviertel, wodurch sich hier die **Verkehrsbelastungen** und die Parkplatzsituation auch für die Anwohner drastisch verschärfen können.
Möglicherweise verzeichnet der innerstädtische **Einzelhandel** Umsatzrückgänge, da die Kunden eher andere Einkaufsmöglichkeiten etwa in randstädtischer Lage mit einem großen und kostenlosen Parkplatzangebot nutzen.
Die Erhebung einer Citymaut macht ein intelligentes und aufwendiges Erfassungssystem für den kostenpflichtigen Pkw-Verkehr notwendig, das einen erheblichen Teil der Gebühreneinnahmen für Installation, Wartung und Verwaltung der technischen Anlagen in Anspruch nimmt.

3.2 *Mit der letzten Teilaufgabe kehren Sie noch einmal in das Bundesland Brandenburg zurück. Es wird eine Überprüfung der Eignung des Bundeslandes als Standort für die Gewinnung von drei Formen erneuerbarer Energien gefordert. Da Sie in der Regel kein detailliertes Wissen über das Potenzial erneuerbarer Energieformen in Brandenburg besitzen, wird ausdrücklich auf die Auswertung geeigneter Atlaskarten verwiesen. Sie können z. B. thematische Karten zur Sonnenenergie, Geothermie/Erdwärme und Windkraft heranziehen.*

Windenergie: Eine Atlaskarte zur Nutzung der Windkraft zeigt bereits für das Jahr 2006 den Bestand zahlreicher **Windparkanlagen** vor allem im Süden Brandenburgs. Brandenburg ist insgesamt aufgrund eines Jahresdurchschnitts der Windgeschwindigkeit von mehr als 4 m/s und des relativ flachen Reliefs nicht optimal, aber doch ausreichend geeignet für die Nutzung von Windkraftanlagen. Hinzu kommt eine geringe Bevölkerungsdichte in weiten Landesteilen, sodass mit wenigen Widerständen der Bevölkerung gegen die Errichtung der Windräder zu rechnen ist.

Solarthermie und Photovoltaik: Im Bundesland Brandenburg wird eine mittlere **Globalstrahlung** von über 1 000 kWh/m^2 auf der Erdoberfläche gemessen. Damit besitzt das Land eine mittlere Eignung für die Nutzung der **Solarenergie**.

Erdwärme/**Geothermie:** Brandenburg liegt in einer Beckenlage mit Thermalwasservorkommen, deren effiziente Nutzung sicherlich von der jeweiligen geologischen Situation abhängig ist und derzeit noch keine wirtschaftliche Bedeutung besitzt.

Wasserkraft/**Hydroenergie:** Wegen der geringen Reliefenergie und der niedrigen Jahresniederschläge unter 600 mm ist die Anlage von Speicherkraftwerken nicht sinnvoll. Der Betrieb von Laufwasserkraftwerken wäre nur an der Oder, dem Grenzfluss zu Polen, möglich. Allerdings erscheint die Leistungsfähigkeit wegen des geringen Gefälles nicht gewinnbringend.

UNITED STATES
MEXICO

Vervielfältigt mit Genehmigung des Vermessungs- und Katasteramtes der Stadt Münster vom 19.06.2013; Kontrollnummer: 62.01.E 55962

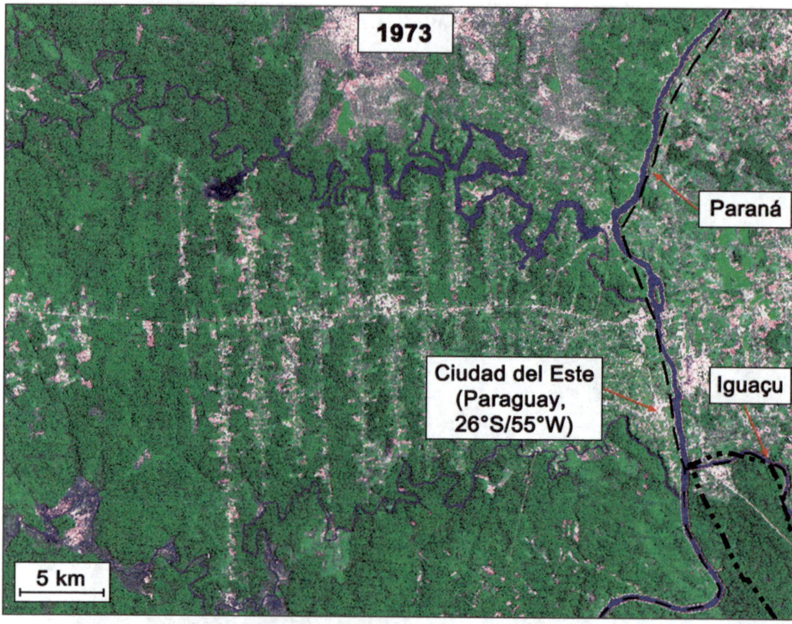

UNEP, n.d., Iguazú. Environmental Change Hotspots. Division of Early Warning and Assessment (DEWA), United Nations Environment Programme (UNEP), http://na.unep.net/atlas/webatlas.php?id=2148 (Zugriff am 14.05.14)